Contra el Big Bang

El eterno retorno de las apariencias

Juan Parejo

Contra el Big Bang
El eterno retorno de las apariencias

Primera edición: 2024

ISBN: 9788410266063
ISBN eBook: 9788410266650

© del texto:
 Juan Parejo

© del diseño de esta edición:
 Caligrama, 2024
 www.caligramaeditorial.com
 info@caligramaeditorial.com

Impreso en España – Printed in Spain

«Y esa araña que se arrastra con lentitud a la luz de la luna, y esa misma luz de la luna, y yo y tú, cuchicheando ambos junto a este portón, cuchicheando de cosas eternas... ¿no tenemos todos nosotros que haber existido ya?...

...¿no tenemos que retornar eternamente?»

FRIEDRICH NIETZSCHE,
Así habló Zaratustra

Índice

Capítulo IV: Grandes errores del entendimiento

Capítulo V: Lo real y lo aparente

Capítulo VI: La estructura de la Realidad

Capítulo VII: Contra el Idealismo en la Física

Capítulo VIII: Reflexiones sobre las apariencias

Introducción

Este libro no solo es una crítica de la racionalidad de la teoría del *Big Bang*, también propone una teoría mucho más verosímil para explicar las observaciones científicas, tanto la del corrimiento hacia el rojo de la luz de las estrellas con la distancia como la de la radiación de fondo de microondas. Incluso explica cosas que no sabe explicar la teoría del *Big Bang*. Entre ellas, qué hay detrás de él: la galaxia SPT0418-47, demasiado vieja para estar tan cerca de él; o la estrella HD140283, llamada Matusalén, por ser tan vieja o más que él. Además de resolver algunos misterios de la mecánica cuántica, que rescatan al pobre gato de Schrödinger de su precaria existencia. A esta teoría la llamo ***el eterno retorno de las apariencias***, la cual incluye una ampliación de la teoría especial de la relatividad de Einstein.

Afirmar un origen del universo es un disparate de tal calibre que la Ciencia no puede permitirse seguir sosteniéndolo. Veremos que, aunque el universo parece estar en expansión acelerada, en realidad es estacionario. El corrimiento hacia el rojo y la radiación de fondo de microondas no son resultado de la dinámica del universo, sino de su estática, o sea, de su geometría. Tanto es así que, encontrada esa geometría, basta con una dupla cualquiera de datos [z, D], donde z es el corrimiento hacia el rojo y D la distancia del objeto del que se mide z, para deducir los mismos resultados que tantos miles de millones de dólares ha costado medir: la distancia al supuesto *Big Bang* y la supuesta constante de Hubble; tanto los del estudio de supernovas como los de la misión Planck, basados en el estudio de la radiación de fondo de microondas. Medidas cuya excesiva diferencia tiene desconcertados a los físicos. Se verá que esta diferencia se explica fácilmente cuando se conoce qué es la realidad —dando así fin a la metafísica, iniciada por Tales de Mileto, y resolviendo de paso el problema de la metafísica que planteó Heráclito de Éfeso— y, en consecuencia, se deduce la geometría aparente del espacio-tiempo.

La teoría del eterno retorno de las apariencias no contiene alegatos *ad hoc* como la de la materia oscura, es limpia y sencilla; pero requiere comprender los cimientos del conocimiento racional, no se puede ir directamente al asunto. Además, antes hay que saber qué es la realidad y su relación con el mundo material. Por tanto, antes de explicar la física del universo explico su metafísica, el asunto fundamental de la filosofía. Un camino que transcurre por un paisaje de muy notables hallazgos que, con toda seguridad, hará las delicias de más de un lector.

Capítulo I
La naturaleza de la verdad

1. Los axiomas de la Razón

Para entender por qué la realidad es el espacio-tiempo y todas las demás cosas solo son apariencias de la realidad, conviene tener una teoría racional y operativa de qué afirmaciones son verdaderas. A esta teoría la denomino teoría de los Axiomas de la Razón, los cuales presento a continuación.

1.1 Axioma de la Validez del Conocimiento

Una afirmación tiene sentido —se conoce lo que afirma— si son conocidas tanto su estructura como sus variables. Por ejemplo, la afirmación «un "elantó" es mayor que un "rampón"» no tiene sentido porque no se conoce lo que dice. En este caso, la estructura de la afirmación (X es mayor que Y) tiene sentido (se conoce), pero las variables X e Y no se conocen, no tienen sentido. Es obvio, entonces, que para conocer algo nuevo hay que conocer alguna otra cosa primero; es decir, no se puede conocer algo nuevo sin conocer antes otros algos. Y como esos algos remiten, a su vez, a otros algos, resulta que el conocimiento de cualquier cosa solo tendrá validez de Razón cuando concluya este proceso, que veremos que es necesariamente finito.

Por otro lado, este proceso solo concluye cuando los algos que dan sentido a lo demás no precisen de algo para tener sentido, o sea, cuando se den sentido a sí mismos. De esos «ser algo» que se dan sentido a sí mismos, que se afirman a sí mismos con independencia de que nosotros los afirmemos o no, digo que son seres que existen y los llamo seres reales. Y al conjunto de los seres reales lo llamo **Realidad**. En fin, *existe lo que es algo por sí mismo no porque lo defina alguien, sino porque ello mismo se define*.

La Realidad, lo que se afirma a sí mismo, es, pues, la fuente de sentido de toda afirmación con sentido; algo que necesariamente existe porque si no existiera ninguna afirmación tendría sentido y si nada de lo que afirmamos tuviera sentido tampoco tendría sentido la afirmación de que nada de lo que afirmamos tiene sentido. Es decir, entraríamos en contradicción, caeríamos en el absurdo. En conclusión, negar la existencia de la Realidad —la fuente última de sentido de las afirmaciones con sentido— es absurdo.

Y no solo ocurre que la Realidad existe necesariamente, también ocurre que necesariamente no existe la nada, porque afirmar nada no es afirmar algo y, por tanto, no es afirmar algo con sentido. Así que todo lo que existe es algo. Todo lo que existe tiene el sentido que le da su propio existir y, por tanto, tiene una definición con sentido con independencia de que nosotros se lo demos o no. Así que si queremos saber si lo que decimos tiene validez de conocimiento o no la tiene es imprescindible conocer qué es la Realidad, es imprescindible resolver la metafísica, el problema que planteó Tales de Mileto hace 2600 años y cuya solución todavía lleva buscándose sin éxito.

Por tanto, una teoría es válida respecto a este axioma si son válidas las afirmaciones de las que consta. Y una afirmación es válida respecto a este axioma si es una función conocida de cosas que se conocen o que enseguida se van a revelar, no quiero renunciar al placer de la flexibilidad del lenguaje humano por simples cuestiones formales.

A las afirmaciones simples con validez de conocimiento las llamo afirmaciones racionales. Y dado que si una afirmación no es racional no es, en realidad, una afirmación, las llamaré casi siempre afirmaciones, sin añadir «racionales».

A las teorías, conocimientos o afirmaciones sin validez de conocimiento los llamo disparates; ya que son teorías, conocimientos o afirmaciones sin sentido. Obviamente, la negación de un disparate sigue siendo un disparate porque sigue siendo una afirmación que tiene una estructura o consta de palabras cuyo significado se desconoce. *En general, al doble disparate de utilizar un disparate como variable de una afirmación lo llamo sandez; un disparate de orden superior.*

Los disparates solo deberían mencionarse para decir que lo que dicen no tiene sentido; que al decirlos no se dice algo. Lo que no implica que de su análisis no pueda deducirse algo con sentido. Por ejemplo, suponiendo que, por alguna razón, supiéramos que la afirmación «la realidad tiene más de cuatro dimensiones» fuese un disparate, podríamos deducir que la realidad solo puede tener entre una y cuatro dimensiones —cero no, porque nada significa—. Se puede analizar una afirmación disparatada y deducir o no algo de ella, pero sintetizar afirmaciones utilizando disparates es una sandez

Ahora veremos que, aunque este axioma es una condición necesaria para que las afirmaciones, definiciones y teorías tengan sentido, no es una condición suficiente para que tengan sentido las afirmaciones, teorías o definiciones que constan de más de una afirmación simple.

1.2 Axioma de la validez de las teorías

Este axioma de validez se refiere a las definiciones o teorías que constan de más de una afirmación simple: las afirmaciones de una teoría, junto con las afirmaciones que puedan deducirse de estas, no pueden desdecirse unas a otras sin perder todas ellas su validez en la disertación o teoría en la que se afirmen.

O sea, suponiendo que A es una afirmación —o un conjunto de afirmaciones— válida respecto al axioma de la validez del conocimiento, afirmar «A y No(A)» es un absurdo que anula la validez de A y de No(A). Claro que si se deja de afirmar A o se deja de afirmar No(A) porque, por ejemplo, se afirme B distinto de No(A), entonces la teoría recupera su validez.

En consecuencia, para que una teoría sea válida como conocimiento, el conjunto de lo que se afirma debe tener consistencia lógica. No basta con que sus afirmaciones simples tengan validez de conocimiento. Por lo tanto, aunque una teoría sea, en principio, racional por tener validez de conocimiento, puede dejar de serlo si no tiene validez de teoría. Obviamente, una teoría no puede tener validez de teoría si no tiene antes validez de conocimiento.

Nótese que una afirmación simple no puede violar este axioma, por lo que si cumple con el axioma de la validez del conocimiento cumple también con el axioma de la validez de las teorías. Pero, cuidado, porque hay afirmaciones como la famosa afirmación del mentiroso, que aunque parezcan simples no lo son, porque disimuladamente constan de más de una afirmación simple. Para que estas afirmaciones sean válidas deben ser autoconsistentes.

A las teorías que teniendo validez de conocimiento no tienen validez de teoría las llamo teorías absurdas o absurdos. Pero como suponemos que las afirmaciones simples de estas teorías son válidas, la negación de un absurdo no tiene por qué dar como resultado una sandez, como ocurre en el caso de la negación de los disparates. Es más, la negación del absurdo «A y No(A)» es verdad, como afirma el principio de no contradicción.

La distinción entre absurdo y disparate es más importante de lo que parece. Un disparate es un sinsentido, un no decir algo. Pero un absurdo está cerca de decirlo, aunque yerre y al final no lo consiga. Un disparate es intrínsecamente un sinsentido, pero un absurdo es un sinsentido construido con afirmaciones con sentido y queda la esperanza de que modificando su construcción se obtenga algo válido.

Y si el axioma de la validez del conocimiento está muy relacionado con la Realidad, *el axioma de validez de las teorías está muy relacionado con las apariencias de la Realidad*, o sea, con los objetos materiales, dado que las apariencias surgen de negar el axioma de validez de las teorías.

Pero ¿por qué los objetos materiales no son reales? Pues porque *los seres materiales no respetan el principio de identidad (A = A), dado que somos A y No(A)*, ya que, aunque sea solo con el transcurrir del tiempo, todos cambiamos de forma y hasta de contenido; todos somos A y somos No(A), todos somos absurdos y, por tanto, no somos algo. Y si no somos algo es imposible que seamos algo existente y, por tanto, es imposible que existamos y, por tanto, es imposible que exista nuestro entendimiento. Somos apariencias de algo real, pero no somos reales.

Puede que haya alguien a quien le parezca que este asunto es demasiado técnico para aceptar que los objetos materiales no son reales. Por eso voy a poner un ejemplo de cómo el entendimiento construye su realidad para que se vea que la construcción de objetos materiales depende de la Realidad, pero depende más del entendimiento que de la Realidad. Solo es un ejemplo informal, no merece, pues, una crítica rigurosa.

Supongamos que, sin haber definido figuras geométricas, percibimos un conjunto de figuritas geométricas. A partir de esas sensaciones podemos crear nuestras propias realidades inventando reglas que crean objetos materiales. Por ejemplo, podemos fijarnos en su número de lados y clasificar el conjunto de esas figuritas por su número de lados, lo que supongamos que da lugar a tres categorías, para las que inventamos los objetos materiales de, por ejemplo, triángulo, cuadrilátero y pentágono. Luego podemos utilizar esos objetos materiales para hacer afirmaciones. Por ejemplo, podemos afirmar que el conjunto de lo que percibimos (la realidad) se compone de triángulos, cuadriláteros y pentágonos. Sin embargo, esa no es una afirmación de la Realidad, sino nuestra. La Realidad no afirma nuestros inventos y, por tanto, nuestros objetos materiales no son algos reales, sino, en buena medida, imaginarios. Esos objetos materiales que crea el entendimiento solo a medias provienen de la Realidad, no es algo que la Realidad afirme por sí misma y, por tanto, no son cosas reales, solo son *apariencias* de cosas reales.

Hasta aquí, cuando el entendimiento habla de sus apariencias, también habla de la Realidad porque esas apariencias se han creado a partir de dos cosas: la Realidad y unas reglas inventadas por el entendimiento. El entendimiento al hablar de estos objetos materiales implícitamente habla de la Realidad porque en la formación de todos ellos interviene la Realidad; sin embargo, esas apariencias no son seres reales.

Pero, además, el entendimiento puede entusiasmarse con la utilidad de sus reglas de crear objetos materiales y usarlas para crear otros objetos sin contar ya con la Realidad. Por ejemplo, puede inventar el objeto «hexágono». Este hexágono ya no proviene de las sensaciones; no solo no existe en la Realidad, ni siquiera habla implícitamente de algo que exista en la Realidad, sino de una regla nuestra que habla de la Realidad. Sin embargo, el entendimiento los incluye también entre sus apariencias de la Realidad por mucho que no sean ya apariencia de algo real, sino *apariencias de apariencias*. No es extraño que luego el entendimiento tenga serios problemas para distinguir lo real de lo imaginario, dado que da categoría de real no solo a lo que ha inventado partiendo de la Realidad, sino también a lo que ha inventado mediante las reglas que ha inventado para crear esos inventos y ahora ya sin intervención alguna de la Realidad.

Y la confusión puede aumentar más todavía si el entusiasmo por esa regla llega tan lejos que se convierta a la propia regla de crear apariencias en la Realidad y a las figuritas reales en ejemplos, más o menos defectuosos, de esa regla que se toma por la realidad, en apariencias de la Realidad; lo que convierte a lo imaginario en real y a lo real en imaginario. Que es lo que hizo Platón y continúa defendiendo el idealismo filosófico.

Pero el entendimiento no solo puede entusiasmarse con sus reglas inventando objetos que no existen, también puede entusiasmarse consigo mismo, inventando una capacidad que no tiene para inventarse objetos que no existen. En nuestro caso, puede inventarse el objeto material «polígono», que se supone incluye realidades que se construyen con su regla, pero que ni siquiera ha llegado a construir. Es decir, ya no son cosas que el entendimiento imagina a partir de la Realidad (*apariencias*), tampoco son cosas que aunque no existan en las apariencias existen en la imaginación (*apariencias de apariencias*), como el hexágono, sino cosas que el entendimiento imagina que imagina y, por tanto, son *apariencias de apariencias de apariencias*, o sea, son cosas que ni existen en la Realidad, ni existen en las apariencias (el mundo material) ni existen en la imaginación. O sea, son cosas que no existen en ningún sitio.

Y otro asunto: si en lugar de elegir el número de lados de las figuritas, otra persona elige sus colores, entonces creará una realidad muy distinta y nunca nos pondremos de acuerdo en qué es la realidad. Así que *la supuesta relatividad de la realidad no proviene de la Realidad, sino de llamar realidad a las apariencias.*

El entendimiento tiene una potencia tan grande que, a menudo, se pasa de rosca. La mayor debilidad del entendimiento es la enorme potencia del lenguaje —por eso necesita tanto sujetarla con los axiomas de la Razón—.

Una potencia que le sobra de largo para entender la Realidad. Así que la Realidad es perfectamente cognoscible. Es más, para el entendimiento la Realidad es trivial; para comprenderla basta con sujetar la enorme potencia del lenguaje, ya que el lenguaje es lo que introduce los sinsentidos. Tanto es así que los sinsentidos pueden decirse, pero no pensarse. Y viceversa, si algo no puede pensarse es un sinsentido.

Vemos, pues, que *los humanos vivimos, principalmente, en un mundo imaginario, un mundo de apariencias*, el mundo de nuestras ideas a las que damos valor de realidad sin que lo tengan, así que *somos idealistas naturales. Lo cual repercute en la Ciencia, la cual resulta ser mucho menos materialista de lo que ella cree.*

1.3 Axioma de la fiabilidad del conocimiento

Los dos axiomas de validez se pronuncian sobre si las afirmaciones tienen sentido, pero no hablan de su valor de verdad. De ello trata el axioma de la fiabilidad del conocimiento.

Pero ¿a qué llamamos verdad? Si nos olvidamos del magno galimatías «metafísico» que los idealistas tienen montado sobre la verdad y nos fijamos en nuestras verdades corrientes, vemos que, en realidad, llamamos verdad a todo lo que afirmamos, ya que afirmarlo y considerarlo verdad es lo mismo.

Claro que ahora puede ya que algunas de las cosas que afirmamos no sean verdad, porque no cumplan con alguno de los axiomas de validez. Si una afirmación o una teoría no consiguen afirmar algo, si es una afirmación vacía o una teoría absurda, no son, en realidad, ni afirmación ni teoría y al no afirmar algo no tiene sentido hablar del valor de verdad de lo que supuestamente afirman, pero no afirman. Ya que cuando se utilizan disparates para afirmar algo solo se dicen sandeces y, salvo en el caso trivial pero crucial de la negación del absurdo, cuando se utilizan absurdos solo se dicen disparates. Por tanto, al decir que un disparate o un absurdo son verdaderos o falsos solo se dice una sandez en el caso de los disparates y un disparate en el caso de los absurdos. Lo que no significa que disparates y absurdos no puedan analizarse —especialmente, los absurdos, ya que estos siempre están construidos con alguna afirmación necesariamente verdadera— y quizá deducir de ese análisis afirmaciones válidas y verdaderas.

Sin embargo, esta verdad corriente, biológica, la cual los antiguos griegos denominaban *doxa,* opinión, no son verdades fiables, se puede opinar una cosa, pero también su contraria y, en consecuencia, son verdades que no parecen muy útiles.

A *los distintos fundamentos de la verdad corriente los llamo criterios de verdad* y hablaré luego de ellos. Pero sin llegar ahora al detalle de en qué fundamentamos las afirmaciones, podemos intentar hacer consideraciones más generales sobre la fundamentación de las opiniones.

La primera y más importante es que puede que existan afirmaciones que no necesiten fundamentarse en ninguna otra afirmación porque estén fundamentadas en sí mismas. Es decir, porque sean verdades en sí mismas; por ejemplo, las afirmaciones de la Realidad. Digo que **una afirmación es verdad en sí misma y, por lo tanto, una verdad absoluta, cuando sea imposible opinar lo contrario, cuando sea imposible negarla porque al negarla se diga un absurdo** —ojo, un absurdo, no un disparate— y, por tanto, no se afirme algo. El excluir los disparates es crucial, dado que si negar algo es un disparate solo puede ser porque lo que se afirma sea también un disparate y no una verdad en sí misma. A estas afirmaciones innegables porque son imposibles de negar sin caer en el absurdo, a estas verdades en sí mismas las llamo verdades absolutas. **Y como las verdades absolutas son verdades fundamentadas en ellas mismas no necesitan de ninguna otra fuente de verdad que ellas mismas**.

El caso más obvio es el de los seres reales, dado que los seres reales son el soporte último del sentido de las afirmaciones y negarlos —negar su existencia— es negar el sentido de nuestra propia negación. **La Realidad** —lo que afirma la Realidad de sí misma, su existencia— **es una verdad absoluta**.

Y aunque parecería que realidad y verdad (absoluta) son lo mismo, como pensaba Platón y siguen pensando muchos idealistas, lo único que significa es que ambos tipos de afirmaciones son afirmaciones innegables, no que sean las mismas afirmaciones.

Obviamente, podemos traducir la afirmación que es un ser real a nuestro lenguaje y negar esa afirmación —por ejemplo, podemos decir que la piedra que vemos no existe—, pero así solo negamos la traducción, no al ser real, el cual sigue afirmándose a sí mismo por mucho que neguemos nuestra traducción de él —la piedra no desaparece porque neguemos su existencia—. Ojo, porque he dicho «piedra» solo para que se me entienda, pero las piedras definidas como solemos hacerlo (objetos materiales) ya vimos que no existen; o sea, no es verdad que cuando creemos ver una piedra veamos una piedra, lo que no significa que no estemos viendo algo real, que es la causa última de que la piedra no desaparezca cuando negamos su existencia. Es muy útil ver piedras, triángulos y demás objetos materiales, pero no es verdad que los veamos.

En resumen, *las verdades absolutas son absolutamente fiables*, porque es imposible que alguien no las opine, ya que si lo intenta no dice algo y al no decir algo no está opinando algo, por mucho que él opine que lo opina. Pero no es fácil dar con verdades absolutas y tenemos que preguntarnos por la verdad de las afirmaciones que solo son verdades corrientes. Pues bien, *como una verdad corriente no es verdad en sí misma, solo puede ser fiable* (verosímil) *cuando su negación sea menos fiable* (más inverosímil) *que ella misma*, es decir, cuando la negación de la afirmación sea más inverosímil que la afirmación. Esto implica que para saber el grado de verdad de una verdad corriente hay que enfrentar la verosimilitud de esa verdad con la verosimilitud de la negación de esa verdad.

O sea, *para que una verdad corriente adquiera fiabilidad es necesario que supere todas las críticas que se le hagan* y, por tanto, *es necesario criticarla; lo cual es el método fundamental de conocimiento de la Ciencia*. El problema es que, aunque la crítica sistemática de una afirmación puede demostrar que es extraordinariamente fiable, es imposible demostrar que sea fiable del todo porque sigue siendo negable, aunque, de momento, nadie sepa cómo negarla con más verosimilitud de la que ella tiene.

Una afirmación es verdad si es innegable y, por tanto, si es una verdad absoluta. Ahora bien, como hay muy pocas afirmaciones que consigan ser verdades absolutas, usaré también *otro criterio de verdad aplicable a las verdades corrientes: la probabilidad de que esas verdades corrientes sean innegables;* o sea, *la probabilidad de que sean verdades absolutas.*

Probabilidad que solo aumenta cuando se superan más críticas; o sea, cuanto menos se contradiga con otras afirmaciones probadas verosímiles, en especial si esas afirmaciones son del entorno —resultados observacionales o experimentales— porque las afirmaciones del entorno son muy verosímiles, ya que negarlas no es suficiente para que el entorno las niegue y, por tanto, no sirve para negarlas.

A esta probabilidad, que es una medida de la confianza racional que cabe tener en que una verdad corriente sea una verdad absoluta, por mucho que no se sepa poner en la forma de verdad absoluta, *la llamo fiabilidad o verosimilitud* de esa afirmación. En consecuencia, *es imposible dotar de verosimilitud a una verdad corriente si no se le hacen críticas*. Obviamente, si una verdad corriente es deducible de verdades absolutas es ya una verdad absoluta —porque negarla supone negar alguna verdad absoluta, lo cual es absurdo— y, en consecuencia, las críticas son imposibles y su verosimilitud es de 1, o sea, total.

El criterio de verdad de las verdades absolutas y el de las verdades corrientes son criterios de verdad distintos. Sin embargo, el aumento de fiabilidad de las verdades corrientes converge a la fiabilidad de las verdades absolutas. Una verdad corriente muy muy fiable porque ha superado infinidad de críticas muy difíciles de superar es, en cuanto a su fiabilidad, casi una verdad absoluta. Aunque hay que tener muy en cuenta que, aunque en la práctica sea una verdad absoluta, no lo es en la teoría. Veremos el problema que genera el que la Ciencia esté convirtiendo algunas afirmaciones muy fiables en verdades absolutas —en verdades doctrinales según su paradigma filosófico del positivismo radical, ya que la Ciencia no tiene otro tipo de verdad absoluta— sin razón suficiente para hacerlo.

En resumen, a las verdades innegables las llamo verdades absolutas y a las negables, verdades corrientes. *Y, por ahora, todas las verdades de la Ciencia son verdades corrientes*, salvo las pocas verdades doctrinales supersticiosas mencionadas antes, que algunos toman por verdades absolutas; principalmente, la de que existan cosas indeterminadas y, en general, la de que la realidad sea absurda, lo que incluye dar categoría de seres reales a los objetos materiales.

Obviamente, el negar una verdad corriente no da como resultado una verdad absoluta, sino una afirmación falsa, es decir, una afirmación con poca probabilidad de ser una verdad absoluta, mientras que negar una verdad absoluta es negar algo innegable y, por tanto, un absurdo.

El axioma de la fiabilidad del conocimiento dice, pues, que la fiabilidad de una verdad absoluta es total y la fiabilidad de una verdad corriente es proporcional a la cantidad y calidad —dificultad de superación— de las críticas lógicas, observacionales y experimentales que ha superado, junto con su grado de consistencia con afirmaciones probadas verosímiles.

Y al igual que digo que violar el axioma de validez del conocimiento es un disparate y violar el axioma de la validez de las teorías digo que es un absurdo, *violar el axioma de la fiabilidad del conocimiento digo que es una superstición*. Por tanto, **una superstición es dar a una teoría o a una afirmación más —o menos— fiabilidad de la que tiene, según los conocimientos que tenemos de esa afirmación, en especial de las críticas que ha superado**.

Como la fiabilidad o verosimilitud son probabilidades, el rango de verdad de las verdades corrientes varía entre 0 —verosimilitud nula, lo que solo puede ser porque sea una sandez, un disparate o un absurdo— y 1 —completa seguridad— lo que solo puede ser porque sea una verdad absoluta.

Dado que los disparates y los absurdos se dicen, pero nada significan, en realidad no son más que ruiditos que se hacen con la boca que parecen afirmar algo sin conseguirlo. Por el contrario, hay algo a lo que todo el mundo da gran verosimilitud: las sensaciones. Es cierto que hay filósofos que dicen que las sensaciones son una fantasía más. Sin embargo, a pesar de sus palabras, es obvio que les dan gran verosimilitud, dado que continuamente se comportan como si se la dieran. Por ejemplo, a menudo se molestan en abrir los ojos cuando andan por la calle. Con lo que se están contradiciendo, o sea, lo que, en resumidas cuentas, dicen esos filósofos es absurdo. De hecho, *las sensaciones tienen una verosimilitud muy cercana a la de la verdad absoluta* porque el lenguaje no basta para negarlas; el entendimiento, por sí mismo, no puede negarlas sin recurrir a la conducta del cuerpo. Y, aun así, no siempre lo consigue. Se me dirá que lo mismo ocurre con los objetos materiales; pero no es lo mismo, porque las sensaciones no se autocontradicen como los objetos materiales. *Las sensaciones tienen validez de teoría y los objetos materiales no la tienen*. Ya lo veremos más despacio.

2. Sensatos y mentecatos

Cuando sin ser un mero error, que cualquiera puede cometer, un entendimiento insiste en transgredir algún axioma de la Razón, digo que es un entendimiento mentecato, un Homo mentecato. Se trata de una definición etimológicamente adecuada, no pretendo insultar a nadie. Ni siquiera culpo a los mentecatos de su lamentable estado cognitivo; culpo a los pastores de mentecatos y, sobre todo, a los padres de esos mentecatos. Tampoco digo que los mentecatos no sean inteligentes; pero incluso los inteligentes no saben distinguir entre conocimientos racionales e irracionales. Son inteligentes en el sentido de ser hábiles para plantear y resolver problemas, pero no en el de que sus entendimientos sean racionales.

Por el contrario, *a un entendimiento sano, a quien, salvo por error o por broma, se somete a los axiomas de la Razón, le llamo entendimiento sensato*, un *Homo* racional, un sabio, un *Homo sapiens*. Tampoco ser sensato implica ser inteligente, ni siquiera implica tener una gran cultura.

Para que se entiendan los ejemplos ilustrativos de lo anterior que pongo a continuación, *defino psicópata, quien ha nacido sin el instinto de cooperación humano; fascista, quien es, a la vez, mentecato y psicópata*.

Los humanos no nacemos con un entendimiento desarrollado, sino que termina de desarrollarse en la infancia y la adolescencia. *Nacemos sensatos porque el entendimiento todavía no opera, pero nos convertimos en mentecatos en cuanto comienza a operar y para adquirir sensatez es imprescindible el contacto con adultos sensatos.* Un niño no se convierte propiamente en humano hasta que no es racional, o sea, *hasta que no deja de ser mentecato y se convierte en sensato, en sabio, en sapiens.* Mientras tanto, solo es un proyecto de humano. *Si sobrepasa la mayoría de edad siendo todavía un niño, o sea, siendo todavía mentecato, es, obviamente, un retrasado mental, que llamo niño viejo.* Dada la plasticidad del cerebro, este retraso mental es casi siempre solucionable; el problema es que hay gente que se ocupa de que rara vez se solucione. Lo de los psicópatas es genético, y, por tanto, imposible de solucionar, así que es imposible convertirlos en humanos. Ahora bien, al igual que un niño que sobrepasa cierta edad sin ver mejor que un bebé, sin hablar mejor que un bebé, etc., consideramos que está enfermo, más enfermo todavía podemos considerar a un niño que sobrepasa cierta edad y su entendimiento sigue sin ser sensato. Así que el niño viejo no solo es un retrasado mental, también es un enfermo mental, un enfermo de la Razón. Y aquí está *el gran problema de las democracias: que se permite votar a los retrasados mentales; lo que hace que a menudo se obtenga un Gobierno de retrasados mentales para retrasados mentales*; ninguneándose así a todos los humanos de la nación, lo que explica la absurda infelicidad de las naciones. *La sensatez no se adquiere por llegar a la mayoría de edad oficial, sino porque el entendimiento haya madurado*, es decir, *porque se haya convertido en Razón*, cosa que puede ocurrir antes, después o nunca. Así que reconozco que Platón tenía razón en algo: en despreciar las democracias universales mediante un argumento parecido a este. En las democracias solo tiene sentido que voten adultos. Si votan mentecatos, no votan ellos, sino sus pastores, y no tiene sentido que el voto de un pastor valga millones de veces el voto de un sensato. Y menos si el pastor ni siquiera tiene derecho a votar por ser extranjero; por ejemplo, del Vaticano o de un medio de comunicación de masas con capital extranjero. Resulta que *las democracias actuales no son democracias; no son gobierno del pueblo, sino gobierno de los manipuladores de los niños del pueblo. Igual que para ejercer la medicina hay que demostrar saber de medicina, para ejercer el voto debería ser necesario demostrar saber de política.* Lo más básico que hay que conocer de política: la derecha hace fluir el dinero desde la gente común a los capitalistas y la Iglesia. La izquierda intenta hacer lo contrario; cuando la dejan, porque los capitalistas y la Iglesia tienen un poder inmenso.

Nótese que *el capitalismo psicópata* —que ya cumple con la mitad de las condiciones para ser fascista—, con su avaricia descontrolada, está creando un desmesurado estrés económico en todos los países del mundo, que se transforma en un enorme estrés social y político; lo que está dando lugar en todas partes a la necesidad de salvapatrias y, por tanto, *está hacien-do resurgir el fascismo en todos sitios. A lo cual ayuda mucho otro sinsentido: que se permita participar en elecciones democráticas a partidos antidemocráticos. Aunque digan serlo, la historia, incluso la reciente, demuestra que los fascistas no son demócratas* —véase, por ejemplo, lo que ocurre en EE. UU. con los republicanos, en Rusia con Putin o en España con la derecha de ámbito nacional—. *Los psicópatas no tienen instinto de cooperación, así que los fascistas ni siquiera pue-den entender las democracias, aunque, eso sí, saben muy bien apro-vecharse de ellas*, dado que *tienen muy buenos maestros: los pastores de mentecatos*.

Los sistemas simples de conocimiento (animales) solo pueden tener algu-na superstición, pero el entendimiento puede enfermar, además, de absur-dos y disparates. Los humanos somos mucho más mentecatos que los de-más animales. Un alejamiento de nuestra naturaleza organizado por patriar-cas desde milenios que ponen la educación en manos de pastores de mente-catos y declaran delitos terribles las herejías. Hoy día, y mientras los fascistas no vuelvan a gobernar, no pueden castigar herejías directamente. Pero la educación sigue, en buena medida, en manos de pastores de mentecatos; lo que lleva a su proliferación, lo que, inevitablemente, termina en fascismo. *El futuro de la razón vuelve a ser como su pasado: muy negro.*

3. La soberbia y la modestia cognitivas

Los tres axiomas de la Razón pueden resumirse en una sola frase muy senci-lla: una afirmación —o un conjunto de afirmaciones— es racional si tiene sentido y es verosímil. Obviamente, *una afirmación o una teoría puede ser racional para unos e irracional para otros, dependiendo de los co-nocimientos de cada cual.* Aun así, *estamos condenados a ver el mun-do con nuestros propios ojos*, porque verlo con los de otro es aceptar la falacia de autoridad; un disparate del que solo se derivan sandeces. Atenta, la gente de fe.

Así que *para conocer cognitivamente no solo es crucial someterse a los axiomas de la Razón, también lo es practicar la soberbia cogniti-*

va; o sea, hacer caso a Protágoras: «*Cada hombre es la medida de todas las cosas*». Afirmación que, además de soberbia cognitiva, implica *modestia cognitiva* al *reconocer que también los demás humanos* —ojo, humanos, no psicópatas ni mentecatos— *son la medida de todas las cosas*. Esto es así porque *lo que en última instancia da sentido a nuestras afirmaciones somos nosotros mismos* —nuestros instintos, a los cuales da sentido la Realidad— y, en consecuencia, *el único punto de vista con sentido es el de cada cual el suyo*. Lo que podemos considerar un corolario del axioma de validez del conocimiento. Ahora bien, los puntos de vista de los humanos están relacionados por algo crucial: pertenecemos a una misma especie y, suponiendo conocimientos cognitivos idénticos, nuestros puntos de vista son los mismos. El problema son los instintos virtuales (conocimientos emocionales) que crean en la gente los pastores de mentecatos y los psicópatas, puntos de vista tan inhumanos que desde ellos es imposible ver lo que ven los humanos.

Sin soberbia cognitiva —que nos permita dar sentido a nuestros conocimientos— *el conocimiento racional personal es imposible* y *sin modestia cognitiva* —que nos permita el intercambio y la crítica de conocimientos racionales con los demás humanos— *el conocimiento racional de las sociedades es imposible*. Así que para ser humano hacen falta tres cosas: someterse a los axiomas de la Razón y practicar la soberbia y la modestia cognitivas. Donde la modestia cognitiva está vinculada, obviamente, a la cooperación entre humanos; es decir, a no ser un psicópata. Pero, ojo, *no se confunda la soberbia cognitiva con relativismo cognitivo*. Es justo lo contrario. La definición de sistemas de referencia absolutos para el conocimiento, basados todos ellos en lo mismo: la Realidad y la Razón. Así que, con el aumento de los conocimientos racionales de todos, todos convergemos a sistemas de referencia consistentes y referenciables entre ellos. Pero para que sea posible es imprescindible la modestia cognitiva. *Tampoco se confunda modestia con humildad. La modestia nos iguala, nos convierte en cooperadores cognitivos;* mientras que la *humildad nos humilla y nos convierte en personas de fe*, o sea, en grandes dependientes de falacias de autoridad de pastores de mentecatos. *Mientras que la modestia es una poderosa herramienta de conocimiento, la humildad es puro veneno para el conocimiento racional*.

Solo hay una Realidad que da sentido a los instintos de nuestra especie, los cuales dan sentido a la razón humana, la cual da sentido a las experiencias de cada cual. Y aunque las experiencias distintas hacen que la procesión se vea distinta desde cada balcón, desde cada balcón se ve lo que se ve —las apariencias son las que son, porque tanto la Realidad como la Razón son las mismas para todos los humanos— y no se ve otra cosa, por mucho que se diga verla. Al contrario que los mentecatos, los sensatos no pueden ver cualquier cosa desde su balcón. De hecho, casi siempre cualquier sensato puede saber con razonable precisión qué se ve desde el balcón de otro sensato, siempre que conozca ese balcón, o sea, siempre que sepa lo que conoce el otro. Así que si alguien dice observar apariencias imposibles o muy improbables (sinsentidos o falsedades), o bien se equivoca, o bien miente, o es un mentecato. Aunque alguien diga que se le ha aparecido la Virgen, que hay quien resucita a los tres días de que le clavaran una lanza en el corazón o que desde la azotea de su casa en Madrid se ve la sirenita de Copenhague, cualquier sensato sabe que es falso.

La Realidad y la Razón proporcionan sistemas de referencia absolutos para los conocimientos de todos los sensatos que, conforme aumentan los conocimientos de todos, todos convergemos, ineludiblemente, a los mismos conocimientos y, a la vez, el sistema referencia sigue siendo el de cada cual el suyo. Así que al final los humanos podremos entendernos y ser hermanos cognitivos, al igual que somos hermanos instintivos —por pertenecer a la misma especie biológica—. Los psicópatas y los mentecatos no cuentan porque no son humanos. Véase cómo los científicos somos ya hermanos cognitivos, aunque muchas veces conozcamos cosas distintas y digamos algún disparate; mientras que los mentecatos y los psicópatas no solo asesinan sensatos, también se asesinan entre ellos. Luego veremos un buen ejemplo de la convergencia cognitiva de sensatos cuando calcule las dimensiones del universo, en donde la Ciencia y yo convergemos —nos salen los mismos números— a pesar de que nuestros sistemas de referencia —nuestras concepciones del universo— sean muy distintos.

Dado que la infelicidad surge de contradecir a los instintos, es obvio que la armonía entre los entendimientos y los instintos traerá la felicidad a la humanidad. Pero cuando todos veamos el mundo casi igual, ¿no se acabarán las discusiones y la vida será mucho más aburrida? Al contrario, ¿son más aburridas las partidas de ajedrez de los grandes maestros que las de los que apenas saben mover las piezas? No, lo que pasará es que ya no se discutirán obviedades, como si la Tierra es redonda o no; si las vacunas son buenas o malas; si votar a la izquierda o la derecha; o si el mundo lo creó o no hace 6000 años una cosa que no es cosa con barbas y tricornio, que luego dedicó su divino tiempo a espiar a sus majaderas figuritas de barro, absolutamente imbéciles (ya que $CI_{Humano}/CI_{Divino} = 0$); con lo que habremos alcanzado un nivel de conciencia muy superior y nuestra vida será más sabia, compleja y divertida. Y, claro, no habrá mentecatos y, por tanto, no habrá religiones, ni fascistas, ni derecha, ni patriarcados ni capitalismo psicópata. A cambio, habrá mucho conocimiento racional, mucha jovialidad y mucho sexo y la vida humana tendrá, por fin, sentido.

Capítulo II
Las verdades absolutas

1. Las distinciones y el principio de no contradicción

En este capítulo me centraré en las teorías compuestas de dos afirmaciones, ambas válidas según el axioma del conocimiento, pero que violan el axioma de la validez de las teorías porque se contradicen una a la otra y, por tanto, en conjunto nada afirman, o sea, lo que afirman en conjunto es absurdo por mucho que por separado afirmen alguna cosa.

El problema de las contradicciones reside en algo que se conoce desde la Antigüedad: el sorprendente resultado lógico de que aceptar una sola contradicción obliga a aceptar que toda afirmación es verdadera y, por lo tanto, que toda afirmación es falsa, que toda verdad implica la verdad de su negación. Su equivalente matemático es multiplicar por cero; cualquier número multiplicado por cero se convierte en cero. Lo mismo ocurre con una contradicción, que afirmada a la vez que cualquier afirmación la convierte en contradictoria. Dicho a la sorprendente manera de los lógicos actuales: una sola contradicción da lugar a que el valor de verdad de todo lo que afirmemos sea ¡indecidible! No nos extrañe que al aceptar contradicciones vivamos sin referencia de verdad. Ni siquiera la Ciencia se escapa de esta sinrazón. En el mismísimo corazón de la Ciencia, incluidas las ciencias más duras, o sea, la matemática, la lógica y la física, se esconde también este mal que hoy día alcanza todos los rincones de lo humano.

Dada la tremenda importancia de estos resultados lógicos y lo sencilla que es su demostración, la expondré aquí con una notación no muy profesional, pero que intenta ser clara para los poco versados en lógica. Supongamos que P es una afirmación cualquiera con validez de conocimiento y que V significa 'verdadero'; F significa 'falso'; No(P) es la negación de P; el símbolo → significa 'se infiere que' y el símbolo = significa 'tiene el valor de verdad de'. El principio de no contradicción (PNC) dice que las contradicciones tienen un valor de verdad de falso, algo que suele expresarse en forma de una verdad: No(P y No(P)) = V.

Pero supongamos que afirmamos lo contrario, es decir, supongamos que: P y $No(P) = V$.

De esta afirmación se infiere tanto que $P = V$ como que $No(P) = V$. Además, de la distinción entre P y $No(P)$ se infiere que P y $No(P)$ tienen valores de verdad opuestos. Veámoslo con un esquema:

$$P \text{ y } No(P) = V \rightarrow P = V$$

$$No(P) = V \qquad (I)$$

$$P = V \qquad \rightarrow \qquad No(P) = F \qquad (II)$$

Supongamos ahora una afirmación cualquiera X que respete el primer axioma del conocimiento, o sea, que tenga sentido.

Como por (I) tenemos que $No(P) = V$, entonces se infiere que:

$$X \text{ o } No(P) = V \qquad (III)$$

y como (II), es decir, como $No(P) = F$, de (III) se infiere que:

$$X = V$$

Lógicamente, si X es verdad, sea la afirmación que sea, la afirmación $X_2 = No(X)$ es también verdad. O sea, *nos vemos obligados a aceptar que toda contradicción es válida, que toda afirmación es, a la vez, verdadera y falsa, que el valor de verdad de toda afirmación es indecidible*. Que todo lo que se afirme sea falso puede ser el colmo de la felicidad de los escépticos radicales, pero es una ruina para el entendimiento, ya que también todo es verdadero, con lo que el entendimiento es incapaz de distinguir lo verdadero de lo falso. Aunque se trate de excluir alguna afirmación de este absurdo destino, no se hace otra cosa que ser consecuente con que toda afirmación X es, a la vez, verdadera y falsa. Resulta que el operador $No()$ ha dejado de operar y el decir «no» ya no tiene sentido. El operador fundamental del entendimiento, lo que separa la inteligencia humana de la inteligencia animal, deja de funcionar, así que ya no puede separar las afirmaciones en verdaderas o falsas y el entendimiento pierde su capacidad de razonar. *Las afirmaciones dejan de tener significado lógico, por lo que no puede haber conocimiento racional, todo es oscuridad cognitiva*.

Ahora se entiende mejor la vital importancia del axioma de la validez de las teorías, ya que violarlo lleva a la imposibilidad de hacer distinciones lógicas, y, por tanto, implica la destrucción de la capacidad del entendimiento para razonar. *Así que aceptar contradicciones, aunque sea solo una, puede llevar a la incapacitación del entendimiento para distinguir el valor de verdad de las afirmaciones*.

Si para toda afirmación X vale lo mismo X que No(X) es imposible distinguir el ser algo del no ser algo, el existir del no existir, lo bello de lo feo y lo malo de lo bueno. Todas las afirmaciones son tan verdaderas como sus contrarias, todo lo que se dice es verdad y todo lo que se dice es falso, todo es algo y no es algo, todo existe y no existe, todo es bello y es feo, todo es bueno y es malo. Sobre ninguna cosa puede decidirse algo con razón. *Si se acepta una contradicción y se es consecuente con ella, el entendimiento se queda sin discernimiento porque carece de tensiones sobre las que operar; todo se hace indecidible, el universo se hace totalmente homogéneo y el entendimiento queda destruido.* El principio de no contradicción es, pues, mucho más que una simple ocurrencia útil para razonar; es una de las tres raíces del entendimiento sensato. Voy a mejorarlo porque no permite hacer algunas distinciones cruciales, lo que lleva a cometer errores poco evidentes, incluso en las matemáticas y la lógica. Y, algo peor, puede llevar a conclusiones científicas muy autodestructivas. Veremos que esta mejora, aunque sutil, es tan grande que lo convierte en una verdad absoluta. Por eso lo llamo *principio de la verdad absoluta (PVA).*

A pesar de la importancia clave para la sensatez del PNC, ya desde Aristóteles, que creó su formulación explícita, se ha renunciado a demostrarlo y, como he hecho yo, solo se ha defendido su imperiosa necesidad para poder razonar. A alguien, como me pasó a mí, quizá se le ocurra la demostración siguiente: es un hecho indiscutible que existen afirmaciones que son falsas y no pueden ser verdaderas, por ejemplo, «3 es igual a 1» —el primer dogma que el emperador Constantino estableció cuando se inventó al Dios cristiano—; luego la conclusión de que «toda afirmación es verdadera» a la que lleva la negación del PNC es falsa, con lo cual quedaría demostrada la verdad del PNC. Desgraciadamente, para realizar esta demostración, he echado mano del PNC, algo que, además, estoy suponiendo que es falso. Es obvio que una demostración sin recurrir al PNC es imposible, lo que incluye la demostración del propio PNC. Hay quien dice que esta indemostrabilidad es un defecto de este principio, pero no es así. *El que el PNC no pueda demostrarse no muestra una posibilidad de que pudiera ser falso, sino que no puede ponerse en función de otro principio más básico, o sea que es un principio básico de la razón, como pensaba Aristóteles.*

El PNC es el principio que permite distinguir lo verdadero de lo falso y, por tanto, el principio que permite hacer distinciones lógicas, algo que todo razonamiento debe acatar si no quiere sumergirse en el caos cognitivo. El PNC es equivalente a establecer dos valores de verdad: verdadero y falso, lo que abre la posibilidad de hacer distinciones de valor de las afirmaciones, con el fin de ser tratadas de una manera u otra por el entendimiento.

El PNC es el soporte último de las distinciones entre lo verdadero y lo falso; si queremos distinguir entre lo verdadero y lo falso, nada puede ser a la vez verdadero y falso. *Igualmente, si queremos distinguir entre lo que existe y lo que no existe, nada puede a la vez existir y no existir. La indecidible existencia del gato de Schrödinger es un cuento*; de hecho, muy parecido al del gato de Cheshire.

Sin distinguir entre P y No(P), sin utilizar el operador No(), el entendimiento no puede operar y, para que las distinciones se mantengan a través de las operaciones lógicas, es forzoso que el entendimiento no viole el PNC. Así que el PNC tiene un corolario muy importante: si las operaciones que el entendimiento hace sobre las distinciones hechas llevan a la anulación de esas distinciones, entonces es como si no hubiera hecho tales distinciones. De ahí la importancia de una sintaxis del lenguaje de los razonamientos que sea capaz de mantener las distinciones que hacen las premisas, la cual, junto con el PNC, forma eso que denominamos lógica.

En resumen, el PNC no es una afirmación de la que quepa juzgar su verdad o falsedad, el PNC no es materia de demostración, sino una necesidad del entendimiento para poder operar, la necesidad de distinguir entre P y No(P) y, por tanto, la necesidad de utilizar el operador No().

Pronto veremos que el PVA es una necesaria matización del PNC, pero lo más importante es que el PVA es equivalente al axioma de la validez de las teorías, mientras que el PNC no tanto. Y, respecto a su demostración, el PVA tiene una gran ventaja sobre el PNC: el PVA es una verdad absoluta, por lo que no precisa de demostración, se demuestra a sí mismo.

2. La necesidad de modificar el PNC

La necesidad de modificar el PNC proviene de que el operador lógico «y» da lugar a la superstición de que cuando las afirmaciones A y B tienen sentido por separado, entonces la afirmación «A y B» tiene necesariamente sentido. Resulta que cuando se confía en exceso en el carácter de afirmación de la conjunción de dos afirmaciones incluso el PNC puede ser saboteado.

Entonces, dado que todo operador lógico puede ponerse en función de los operadores «y» y «No()». Por ejemplo, «A o B» es lo mismo que «No(No(A) y No(B))», incluso las inferencias «si A entonces B» pueden ponerse como «No(A y No(B))», entonces toda la lógica adquiere el carácter de superstición.

La necesidad de modificar el PNC proviene de que el PNC es una verdad corriente —por ejemplo, Hegel y sus discípulos lo niegan—, lo que permite sabotear el axioma de la validez de las teorías y, por lo tanto, permite sabotear la razón, como hizo Hegel.

La negación del PNC se cuela a menudo en los razonamientos a causa, sobre todo, de una convención en el procedimiento del silogismo: dar por verdaderas las premisas. De manera que cuando se acepta la negación del PNC como una premisa y, por tanto, como una afirmación verdadera, todo lo que le sigue a continuación es un absurdo lleno de contradicciones. Quizá el ejemplo más simple y célebre sea la paradoja del mentiroso.

La cuestión es que las afirmaciones autocontradictorias (P = «A y No(A)») están vacías de contenido, porque si, por un lado, se afirma A y, por otro No(A), en total nada se está afirmando y al no afirmarse nada lo dicho carece de significado y si carece de significado es absurdo pretender que su significado pueda valorarse como verdadero o falso. El axioma de la validez de las teorías dice que la valoración que le corresponde es la de absurdo. Es decir, sean lo que sean desde el punto de vista de la gramática, desde el punto de vista de la Razón las afirmaciones que son a la vez verdaderas y falsas no son proposiciones lógicas, no son afirmaciones, sino absurdos. Aplicado lo cual al PNC significa que, aunque el PNC sea una afirmación verdadera, su negación no es una afirmación falsa, sino que ni siquiera es una afirmación. Aunque la afirmación del PNC tiene un valor lógico: verdadero, su negación no es una afirmación con valor de verdad. No es falsa, sino absurda. En afirmar esto es en lo que consiste el PVA, pronto lo veremos. El PVA puede parafrasearse en un lenguaje coloquial como «quien se desdiga de lo que dice que se vaya a molestar a otro sitio con el inoportuno ruido de sus palabras». Es curioso que sea esto lo que suele hacer el lego en una materia cuando escucha sobre ella afirmaciones aparentemente contradictorias de un experto. No concluye que lo dicho sea falso como hace el PNC, sino que no le están diciendo algo, como hace el PVA.

Por tanto, *si una afirmación no es una afirmación porque no tiene valor de verdad —ni verdadero ni falso—, debe rechazarse su inclusión en los razonamientos* que solo utilizan estos dos valores de verdad. Esta cuestión es paralela a la de la existencia de la nada, donde *es absurdo hablar de la nada como si fuera algo de lo que es predicable que su existencia es verdadera o falsa.* La nada —algo que no es algo— ni existe ni no existe porque es un absurdo y decir cualquier cosa de un absurdo es un disparate. *Si no queremos obnubilar nuestro entendimiento, también debemos rechazar la inclusión de la nada en el ser algo, en el ser.* Ya lo advirtió Parménides de Elea y la mayoría siguen sin hacerle caso.

No he examinado todas las paradojas que se conocen, pero supongo que esta aclaración las resuelve todas. No solo aquellas que tanto fascinaron desde la Antigüedad, como la paradoja del mentiroso, también otras más modernas derivadas de ella; especialmente en matemáticas. Los absurdos no deben formar parte de ningún discurso que solo contemple dos valores de verdad —verdadero y falso—, ni siquiera cuando se los valora como falsos, porque si se dejan en él, por muy falsos que se consideren, puede aparecer una propagación descontrolada del absurdo. Pero cuando hablamos de la realidad nos referimos a objetos materiales, los cuales sabemos que son absurdos. Así que es preciso ampliar nuestra lógica de manera que pueda manejar los absurdos que son los objetos materiales.

Veamos ahora ciertas afirmaciones que son muy peligrosas porque, aunque parecen afirmaciones simples con validez de conocimiento, en realidad son teorías absurdas. Son afirmaciones que se refieren a sí mismas, por lo que, aunque parezca que afirman una sola cosa, afirman, en realidad, dos cosas: aquello que afirman y aquello que dicen que afirman. Aquí es donde se introduce subrepticiamente la contradicción. Veamos el caso más paradigmático: la paradoja del mentiroso. El mentiroso afirma: «Esto que digo es falso», que llamaré PM (proposición del mentiroso). Por tanto, por la convención de los silogismos de la que antes hablé, nos vemos obligados a aceptar que el mentiroso afirma algo, en concreto afirma que PM es verdad. Pero resulta que PM = «PM es falso», o sea, el mentiroso dice que afirma que No(PM) es verdad, lo cual también nos vemos obligados a aceptar. Pero entonces la afirmación completa que nos vemos obligados a aceptar es, en realidad, «PM y No(PM) es verdad», lo cual no es solo una contradicción directa del PNC de la que luego se deriva la indecidibilidad, sino que antes de eso es un desdecirse de lo que se dice y, por tanto, es no afirmar algo. Hemos permitido que el mentiroso nos obligue a aceptar que no decir algo es decir algo. Ahora bien, si no se afirma algo, no hay afirmación, no hay valor de verdad, solo hay absurdo. Es un terrible error el suponer que tiene valor de verdad y, en consecuencia, aplicar el PNC a la negación del PNC. El mismo error con el que yo antes intentaba demostrarlo. El problema es que las premisas son afirmaciones que, por convenio, es decir formalmente, se toman por verdaderas —y, por tanto, por válidas— hasta que no se demuestre lo contrario. Y si la premisa se desdice a sí misma, como en el caso del mentiroso —y de los objetos materiales—, la premisa no es válida, no hay premisa, o sea la premisa es absurda y, por tanto, no tiene valor de verdad; su valor de verdad es el de absurdo. En consecuencia, es necesario rechazar este convenio tal como está porque esta formalidad resulta muy peligrosa para el entendimiento: *las premisas han de cumplir con los dos axiomas de validez de la Razón para ser premisas*.

Cuando caemos en la trampa y damos valor de verdad a una premisa absurda, aunque sea el de falso, las consecuencias se propagan a las conclusiones, imposibilitando una conclusión sobre el valor de verdad de lo que dice el mentiroso, llegándose a declarar que su valor de verdad es indecidible. Si «PM y No(PM)» se debe tomar por verdadero porque así lo impone la formalidad de los silogismos, de ello se puede deducir cualquier cosa, entre ellas, claro está, que PM es tanto verdadera como falsa. El mentiroso no afirma algo, lo que dice no es distinto a carraspear, pero los lógicos dicen que el valor de verdad del carraspeo es indecidible. ¡Que es indecidible! Dado que el mentiroso nada afirma, ¿qué es lo que es indecidible? El problema es que al realizarse la inferencia mediante el PNC no tiene resultado. Algo que era de esperar a causa de haber aceptado una autocontradicción como verdadera, es decir, por haber supuesto falso el PNC sin percatarnos de ello. Pero como los lógicos y los matemáticos llevan muy mal que de sus operaciones no se obtengan resultados han inventado un nombre para convertir en resultado este no resultado, le han dado el timorato título de indecidibilidad. *Señores, una autocontradicción no tiene un valor de verdad indecidible, sino que no tiene valor de verdad*.

Otra enseñanza que podemos sacar de esto es que, si las inferencias que se hacen de un conjunto de afirmaciones dan un resultado indecidible, eso significa que ese conjunto de afirmaciones, como tal conjunto de afirmaciones —no necesariamente tomadas de una en una— es un absurdo. En resumidas cuentas, nada se afirma.

3. El principio de la verdad absoluta (PVA)

Vimos que los formalismos nos generan un importante problema porque, formalmente, quien se contradice sí que ha dicho algo: ha dicho X —que suponemos que es una afirmación válida— y ha dicho No(X) —que, en consecuencia, también es válida—. Es decir, ha dicho «X y No(X)» y, formalmente, eso es afirmar algo válido, por lo cual debería tener un valor de verdad. Pero globalmente lo que ha dicho no es válido y, por lo tanto, el conjunto de lo que ha dicho no tiene valor de verdad; el operador «y» ha destruido el valor de verdad de X y de No(X). Este es el error que comete el PNC.

Desde Aristóteles se considera que la afirmación «X y No(X)» es falsa, cuando debería haberse considerado que no hay afirmación. Así que es imprescindible reformular el PNC y sustituirlo por otro principio parecido, pero invulnerable a ese error cognitivo.

Le llamo principio de la verdad absoluta (PVA), un principio que se deriva del axioma de la validez de las teorías:

Así que mientras que el PNC afirma que:

$$No(P \text{ y } No(P)) = \text{verdadero}$$

y, por lo tanto, que   P y No(P) = falso,

el PVA afirma que   *P y No(P) = absurdo*

y, por lo tanto, que   *No(P y No(P)) = verdad absoluta*.

El decir que el valor de verdad de No(P y No(P)) es una verdad absoluta es porque es una afirmación innegable, ya que negarla es imposible; si se niega se dice un absurdo y, por tanto, nada se dice. Se puede creer que se dice algo al negar una verdad absoluta, pero, en realidad, solo se están haciendo ruiditos con la boca, por eso es innegable.

Aunque la demostración del PNC es imposible, la demostración del PVA es inmediata: si se niega una verdad absoluta nada se dice, así que el PVA se demuestra a sí mismo. Es obvio que el PVA es más adecuado para expresar el axioma de la validez de las teorías que el PNC, porque lo que dice el PNC de las contradicciones es que son falsas, mientras que lo que dice el PVA es que son absurdas, que es lo que dice el axioma. Si las contradicciones fueran falsas, serían afirmaciones válidas de las que, aunque se calcula que su valor de verdad es falso, podría haber sido verdadero. Es más, dado que las verdades corrientes son probabilísticas, sugiere que puede ser verdadero más adelante a la luz de nuevos cálculos o nuevas teorías. *Este es un peligroso error que la Ciencia comete hoy a causa de su extremo positivismo.* Un positivismo que convierte lo observado —lo que cree observar— en realidad, de manera que, si en el mundo se cree que se observan contradicciones, entonces esas contradicciones son reales. *Y, dado que este empirismo radical puede dar lugar a la afirmación de absurdos, entonces es un criterio de verdad absurdo.* Lo que le da la razón a Platón, y con él al Idealismo y al cristianismo, una catástrofe para la razón. *La fuente primordial de las distinciones ya no será el PNC, sino el PVA. No es el PNC el que sostiene el axioma de la validez de las teorías, sino el PVA, lo que convierte este principio en el segundo pilar fundamental de la Razón y, por tanto, en un soporte nuclear del poder del entendimiento sensato.*

El PVA hace patente que tanto P como No(P) deben tacharse de un discurso en el que se afirme «P y No(P)». Esto no significa que el discurso no pueda arreglarse quitando esa contradicción.

Pero si un discurso, como el del mentiroso, solo consiste en la afirmación «P y No(P)», todo el discurso ha de borrarse y, por tanto, nada se ha dicho. El mentiroso nada dice y, como nada dice, nada se puede deducir. Por tanto, la solución de la paradoja del mentiroso es que ni miente ni dice verdad, pero no porque tal cosa se deduzca de lo que afirma, sino porque no afirma algo y, por tanto, no afirma algo de lo que quepa hacer deducción alguna.

Y aun podemos poner esto de otra manera crucial: ser intrínsecamente indecidible es ser intrínsecamente indeterminado y, por tanto, no ser algo, ya que *todo algo es una determinación*. Atentos, los físicos de partículas.

Ojo, porque *ser indeterminado es muy distinto de ser indeterminable*. Ser indeterminable es cosa nuestra o de nuestros aparatos de medida, pero ser indeterminado en sí mismo es un absurdo y, por tanto, no es un ser y, por tanto, no es un ser existente. *Esta crítica es mortal para el positivismo radical de la ciencia actual*. Resulta que el paradigma filosófico en el que descansa la Ciencia no es válido. Eso sí, es muy útil.

Aunque después del PVA la paradoja del mentiroso deja de ser una paradoja para convertirse en ruido, el que durante milenios se haya tomado la afirmación del mentiroso como algo con sentido demuestra una cosa muy importante: que el PNC y con él toda la lógica han podido ser atacados impunemente durante toda la historia de nuestra cultura a causa de un sutil error de Aristóteles —confundir absurdo con falso—. Casi desde que se descubrió la razón, la herramienta fundamental de nuestro entendimiento no ha estado a salvo de los facinerosos del entendimiento y de los enemigos de la razón. Es decir, la razón no ha estado a salvo hasta ahora de aquellos que inutilizan el entendimiento de la gente para manipularla a su gusto.

Menos que nadie, la Ciencia debería ignorar las terribles consecuencias que tiene el no someterse a los axiomas de validez de la Razón. *Para sobrevivir, no solo la Ciencia y el conocimiento científico, sino también nosotros mismos, necesitamos desesperadamente los axiomas validez de la Razón. Si se les transgrede* no hay afirmaciones. Ni siquiera hay definiciones y, por tanto, no hay seres; *solo queda pensamiento vacío, estupidez y demencia*.

No debería extrañarnos que el PVA sea una fuente psicológica de verdad sobre las apariencias que es independiente de las apariencias, porque las apariencias no son realidad, sino, en buena medida, definiciones nuestras. Así que si nuestras apariencias no respetan el PVA no son apariencias de la Realidad, sino absurdos. O sea, *el PVA es una fuente de verdad sobre las apariencias de la Realidad que procede de la naturaleza de la Realidad*, la cual es una verdad absoluta.

4. La lógica de la verdad absoluta

No todas las verdades son verdades absolutas; casi ninguna lo es, por lo que necesitamos el valor lógico de verdad de las verdades corrientes. Tampoco lo falso puede ser sustituido por lo absurdo porque hay muchas afirmaciones falsas que no son absurdas. Es necesario, pues, crear una lógica con estos cuatro valores de verdad: verdad absoluta, verdad, falso y absurdo, que sustituya la lógica bivalente. La denomino lógica de la verdad absoluta. Es, pues, una lógica tetravalente, dado que tiene cuatro valores de verdad, en la que el PVA es una verdad absoluta, como se puede comprobar. Basta con definir las funciones lógicas No(X) y X o Y como en la tabla siguiente. Las restantes funciones lógicas se definen a partir de estas de la misma manera con la que es posible hacerlo en la lógica bivalente. Con un poco de paciencia, se puede verificar que en esta lógica se cumplen los teoremas clásicos, incluidas las leyes de De Morgan. Respecto a las inferencias, puede comprobarse que el *modus ponens* se convierte en una verdad absoluta.

X	No(X)
A	Va
F	V
V	F
Va	A

X	Y	X o Y
A	A	A
A	F	F
A	V	V
A	Va	Va
F	A	F
F	F	F
F	V	Va
F	Va	Va
V	A	V
V	F	Va
V	V	V
V	Va	Va
Va	A	Va
Va	F	Va
Va	V	Va
Va	Va	Va

A= Absurdo
Va=Verdad Absoluta
F= Falso
V= Verdadero

Bajo la lógica de la verdad absoluta, el álgebra de Boole —que es de base 2, en lugar de la de base 10 que todos conocemos— puede ampliarse a un álgebra de base 4, donde se cumple la ley conmutativa, las leyes distributivas, las leyes asociativas para los operadores suma y multiplicación y las leyes de De Morgan. Basta con poner los valores anteriores en forma de números. Añado la multiplicación para que se vea que, aunque la suma no pierde del todo su carácter intuitivo, la multiplicación no resulta ya demasiado intuitiva en muchos casos; cosa que también ocurre en el álgebra de Boole.

Como la lógica de la verdad absoluta incluye lo absurdo, parece que ahora las operaciones lógicas sí son ya de verdad operaciones internas; o sea que, partiendo de un conjunto de afirmaciones con sentido, es imposible generar sinsentidos aplicando operaciones lógicas a esas afirmaciones. No es así, debido a que los absurdos pueden generar disparates. Y dado que el operador No() no funciona con los disparates porque no cambia el valor lógico de disparate por otro valor distinto, los disparates no pueden incluirse en ninguna lógica —salvo que incluyamos las sandeces, pero también son disparates—. Esto implica que, aunque los absurdos formen ahora parte de la lógica —por lo que ya podemos hablar de los objetos materiales como si fueran algo: absurdos— y, por tanto, formen ya parte del discurso racional, debemos apresurarnos a sacarlos de él lo antes posible, ya que se corre gran peligro de generar disparates si los absurdos no se utilizan con mucho cuidado. *Una buena razón de por qué las matemáticas son tan útiles para la Ciencia, ya que las matemáticas trabajan sin hacer referencia a absurdos objetos materiales*.

X	Y	X+Y	X*Y
0	0	0	0
0	1	1	0
0	2	2	0
0	3	3	0
1	0	1	0
1	1	1	1
1	2	3	0
1	3	3	1
2	0	2	0
2	1	3	0
2	2	2	2
2	3	3	2
3	0	3	0
3	1	3	1
3	2	3	2
3	3	3	3

Dada la importancia de la operación lógica «si X entonces Y» (que escribo «X → Y») por ser la base de nuestras inferencias, pongo a continuación su tabla de verdad y cómo «X o Y» y «X y Y» pueden ponerse en función de X → Y utilizando el operador No(). Así que todas las operaciones lógicas pueden ponerse en función de los operadores «X → Y» y «No()».

Incluso el PVA puede ponerse en esta forma, ya que es lo mismo que afirmar «X → X». *Lo que implica que el PVA no necesita al operador No() para afirmarse.* Lo cual es crucial, ya que, por un lado, todo ser real es una verdad absoluta y, por otro, lo real no puede afirmar lo que no es, ya que es un ser en sí mismo y, por tanto, su ser no depende de afirmaciones sobre lo que no es él mismo.

Lo real no es relativo a otra cosa, ni siquiera a otra cosa real; de lo que se infiere que en la Realidad no hay leyes de inferencia y, en consecuencia, *que las leyes científicas no son reales*, solo son apariencias de seres reales, o sea, *solo son buenos heurísticos.*

X	Y	X→Y	X o Y=No(X)→Y		X y Y = No(X→No(Y))	
A	A	Va	A	A	A	A
A	F	Va	F	F	A	A
A	V	Va	V	V	A	A
A	Va	Va	Va	Va	A	A
F	A	V	F	F	A	A
F	F	Va	F	F	F	F
F	V	V	Va	Va	A	A
F	Va	Va	Va	Va	F	F
V	A	F	V	V	A	A
V	F	F	Va	Va	A	A
V	V	Va	V	V	V	V
V	Va	Va	Va	Va	V	V
Va	A	A	Va	Va	A	A
Va	F	F	Va	Va	F	F
Va	V	V	Va	Va	V	V
Va	Va	Va	Va	Va	Va	Va

Esta lógica permite hablar de absurdos y, por tanto, de los objetos materiales. Esto no implica que convierta en algo lo que no es algo, solo que ahora hablar de absurdos no es ya un disparate, aunque solo sea en determinados casos: cuando no se utilizan como si no fueran absurdos. *Esta lógica convierte en racional el hablar de objetos materiales, al menos para criticarlos,* y, por lo tanto, *convierte la Ciencia en conocimiento racional siempre que incluya una crítica de los objetos materiales y no los considere otra cosa que absurdos*, como hago yo.

5. Primeras aplicaciones del PVA a la física

El PVA tiene un papel determinante en la definición de los seres, o sea, en la definición de lo que es algo. El afirmar que «algo no es algo» es un absurdo y, en consecuencia, *«ser es ser algo» es una verdad absoluta.* Es absurdo pretender que la nada —lo que no es algo— sea algo. *La nada es, pues, un absurdo y afirmar su existencia, un disparate.* Por ejemplo, cuando se habla de la creación del universo (el todo) a partir de nada, se postula que nada ha sido algo en algún momento y de ello se deduce que el universo ha sido creado. *En realidad, si se entiende crear como creación a partir de nada, la idea de crear es un disparate.* Otra cosa es que se entienda como construcción, como creación a partir de algo, como los artistas que crean esculturas a partir de piedras o cuadros a partir de lienzos y pinturas. Pero de lo que no es solo puede afirmarse que es un disparate. Ya lo dijo Parménides: «De lo que no es (algo) no se sigue cosa alguna»; y, por tanto, es absurdo pretender que la nada sea la materia prima de lo que es, en este caso, el mundo. *Al poner el mundo en función de un absurdo (nada), se está cometiendo un disparate. Hablar de creación del universo (el todo) es un disparate se justifique con argumentos profanos o divinos.* El *Big Bang* no pudo surgir de nada y si lo creó Dios solo pudo ser a partir de sí mismo; así que todos seríamos parte de Dios, todos seríamos adorables y divinos. También las cucarachas y los curas, claro.

Y como afirmar algo de lo que no es algo no es una afirmación, sino un disparate, afirmar que «lo que no es algo existe» es también un disparate. *Para que algo exista —o haga cualquier cosa— primero tiene que ser algo. Y para ser algo tiene que estar definido sin transgredir los axiomas de validez de la Razón.*

Por ejemplo, *los teólogos dicen que su Dios es incognoscible y, por tanto, que no puede ponerse en función de algo conocido, por lo que no es algo; así que es una sandez decir que exista o que haga, diga o piense cosa alguna.* Igual que es un disparate dar valor de verdad a lo que no es una afirmación, también es un disparate dar valor de existencia a lo que no es algo. Por tanto, *aunque ser algo no implica existir, existir implica ser algo.* Tenerlo claro es importante para lidiar con la filosofía idealista, para quien ser y existir es lo mismo. Pero existir es formar parte de la Realidad, así que no todos los seres (algos) existen, sino solo aquellos que se dan sentido a sí mismos, que se definen a sí mismos, que se afirman a sí mismos. *Los seres reales son seres en sí mismos. Seres absolutos.* Los únicos seres absolutos que existen.

A los seres que existen los llamo seres reales y a todos los demás seres, sean o no traducciones de seres reales al idioma del entendimiento, *seres imaginarios.* Por tanto, *los seres reales existen y los seres imaginarios no existen. Pero que los seres imaginarios no existan no implica que el entendimiento no pueda traducir las afirmaciones que son los seres reales a seres imaginarios*; no significa que no se pueda utilizar seres imaginarios para entender la Realidad, para simularla, para recrearla.

Los entendimientos tienen un gran poder sobre sus seres: los pueden crear —definir—, destruir —negar que sean lo que dijeron que eran— y transformar —modificar una definición—, pero ¿qué ocurre con los seres que no define el entendimiento?, ¿qué ocurre con los algos que se afirman a sí mismos? ¿Puede crearse, destruirse o transformarse un ser real?.

Un ser real no puede crearse porque entonces no sería algo que se afirma a sí mismo, sino la afirmación de otra cosa. Tampoco puede transformarse porque eso supondría afirmar el absurdo de que un ser real puede ser distinto de lo que es y, por tanto, que puede ser lo que no es. *Y si no puede transformarse no puede destruirse* —transformarse en otra cosa—. En definitiva, *los seres reales son increados e inmutables.* Y aunque parezca que esto significa que son eternos —en el sentido de estar en todos los instantes del tiempo— como creía Platón, veremos que no es así. El que parezca así es porque, *al igual que los objetos materiales son apariencias absurdas de seres reales, la definición habitual del tiempo es una apariencia absurda del tiempo real.*

Los seres reales no pueden dejar de ser lo que son, así que no pueden dejar de existir. *Si algo ha comenzado a existir, se ha transformado o ha dejado de existir, entonces no es real, sino, como mucho, apariencia de algo real.* Lo que *no implica que el existir de los seres reales tenga que ocurrir en un momento distinto del momento en que ocurre, igual que no tiene que ocurrir en un lugar distinto del que ocurre*; ambas cosas son absurdas. O sea, *los seres reales, aunque sean inmutables, no tienen por qué ser eternos en el sentido normal de esta palabra* —ocupar todo el tiempo habitual—, *basta con que todos los instantes del tiempo real sean eternos; basta con que el tiempo exista.* Dicho con más propiedad: basta con que el espacio-tiempo exista. Claro que si el espacio-tiempo no existiera nada podría existir.

Otra cosa importante: *lo que decimos que se transforma* —por ejemplo, porque se ofende con pecados humanos— *no solo no es real, tampoco es imaginario,* porque *el llamar con el mismo nombre a cosas distintas no las convierte en la misma cosa,* aunque sean imaginarias.

Ya vimos que la Realidad está íntimamente relacionada con el axioma de validez del conocimiento; ahora vemos que también está íntimamente relacionada con el axioma de validez de las teorías y, por tanto, que la **Realidad está íntimamente relacionada con los dos axiomas de validez de la Razón**, refutando así tajantemente a los que dicen que la realidad no tiene sentido. Es justo al contrario, *la Realidad está íntimamente relacionada con todo aquello que tiene sentido, con el tener sentido.*

Ahora bien, ¿no se afirma el entendimiento a sí mismo?, ¿acaso no podemos decir «yo existo», como dijo Descartes, y antes de él Agustín de Hipona?, ¿no es entonces real el entendimiento (el alma)? Sin embargo, tanto el «pienso luego existo» de Descartes como el «dudo luego existo» de Agustín son argumentos engañosos. El «pienso» y el «dudo» son apariencias; por tanto, no se puede deducir «yo existo», salvo también como apariencia.

Lo que lleva a la perogrullada de «me parece que pienso/dudo, luego me parece que existo». Basta con decir «me parece que existo», no hace falta una premisa para darle forma engañosa de argumento.

Es cierto que el entendimiento puede afirmarse a sí mismo; sin embargo, *la afirmación del entendimiento de sí mismo no es consistente porque el yo que afirma que existe no es el mismo yo que afirma que existe en el instante siguiente*. Son definiciones distintas que pretenden definir lo mismo, lo cual es absurdo. Tampoco el entendimiento dice continuamente «yo existo» y, aunque lo hiciera, diría un absurdo.

El yo del entendimiento está sometido a continuas transformaciones en el tiempo aparente como cualquier objeto material —incluso la eterna alma platónica cambia cuando olvida o recuerda sus eternas ideas, dejando así de ser lo que era—; así que su autoafirmación, su definición de yo es inconsistente. Por tanto, igual que las demás partes del cuerpo, el entendimiento, el alma, no es real. Todo objeto material fluye, muta, incluido el entendimiento.

Ahora bien, dado que todo lo que es algo es algo, incluso aunque no exista, ¿no ocurre que todos los algo son eternamente algo, como decía Platón? ¿No son eternas las ideas?. Es obvio que no, porque los algos que no existen son definiciones que hacen los entendimientos y estos no son eternos, así que no pueden estar definiendo algo eternamente y menos aún pueden definir algo antes de haber nacido.

Reconozco que digo un disparate al afirmar que el entendimiento, un absurdo objeto material, hace afirmaciones. Sin embargo, los objetos materiales son unos absurdos muy especiales porque, además de absurdos, son también verdades corrientes muy verosímiles. Tanto que incluso los idealistas, que niegan su existencia, se comportan como si le dieran una gran verosimilitud. Después de analizar los objetos materiales, comprenderemos su enigmática condición de absurdos y de casi verdades absolutas.

Este asunto es el más delicado e inquietante de la filosofía porque es el punto en el que se extravió Platón y, ayudado por la Iglesia, extravió a todo el mundo, por precipitarse en expulsar a los objetos materiales de la realidad sin examinarlos demasiado.

Después resolveré el tremendo y perturbador problema de los objetos materiales, el problema teórico fundamental de la humanidad. Pero antes permítaseme hablar de los objetos materiales como verdades corrientes —o sea, bajo una concepción materialista— con el fin de poder entender más tarde la extraña naturaleza híbrida de los objetos materiales y su estrecha relación con la Realidad.

Quizá sorprenda mi insistencia en algo tan intuitivamente obvio como que la Realidad existe, pero téngase en cuenta que nadie hasta ahora —unas páginas después— ha encontrado nada real; lo que ha sido un enorme problema durante dos milenios y medio, ya que *hace la friolera de 2500 años desde que Heráclito de Éfeso descubrió que los objetos materiales no existen, que eso que llamamos realidad no es la Realidad*. Nunca nos bañamos dos veces en el mismo río. Y ni siquiera una, apostillaba Crátilo, discípulo de Heráclito; y tenía razón, ya que los ríos no existen.

Todo fluye, nada permanece. Por tanto, el mundo es una ilusión, ya que todo lo que decimos que es algo no es algo porque su definición es inconsistente. Por ende, el mundo material no es real. El mundo material es solo una apariencia absurda de la Realidad. Aunque como todo el mundo cree que el mundo material es real debido a su comportamiento bastante predecible, *también es una verdad corriente muy verosímil*. Los seres materiales no existimos. Mejor dicho, tal como nos definimos, los seres materiales no existimos porque esa definición es absurda. Y el problema no termina aquí, porque los fenómenos que percibimos en el mundo, tanto la gente de la calle como la Ciencia, son relaciones entre seres materiales y, por tanto, relaciones entre absurdos y, en consecuencia, son disparates.

Ahora bien, si resulta que lo que decimos que existe no existe porque es un absurdo y lo que decimos que ocurre no ocurre porque es un disparate, nos hemos topado con un buen problema. Se trata del célebre *problema de la metafísica, el problema central de la filosofía*, la encrucijada en la que el pensamiento europeo se extravió por completo a causa de la solución que dio Platón y el apoyo que la Iglesia dio a la teoría de Platón.

Conviene percatarse de que no todo lo que es algo es algo porque así lo afirme algún entendimiento. Por ejemplo, cuando nos tropezamos con una piedra no es precisamente porque el entendimiento del que se tropieza ni ningún otro hayan definido esa piedra previamente, sino que esa piedra se define ella solita antes de que los entendimientos la definan luego a su manera. Sí, la piedra es un objeto material y, por tanto, es imposible que se haya definido a sí misma. La piedra es cosa del entendimiento, pero, aparte de cosa del entendimiento, tiene que ser también cosa de otra cosa, porque es obvio que no la ha definido él solo. Pues ese algo, que al margen del entendimiento y los sentidos ha contribuido a la definición de la piedra, es la Realidad. Sin embargo, el mundo real y el imaginario no son necesariamente independientes, como pretende Kant, dado que no es imposible que el entendimiento sea capaz de traducir seres reales a seres imaginarios.

Las piedras, tal como las definen los entendimientos, no son seres reales y ni siquiera imaginarios porque son absurdos, pero son también verdades corrientes. De hecho, hay un gran consenso entre los entendimientos sobre la existencia de piedras y de muchas otras malas traducciones de seres reales a seres imaginarios; así que, dada su objetividad, les solemos llamar objetos, en concreto, objetos materiales. Al conjunto de los objetos materiales solemos denominarlo mundo material o, simplemente, entorno. Así que el entorno es una mala traducción al lenguaje del entendimiento del mundo real, una apariencia del mundo real. O sea, el entorno es la Realidad, pero mal traducida por el entendimiento. Y, en definitiva, *la Realidad es el entorno real, o sea, aquello que hace posible que el entendimiento pueda crear su imaginario mundo material*.

Tanto la gente de la calle como la Ciencia solemos afirmar que el mundo material es la realidad y, dado que el mundo material es un mundo imaginario, esto nos convierte en idealistas de hecho. Resulta que *¡el materialismo es un tipo de Idealismo!* Y este es el problema. Esto explica que yo vaya diciendo por ahí que soy más materialista que el materialismo; esto y también que, como se verá, eso que llaman vacío es también materia. Veremos que todo lo que existe tiene masa —masa normal, no me refiero a la esotérica masa oscura inventada para dar sentido a la absurda aceleración de la absurda expansión del universo— y, por tanto, todo lo que existe es material.

La Ciencia es más idealista de lo que cree porque, dado que los objetos materiales son ideas, escapar del Idealismo no es fácil. Ni siquiera negándolo abiertamente se escapa de él con seguridad, lo que le da apariencia de verdad y para muchos lo convierte en verdad corriente. Esto es así porque, para bien y para mal, y al contrario que los demás animales, el humano se ocupa mucho más de su propio mundo aparente que del mundo real. Lo cual, aunque suele dar buen resultado desde un punto de vista biológico, no lo da para averiguar qué es la realidad.

Capítulo III
Las verdades corrientes

1. Objetivación del conocimiento y subjetivación del entorno

Aunque no haya una escala para medir los logros humanos, no cabe duda de que las objetivaciones virtuales de lo subjetivo están entre sus mayores triunfos. La primera y más importante de esas objetivaciones no es un logro cultural, como puede ser la pintura o la fotografía, que objetivan nuestros recuerdos al hacerlos públicos e independientes de nosotros, sino la objetivación biológica de nuestros pensamientos por medio del lenguaje y la posterior profundización cultural de esa objetivación por medio de la escritura.

Cuando le decimos a alguien «tráeme el destornillador de estrella de la caja de herramientas del garaje», hacemos objetiva una idea compleja que solo estaba en nuestra subjetividad; tanto que cualquiera puede reproducirla en su propia subjetividad y hasta puede decidir traernos el destornillador de marras. Claro está que estas objetivaciones son virtuales, o sea, solo son cosas compartidas con otros humanos que, además, han de entender nuestro idioma. Una piedra produce una sensación de piedra a cualquier organismo, incluso a lo que no es un ser vivo, por ejemplo, otra piedra que choque con ella, pero la palabra «piedra» solo produce apariencia de piedra a quienes son capaces de entenderla. Somos capaces de objetivar nuestros pensamientos, aunque solo sea virtualmente, y aunque no con tanta precisión también somos capaces de objetivar sentimientos y emociones a través de gestos, conductas, el arte, la poesía, el teatro, la pintura, etc. Curiosamente, esta objetivación emocional no es ya tan específica, sino que, en alguna medida, también es comprensible para otros animales; algo que incluso recoge el refranero, por ejemplo, «la música amansa a las fieras». Pero lo más importante es que hemos logrado objetivar el conocimiento para otros humanos de manera que somos capaces de transmitirlo y recibirlo de otras personas, incluso podemos almacenarlo en la materia inerte por medio de la escritura. Los conocimientos no siempre permanecen entonces como hechos subjetivos (privados) de cada cual, sino que también es posible transformarlos en cosas objetivas (públicas), en cosas a las que cualquier persona puede tener acceso.

Aunque no de una forma tan directa, el entendimiento, o sea, el procesamiento de los conocimientos, ha sido también objetivado en gran medida. Si leemos lo que otros han escrito, podemos recrear el curso de sus pensamientos, podemos percibir con mayor o menor claridad sus razones para derivar sus conocimientos. Podemos, pues, juzgar la calidad de los razonamientos ajenos, lo correcto o incorrecto de su lógica y sus conclusiones. Así que el mundo imaginario de un humano es accesible de manera objetiva.

Ahora bien, si existe un entendimiento que crea conocimientos es porque esa actividad tiene un fin biológico: utilizar esos conocimientos en bien del organismo y, en general, de nuestra especie. *La razón última de la existencia del conocimiento y el entendimiento no es otra, no puede ser otra que su utilidad biológica*. O sea, *su utilidad práctica*. Y si hay utilidad práctica solo puede ser porque el entendimiento no solo logra objetivar virtualmente sus propios pensamientos, sino que al convertir la Realidad en entorno (mundo material) también consigue, en alguna medida, subjetivar virtualmente la Realidad (el entorno real). Todos los objetos materiales tienen una forma espacial y temporal, estando siempre situados en algún sitio y en algún momento; así que nuestra imaginación es una memoria biológica en la que el entendimiento construye simulaciones psicológicas del espacio-tiempo que podemos denominar imágenes o películas, es decir, conjuntos de imágenes. Pero en la imaginación el entendimiento no solo puede copiar el espacio-tiempo del entorno, es decir, crear isomorfismos del entorno o, al menos, isomorfismos de elementos del entorno que él considera significativos —isomorfismos parciales, abstractos—, sino que también puede guardar estas imágenes en la memoria a largo plazo y hasta operar con ellas, de manera que a partir de las imágenes isomórficas con el entorno puede construir otras imágenes, que pueden o no ser ya isomorfismos del entorno y que el entendimiento puede incluso poner en movimiento y transformar a voluntad. El trazo grueso de los isomorfismos es casi siempre una ventaja, ya que el entendimiento selecciona así los elementos del entorno que considera más relevantes, ignorando muchos otros que le ocuparían una capacidad de procesamiento que no tiene. Estas simplificaciones del entorno son muy útiles porque resultan ser mucho más fáciles de almacenar y de comunicar a otras personas por medio de sonidos, de palabras que las representan. Unos sonidos que las recrean, que las dibujan en el entendimiento de otras personas.

Y es obvio que el entendimiento logra muchas veces simular con éxito lo que ocurre en el entorno, dado que los resultados de sus simulaciones le son útiles para manipularlo. Lo cual hace que esa equivalencia entre lo que se piensa y lo que existe sea una verdadera equivalencia, dado que en estos casos lo que ocurre primero en el entendimiento ocurre también después en el entorno. Lo cual implica que *las abstracciones que hace el entendimiento de lo que sea que exista en el entorno captan algo importante que hay en él, más allá de los detalles que el entendimiento haya descartado*. O sea, el entendimiento logra construir, con mayor o menor precisión, objetos subjetivos que nunca habían percibido los sentidos y que después resultan ser isomorfismos abstractos que los sentidos por fin perciben. Pero *la prueba de este éxito del entendimiento es que las conductas emitidas en función del entorno simulado tengan un éxito sistemático en el entorno aparente. Si esto no ocurre, no hay prueba de isomorfismo entre lo real y lo imaginario*; o sea, no hay prueba de que exista alguna relación de equivalencia entre lo real y lo imaginario. Este asunto es muy importante, porque hay corrientes filosóficas famosas que niegan que el entendimiento pueda comprender la realidad. Pero *la biología muestra que el entendimiento logra comprender la Realidad en mayor o menor medida, dado que logra construir afirmaciones que son útiles para manipular el entorno aparente y la utilidad de esas afirmaciones constituye la prueba de esa comprensión*. El que a veces esas afirmaciones no le salgan del todo bien al entendimiento y esos constructos no sean del todo isomorfos con la Realidad no implica que la Realidad no pueda comprenderse, sino que el entendimiento tiene que buscar otra solución o afinar más la que ha construido con escaso éxito. Es obvio que, si el entendimiento no lograra subjetivar en alguna medida la Realidad, sería un órgano inútil. Si el entendimiento no lograra construir objetos subjetivos tetradimensionales (espaciotemporales) que fueran isomorfismos de seres reales, sus predicciones sobre lo que va a ocurrir en el espacio tras el transcurrir del tiempo raras veces se cumplirían y su utilidad biológica sería nula. Si el entendimiento no construyera imaginaciones que, en alguna medida, fueran isomorfismos del espacio-tiempo real, eso que llamamos comprender el entorno no existiría y, por tanto, el entendimiento no existiría. *Unos isomorfismos que*, préstese atención, *incluyen al tiempo, no solo al espacio*. Es más, *la prueba de que la Ciencia trata en alguna medida con seres reales* y no es una mera fantasía del entendimiento, como algunos pretenden, *es que genera una tecnología útil para interaccionar con el entorno*. Si las ondas electromagnéticas fueran una mera fantasía del entendimiento, nadie hablaría por teléfonos móviles. Por tanto, algo de realidad hay en las ondas electromagnéticas, aunque sea el entendimiento el que, en buena medida, las haya inventado. Con esta conclusión, nos ponemos en las antípodas de Platón y la filosofía idealista, que pretenden que el conocimiento superior, el conocimiento de la realidad, es inútil. Diciendo esto, los idealistas solo intentan justificar su impotencia para comprender el mundo real y, lo que es peor, muchos intentan que renunciemos a la razón y tampoco nosotros lo comprendamos.

La psicología todavía no ha descrito del todo en qué consiste el conocimiento humano, pero dado que sea en el idioma en que sea comunicamos a otros nuestro conocimiento con afirmaciones e incluso razonamos operando con afirmaciones seguro que no nos equivocamos mucho si afirmamos que *el conocimiento que tenemos es un conjunto de afirmaciones*. No serán las afirmaciones de una lengua natural concreta, pero, sin duda, son afirmaciones que pueden expresarse en distintas lenguas, dado que pueden traducirse de unas lenguas a otras.

Tampoco las afirmaciones en forma de imágenes son las mismas que las que crean los sentidos, pero se puede operar con ellas de distintas maneras y dar lugar así a otras imágenes. Claro que cuanto más compleja sea la imagen, más afirmaciones lingüísticas será necesario hacer para afirmarla lingüísticamente con exactitud. Operación que es siempre posible por compleja que sea la imagen y por muchas afirmaciones lingüísticas que sean necesarias para ello, es decir, por mucho que a veces se necesiten más de mil palabras. Lo demuestran los archivos de imágenes de nuestros dispositivos informáticos en forma de afirmaciones escritas de posición y color de los píxeles de cualquier imagen. Pero la capacidad de nuestra imaginación no llega a tanto, por lo que el entendimiento simplifica las imágenes de los sentidos extrayendo de ellas los elementos que cree más útiles o que nuestra historia evolutiva ha encontrado que son más útiles.

Tampoco la psicología ha conseguido describir en toda profundidad cómo funciona el entendimiento, pero sabemos que opera con afirmaciones, es decir, que de unas afirmaciones extrae otras afirmaciones y que de unas imágenes extrae otras imágenes. Ahora bien, ¿cualquier afirmación o cualquier imagen es, entonces, un conocimiento? Es fácil ver que no. Si digo «Tugón es mayor que Craslá», sin duda es una afirmación que ni yo mismo comprendo, máxime cuando acabo de inventarme las palabras «Tugón» y «Craslá» y no tienen significado para mí. Tampoco un cuadro abstracto es para mí un conocimiento porque no lo comprendo, no soy capaz de describirlo con afirmaciones que lo definan. En terminología clásica, es un caos, un desorden que no sé ordenar de manera significativa.

No basta, pues, con tener una afirmación o una imagen para tener un conocimiento, esa afirmación o esa imagen ha de tener significado para mí. En términos modernos, ha de portar información, *he de poderla poner en función de mis conocimientos, ha de cumplir con el axioma de la validez del conocimiento.* De ahí la necesidad de soberbia cognitiva para no dar por conocido lo que no tiene sentido. La soberbia cognitiva autoriza a mucha gente a hacer pedorretas a los cuadros abstractos y a muchas otras cosas, de ahí la importancia de una buena educación racional.

Algunos psicólogos dirán que así estoy describiendo el mecanismo piagetiano de asimilación del conocimiento, pero me estoy olvidando del mecanismo de acomodación, con el cual también aprenden los humanos cosas nuevas. Pero la acomodación consiste en redefinir algunos de los propios constructos, también en función de lo conocido, antes de realizar la asimilación. Algo que ya intuyó Hegel, pero que no comprendió o no quiso comprenderlo; es difícil saber qué ocurrió. Una acomodación termina necesariamente con una asimilación de lo nuevo en esos nuevos constructos, por lo que no afecta a lo que estoy diciendo. El mecanismo puede ser a veces menos lineal y más complejo de lo que sugieren mis palabras, pero al final lo nuevo ha de poderse poner en función de los conocimientos que se tienen, aunque, de paso, haya que retocar antes algunos de estos.

El que para adquirir un nuevo conocimiento haya que ponerlo en función de lo conocido muestra lo difícil que es adquirir conocimientos cuando se conoce poco o se es demasiado humilde y se intenta ver con ojos que no son los propios. Hay dos momentos cruciales respecto a la adquisición de conocimientos que afectan a toda la humanidad: la infancia de la humanidad y la infancia de todos los humanos. *Si la Humanidad o los humanos no conocieran absolutamente nada cuando nacen, nada podrían aprender. La idea de la tabla rasa, y con ella la idea del empirismo puro, es una tontería. No existe la 'tabula rasa' de Locke.* La Humanidad nació conociendo afirmaciones instintivas y culturales procedentes de la especie de la que procede y los bebés nacen con conocimientos instintivos que se expresan en un lenguaje sensorial y motor que utiliza gestos del cuerpo y sonidos bucales —como el llanto—. Si los adultos no conociéramos ese lenguaje instintivo primario, nada podríamos enseñar a los niños ni podríamos saber qué necesitan.

No solo los conocimientos pueden tener problemas, también la acumulación de conocimientos puede tenerlos, porque suponiendo que dos conocimientos son conocimientos y no disparates, si violan el segundo axioma de la Razón, ya vimos que el resultado es un absurdo. Parece que incluso el entorno comete absurdos, como cuando vemos que un palo recto es también un palo torcido —al introducirlo en el agua—. Pero un palo recto no puede ser, a la vez, un palo torcido porque un palo recto que no es un palo recto es un absurdo. Antes recomendé ignorar los disparates y los absurdos. Sin embargo, los objetos absurdos del entorno aparente no pueden ignorarse como puede hacerse con las afirmaciones absurdas del entendimiento porque, aunque podamos borrar una afirmación de nuestro conocimiento, no es posible quitar una sensación de nuestros sentidos, salvo que los dejemos inoperativos cerrando los ojos o mirando hacia otro lado. O sea, salvo que nos neguemos a conocer. Ya sabíamos que los entendimientos pueden hacer afirmaciones absurdas, ahora vemos que los sentidos que, junto con el entendimiento, son los que afirman la existencia de los objetos del entorno, también pueden hacerlas. ¿O es quizá el mismísimo palo el que se contradice? Nótese que en las definiciones del palo recto y del palo torcido intervienen tres fuentes de afirmaciones: la Realidad que es la que hace las primeras afirmaciones, los sentidos que traducen esas afirmaciones a sensaciones y el entendimiento que opera con esas sensaciones creando las afirmaciones finales, los objetos materiales. Pero la Realidad ni puede mentir ni puede equivocarse porque todo lo que existe es solo algo que se afirma a sí mismo y, en consecuencia, es algo que solo habla de sí mismo, que solo se dice a sí mismo, porque si afirmara algo de otra cosa existente solo podría consistir en decir lo mismo que ya dice esa otra cosa existente. Y, en definitiva, la Realidad no puede autocontradecirse. Tampoco los sentidos pueden mentir porque para ello hay que conocer la verdad y ser capaz de negarla. Tampoco pueden equivocarse porque para eso hay que poder elegir y los sentidos no pueden elegir. Así que, quien se contradice es el entendimiento, ya que la única fuente de afirmaciones con capacidad para contradecirse es el lenguaje que utiliza el entendimiento. *El entendimiento es un órgano biológico, por lo que su función* —su objetivo, si se quiere— *no es obtener conocimiento verosímil del entorno, sino obtener conocimiento útil para enfrentarse al entorno. No demos por supuesto que los conocimientos que no son verosímiles son ya necesariamente inútiles.*

¿Cómo es posible que los objetos materiales sean tan útiles si son absurdos? Esto solo puede ser porque esos absurdos porten información con sentido, porque haya en ellos algo real, porque probablemente sean malinterpretaciones de la Realidad. Cuando sepamos qué es lo que distingue a los objetos materiales de los seres reales, veremos que la utilidad de los objetos materiales tiene una explicación sencilla; por ahora nos conformaremos con saber que los objetos materiales son útiles porque con ellos los sistemas de conocimiento, incluidos los simples, son capaces de predecir las situaciones futuras en función de sus situaciones pasadas y actuales. O sea, son útiles para formular fenómenos útiles, de la forma «si A (en t_1 y s_1) entonces B (en t_2 y s_2)», donde t_1 y t_2 son dos momentos, generalmente distintos, y s_1 y s_2 son dos sitios distintos o no. Es más, *el motivo fundamental de que los objetos materiales sean objetos es porque tienen utilidad objetiva. Y tal utilidad no sería posible si no tuvieran una realidad subyacente.* La verdad (verosimilitud) de esa realidad puede medirse por la utilidad predictiva de los fenómenos en los que participan, ya que cuanta más utilidad predictiva, más verosímiles son como seres reales. Por tanto, *su utilidad predictiva es una medida de su fiabilidad (verdad) como realidad, tal como se entiende en el axioma de la fiabilidad del conocimiento.*

A pesar de que los objetos materiales sean absurdos y no tenga sentido hablar de su existencia, lo cierto es que esa existencia tiene verosimilitud, o sea, es una verdad corriente. Lo cual se explica porque, aunque sea de manera deficiente, los objetos materiales están construidos a partir de sensaciones y las sensaciones casi son realidades. Por tanto, los objetos materiales no son disparates, solo son absurdos, contradicciones de nuestra teoría natural sobre la realidad que hay que resolver para conocer la realidad. Y dado que los absurdos tienen la forma «A y No(A)», basta con dejar de afirmar No(A) después de haber afirmado A, o sea, basta con sustituir esa afirmación por «A y B», tal que B ≠ No(A) para que lo que afirmamos deje de ser absurdo. Eso es lo que hizo Heráclito de Éfeso («nada permanece»), motivo por el cual se hizo famoso. Lástima que ni Platón ni nadie más le entendiera demasiado hasta ahora; por eso se le conoce como el Oscuro. Pero Heráclito era oscuro por ser demasiado racional, no como Hegel, que era oscuro por ser demasiado irracional. *Los objetos materiales*, como cualquier otra contradicción, son solo un problema que resolver. En realidad, *solo son definitivamente absurdos si cometemos la tontería de negarnos a redefinirlos, es decir, si los tomamos por seres reales*, o sea, *por algo en cuya definición no intervenimos*, cuando somos nosotros quienes los definimos de manera absurda. Por tanto, si queremos comprender qué es la Realidad, los objetos materiales no deben ser tratados con la brutalidad con que los trató Platón declarándoles disparates, sinsentidos de los sentidos —no es solo un chiste—, sino como teorías que construye el entendimiento que necesitan refinarse. Sin embargo, si tratamos los objetos materiales como lo que son (absurdos), entonces nos cerramos la puerta a su estudio y tendríamos que declarar a la Ciencia toda como una sandez monumental; estaríamos cometiendo el mismo error que Platón y que siguen cometiendo los idealistas. Pero tampoco los objetos materiales pueden ser reales como afirman los empiristas y con ellos la Ciencia, porque es cierto que son absurdos. Los objetos materiales no son afirmaciones simples; un objeto material es un conjunto de afirmaciones que tomadas como conjunto es absurdo en la mayoría de los casos, pero no si se toman por separado, no si se analiza el absurdo y se eliminan las contradicciones que lo convierten en absurdo. Los objetos materiales contienen realidad, hablando metafóricamente, son absurdos por fuera, pero realidad por dentro.

La principal controversia de la filosofía es la de quienes ante el problema de los objetos materiales afirman que lo que no se equivoca es el entendimiento (idealistas), tomando así sus ideas por la realidad, y los que afirman que lo que no se equivoca es el entorno (empiristas), tomando a los objetos materiales por la realidad. Pero como los idealistas se equivocan, todos se equivocan, porque, en buena medida, los objetos materiales son ideas.

2. Las verdades corrientes indeterminadas

A pesar de ser absurdos, los objetos materiales son bastante fiables. Sin embargo, la física de partículas habla ahora de objetos materiales con conductas poco previsibles y que, por tanto, son objetos materiales poco fiables, poco verosímiles, que incluye también en la realidad. Los llamo objetos indeterminados, dado que se afirma que su existencia es indeterminada. El problema es que una existencia indeterminada —en sí misma, no porque se tengan dificultades técnicas para determinarla— no es existencia y, en consecuencia, los objetos indeterminados —en sí mismos— no existen no ya por ser objetos materiales, sino por no ser ni siquiera objetos materiales, dado que al ser poco fiables son inverosímiles incluso como objetos materiales.

Al opinar que los objetos materiales son reales, la física opina —implícitamente— que los objetos materiales se definen a sí mismos; pero de los objetos indeterminados ni siquiera opina que se definan a sí mismos y, aun así, dice que existen. La física tiene un problema con el concepto de «existir». Para la física, y la Ciencia en general, algo existe si es observable y esa observación es fiable, es decir, si esa observación puede reproducirse por cualquiera que posea los instrumentos necesarios. Esto significa que la Ciencia afirma que si algo es observable es válido, en lo cual lleva razón porque no puede observarse lo que no es algo. Pero puede creerse que se observa algo cuando se está observando otra cosa, como ocurre, a todas luces, en el caso de los objetos materiales y más aún en el caso de los objetos indeterminados. ¿Qué observa, entonces, la física de partículas cuando dice observar un objeto indeterminado?. Pues observa algo que no es algo, observa nada. Aun así, dice que existe. Un desesperante mantenella y no enmendalla a la hora de taparse los ojos frente a sus inconsistencias sobre lo que existe.

Al afirmar que algo real —definido solo como fiable— no es fiable, la Ciencia no solo se contradice, no solo niega el segundo axioma de la Razón, sino que también vacía de sentido su realidad aparente. La causa última de este desatino es que el valor de verdad de las afirmaciones de la Ciencia descansa únicamente en el axioma de la fiabilidad del conocimiento. Para ella si algo es observable —más bien, si cree que es observable—, entonces es fiable y entonces existe. Pero lo que la Ciencia observa no depende solo de la Realidad como ella cree, también depende del entendimiento de los científicos. La contradicción consigo mismos que son los objetos materiales indeterminados muestra claramente que no son seres reales. Lo cual sugiere que los objetos materiales corrientes tampoco lo son.

La física da por válido lo observable —las medidas del entorno—, en lo cual tiene razón porque las medidas son una traducción de lo que dice la Realidad al lenguaje de los físicos. Pero los físicos no solo observan medidas, también hacen teorías sobre esas medidas, a partir de las cuales creen que observan cosas que no son válidas y que, por lo tanto, es imposible que observen. Aun así, la física tiene algún problema de conciencia, ya que, aunque ha ignorado desde Aristóteles el problema del absurdo de los objetos materiales, sí que reconoce el problema que presentan los objetos indeterminados que inventa —y no descubre— la física de partículas. En consecuencia, se ha visto en el dilema de elegir entre fiabilidad —algo que supuestamente procede exclusivamente de la realidad— y validez —algo que aparentemente procede solo del entendimiento, aunque, como vimos, procede de la Realidad—. Y, como era de esperar, ha elegido la fiabilidad. En lugar de redefinir sus objetos materiales de forma que acaten los axiomas de validez, la Ciencia ha preferido quedarse con lo segundo e ignorar lo primero, o sea, ha vuelto a violar el PVA como hacía ya con los objetos materiales. Ha cometido un absurdo sobre otro absurdo, creyendo así resolver el problema cuando solo ha dicho un disparate, solo lo ha complicado más.

El problema no es que la física diga que son fenómenos que por un motivo u otro ella no puede determinar, lo cual solo sería reconocer un problema técnico, sino que, dado que demuestra que es imposible determinarlos, dice que son indeterminados en sí mismos. Pero al establecer su capacidad de observación como fuente creadora de realidad —como hace también con los objetos materiales corrientes— la física cae en el Idealismo del que viene huyendo hace siglos. El problema del empirismo radical es que, lejos de ser un materialismo radical, es un Idealismo vergonzante, principalmente porque no sabe deslindar lo que aporta la Realidad y lo que aporta el entendimiento a la definición de los objetos materiales.

En conclusión, *aunque la Ciencia ha ignorado el problema que plantearon los presocráticos, al final se ha vuelto a topar con él. ¿Y cómo lo ha resuelto?*; pues como ya hizo Aristóteles: ignorándolo de nuevo. ¿Y por qué lo ha ignorado?; pues porque es un problema anterior a la aparición del empirismo que se sale del ámbito del empirismo. No es un problema empírico, sino racional. El problema de los objetos materiales se sale del dominio de aplicación del empirismo, es un problema invisible para el empirismo, así que, sin saberlo, los científicos han metido la cabeza bajo el ala —se la ha metido su paradigma filosófico— y han seguido ignorando la cuestión, a costa de destruir la poca realidad que ya tenían los objetos materiales. Una realidad absurda, basada en una fiabilidad que los objetos indeterminados ni siquiera tienen ya. *Pero al violar el axioma de la validez de las teorías la Ciencia daña gravemente su razón y la nuestra.*

La Ciencia necesita que los objetos materiales sean fiables y la única forma que encuentra de conseguirlo es afirmar que son absurdos. Unos absurdos que, como tales absurdos, son muy fiables; absurdos cuya verdad —como absurdos— es absoluta. La misma solución que los teólogos dieron del dios Dios, que como absurdo su existencia es totalmente fiable, innegable y, por tanto, una verdad absoluta, *credo quia absurdum*.

Es obvio que la Ciencia tiene un grave problema con toda relación espaciotemporal que no sea una función causal, ya que la imposibilita predecir el futuro con exactitud, lo que resta verosimilitud a sus fenómenos y con ello a la existencia de sus objetos materiales. El problema es que las verdades científicas no son verdades absolutas, sino corrientes y, por tanto, la verdad de la existencia de sus objetos materiales descansa en la verosimilitud de los fenómenos asociados a ellos. Lo cual está relacionado con el Idealismo encubierto de la física que presupone que el mundo se rige por leyes y, por tanto, por funciones inmateriales, por ideas. Así que *el problema de fondo es que la física no es lo suficientemente materialista*. Un ejemplo de que todo lo que toca un absurdo —en este caso el Idealismo— se convierte en absurdo. Los físicos se han acostumbrado a ver la realidad como los idealistas, por eso hablan de leyes físicas, cuando *la Realidad no tiene leyes, sino que es como es; o sea, la Realidad es de una manera determinada... por ella misma*, no por nosotros y nuestras leyes.

3. Los criterios y las fuentes de la verdad corriente

Al olvidarse de la Filosofía —me refiero a la filosofía académica idealista, por eso la pongo con mayúscula—, la Ciencia ha actuado de manera muy razonable, ya que en muchos siglos de existencia el Idealismo ha sido incapaz de informarnos de una sola verdad, ni sobre el mundo real ni sobre el material y, por tanto, el entendimiento no ha podido cruzarse de brazos a la espera de que la Filosofía le proporcione alguna para ponerse a trabajar en comprenderlo. El entendimiento, personal o colectivo, tiene el objetivo biológico de optimizar la manipulación del entorno mediante la adquisición y uso de conocimiento sobre él. Y, aunque cualquier entendimiento puede ser engañado durante mucho tiempo en afirmaciones fundamentales, como a todas luces lo ha sido el entendimiento colectivo de Occidente, también es inevitable que tarde o temprano todo entendimiento extraviado se percate de que sus conocimientos no valen para nada, de que le aburren, y, por ende, intente probar la utilidad de otras afirmaciones.

Es cierto que las verdades de la Ciencia no son hasta ahora verdades absolutas como pretenden ser las afirmaciones cristianas; no son verdades tan eternas como las que promete el Idealismo; no son tan seguras como nos gustaría que fueran, pero son verdades mucho más seguras y mucho más verosímiles que cualquier otro tipo de verdad, salvo por los pocos errores y las pocas verdades absolutas sobre el mundo de las que hablaré pronto. *Al no ser verdades absolutas, las verdades de la Ciencia no son verdades por derecho propio —en sí mismas—, pero son verdades corrientes respecto a un exigente criterio práctico y, por tanto, útil, que les otorga el muy honroso título de verdades científicas.* Un tipo de criterio de sentido común (biológico) que en el caso de la Ciencia da lugar a afirmaciones especialmente verosímiles, dadas las numerosas críticas que es necesario superar para obtener este título; críticas que incluyen un juez que siempre es veraz e imparcial y que conoce mucho de lo suyo: el entorno aparente, el mundo material, que los humanos definimos mediante un proceso en buena medida instintivo y, por lo tanto, en buena medida racional.

Al fin y al cabo, a las afirmaciones las convierte en verdaderas un criterio de verdad. Incluso las verdades absolutas son verdades respecto a algún criterio: para los idealistas que sea una idea suya, algo que suponen que es objetivo y eterno; para mí el que sean innegables. Las verdades científicas también son verdades respecto a un criterio, solo que más centrado en lo que afirma el mundo material, un mundo absurdo, pero muy relacionado con el mundo real y, por tanto, relacionado con verdades absolutas. Este relativismo de la verdad del que hablo no proviene de consideración metafísica alguna, sino que es una cuestión objetiva, una cuestión de hecho. Pero, por muy relativa que sea la verdad a cierto criterio de verdad, no por ello queda excluida la objetividad de la verdad, dado que, *una vez fijado un criterio de verdad y hay un acuerdo en lo que afirman las afirmaciones, la verdad de una afirmación no depende ya del sujeto que la juzga y*, por tanto, *su verdad es objetiva o no es verdad*. La supuesta objetividad de algunas ideas es para los idealistas lo mismo que la realidad, cosa que no tiene sentido porque convierte sus propias definiciones en la realidad. No nos extrañe, entonces, que la Iglesia abrazara fervorosamente el Idealismo.

Los criterios de verdad corriente han de cumplir un importante requisito para ser criterios de verdad: no pueden dar lugar a disparates y, por tanto, *ellos mismos no pueden ser disparates ni absurdos.* Así que, a pesar de que alguien tenga sus propias verdades corrientes por haber inventado su propio criterio de verdad, estas verdades pueden ser sandeces desde el punto de vista de cualquier entendimiento que respete los axiomas de la Razón.

Para un entendimiento sensato no hay verdades subjetivas, nadie puede decidir de manera subjetiva la verdad de ninguna afirmación sin cometer una arbitrariedad, cuyo resultado es irrelevante para los entendimientos sensatos; solo pueden escoger o inventar el criterio y las herramientas con los que van a calcular la verdad de las afirmaciones, siempre que esos criterios y herramientas se sometan a los axiomas de la Razón.

Lógicamente, el valor del valor de verdad de una afirmación depende del criterio que la hace verdad, si una afirmación es verdad respecto a un criterio inconsistente, resulta ser una verdad respecto a un absurdo, lo cual nada significa. La utilidad que tenga un criterio de verdad es también una cuestión de hecho. Unos son útiles para unas cosas y otros para otras. Incluso los hay que no sirven para nada y otros que son disparates, con lo que perjudican intereses —cognitivos, emocionales, biológicos, económicos, éticos, estéticos, etc.— de quienes los usan, ya que sus entendimientos quedan inutilizados y sus productos son sandeces.

Una afirmación es verdadera respecto a un criterio de verdad, bien cuando por ella misma cumple con ese criterio, que llamaré verdad en sí misma, respecto a ese criterio, o bien cuando se deduce de afirmaciones que son verdades en sí mismas. Las verdades en sí mismas respecto a un criterio no tienen por qué ser verdades absolutas y casi nunca lo son. Al conjunto de las verdades en sí mismas de un criterio de verdad (CV) lo llamo fuente de verdad (FdV) de ese criterio de verdad. Y al conjunto de una FdV y las afirmaciones deducibles de esa FdV lo llamo dominio de significado (DS) de ese criterio de verdad. No necesariamente inventamos un CV y deducimos o buscamos luego su FdV. También podemos hacerlo al revés, inventar un CV a partir de un conjunto de afirmaciones a las que demos el valor de verdades en sí mismas, diciendo que una afirmación es verdadera si es deducible de ese conjunto de verdades en sí mismas. A este tipo de criterio de verdad creado a partir de una FdV lo denomino criterio de verdad dogmático y es el que se utiliza, por ejemplo, en matemáticas. Veremos que la Realidad puede interpretarse también como un CV dogmático. Ojo, porque el CV dogmático no puede expresarse diciendo que una afirmación es verdadera si es consistente —no se contradice— con un conjunto de afirmaciones, porque sería un CV disparatado, no sería un CV. Por ejemplo, la afirmación «hay mujeres con ojos verdes», a pesar de ser verdad respecto al CV de la biología, es un disparate respecto al CV de la aritmética, por mucho que sea consistente con ella, es decir, por mucho que no contradiga ninguna afirmación de la aritmética. Una afirmación puede ser verdadera respecto a un CV y falsa, absurda o disparatada respecto a otro; de ahí las interminables discusiones que ni llevan ni pueden llevar a acuerdo alguno, porque los que discuten refieren el valor de verdad de sus afirmaciones a CV distintos.

Obviamente, si un CV genera un DS que no acata los axiomas de validez de la Razón, entonces no es un CV válido, sino un disparate, o, si se prefiere, un CV disparatado. Por ejemplo, el CV que declara verdadera toda afirmación que empieza por la letra L; o aquellos CV que declaran verdadero todo lo que afirme alguien, ya sea algún pastor de mentecatos, emperador, rey, papa, político, etc. Por tanto, *todos los CV basados en la fe son disparates que generan verdades disparatadas, sandeces*. La carencia de validez de estos CV implica que son incapaces de distinguir el valor de verdad de ninguna afirmación, ya que todas las afirmaciones son a la vez verdaderas, falsas y disparates, eligiendo su valor de verdad según diga el pastor en cada momento. Por tanto, *todo CV debe cumplir un criterio* que llamo criterio fundamental de los criterios de verdad (CFCV): *su dominio de significado debe ser una teoría válida*, o sea, *debe cumplir los dos criterios de validez de la Razón*.

Si en el DS de un CV aparece alguna inconsistencia, puede hacerse dos cosas para mantener la sensatez: abandonar ese CV o modificarlo; modificación que conlleva un cambio de DS, lo que la psicología denomina una acomodación cognitiva.

Puede ocurrir que en el proceso de averiguar la verdad de una afirmación respecto a un CV ocurra que sea imposible conectar esa afirmación con ese FdV. Lo que implica que esa afirmación no pertenece al DS de ese CV y, por tanto, es un disparate respecto a ese CV. Si por alguna razón interesa que no sea un disparate, habrá que realizar otra acomodación cognitiva del CV de manera que exista tal conexión.

Las acomodaciones cognitivas son herramientas de creatividad muy importantes. Y estamos viendo que *la física necesita, urgentemente, de una importante acomodación cognitiva de su CV que incluya el cálculo de la validez de lo que afirma y no solo el cálculo de su fiabilidad*.

Otro importante elemento de los CV son las reglas de inferencia (RI), las reglas utilizadas para derivar el valor de verdad de unas afirmaciones a partir del valor de verdad de otras. O, si se quiere, las reglas que se utilizan para derivar el DS de un CV a partir de su FdV. A las RI no se las presta mucha atención al parecer bien establecidas desde Aristóteles y los estoicos. El problema práctico son las falacias, muy usadas por los mentecatos. Y el problema teórico es que la Realidad es un DS que es todo él una FdV que no admite reglas de inferencia, ya que esa FdV y su DS son lo mismo. Lo que implica que no tiene sentido deducir o inducir algo real de algo real porque ya está todo deducido e inducido. Por tanto, *en la Realidad no hay reglas de inferencia;* el logos de Heráclito no existe. Lo cual, claro está, hace muy misterioso que existan las apariencias de leyes del universo de la Ciencia.

Aunque la verdad de cualquier afirmación sea relativa al CV desde la que se analice, eso no implica que no existan verdades absolutas dentro o fuera de esos CV. Solo muestra que puede haber conocimientos distintos no por referirse a realidades distintas, porque Realidad solo hay una, sino por referirse a apariencias distintas de la Realidad.

Lo que no implica que no existan también CV distintos sobre las mismas apariencias que compitan entre sí. El escepticismo radical, por ejemplo, el de los antiguos sofistas, proviene de haber comprendido esto y añadir un absurdo: que cuando se habla de la realidad no hay razones para que un CV sea preferible a otro, o sea que la realidad no existe, que es definida por cada cual; lo que convierte a los sofistas en precursores del Idealismo. Así que no nos extrañe la opinión de algunos expertos actuales que dicen que Sócrates y Platón eran sofistas. Es más, es obvio que el *Idealismo es puro sofismo y con él son puro sofismo las doctrinas de las Iglesias* —católica, ortodoxa, evangelista, etc., etc.—, *las cuales predican el imposible de que cada cual puede elegir las creencias que le dé la gana; que la realidad la elige cada cual.* Es obvio que si fuera así todos creeríamos que somos guapos, ricos y felices. Aunque, por otro lado, no tienen empacho en contradecirse diciendo que la realidad es el dios Dios —se lo hacen decir al propio Dios: «Yo soy el que soy»; es decir, yo soy el ser absoluto. ¿Por qué es así?, porque lo digo yo—. Léase también a Tomás de Aquino.

Pero Platón fue un reaccionario, un sofista que se rebeló contra la conclusión de los sofistas de que no hay realidad. Sin embargo, como sofista que era, acabó concluyendo lo mismo que ellos: «Yo, Platón, soy la realidad», que es lo mismo que dice la Iglesia, lo mismo que dijo Descartes —y con él el Idealismo moderno—y lo mismo que dice hoy día mucha gente de la calle. ¡Y luego se creen humildes!

La única manera de contradecir a los sofistas —si tal cosa fuera posible, ya que es imposible contradecir absurdos si los sofistas no se someten al PVA— es mostrarles que existe un CV, compuesto por verdades absolutas, que no depende de nadie y del que todos los demás son fiduciarios: el CVR absoluto de la Realidad; de manera que los CV consistentes con el CVR son preferibles a los inconsistentes, dado que estos últimos son absurdos.

Tampoco el mundo de la Ciencia puede ser la Realidad, porque *la Realidad afirma lo que afirma* y, por tanto, *es como es.* En consecuencia, *la Realidad no se somete a ningún logos, a ningún dios ni a ninguna ley científica. No tiene sentido hablar de una ultrarrealidad que defina la Realidad, dado que la Realidad es el sustrato de todo lo demás*, es decir, de lo imaginario, incluidas las teorías personales, científicas, filosóficas y religiosas.

Lo que no significa que sea imposible hacer inferencias sobre alguna parte de las apariencias aplicando algunas RI a otra parte de las apariencias, sino que conviene saber que esas inferencias no las hace la Realidad, sino que las hacemos nosotros por su utilidad, mostrada empíricamente. Pero nada asegura el éxito de esas inferencias porque la Razón no puede imponer a la Realidad sus afirmaciones.

Las inferencias que hace la Ciencia pueden ser muy buenas, muy fiables, pero la Realidad no asegura su buen resultado; así que, en teoría, Hume tiene razón. Aunque no tanto en la práctica, debido a lo homogénea que es la Realidad y a la ley de los grandes números que actúa en situaciones macroscópicas. Ya lo veremos.

El CV del matemático

Los matemáticos no hacen afirmaciones sobre objetos materiales, sino sobre seres imaginarios que ellos mismos inventan. Los matemáticos no pueden caer en supersticiones sobre lo que existe, solo en errores de validez de lo que definen; como cuando se confunde lo absurdo con lo falso, cuando se afirma que la nada es algo o cuando no se define alguna cosa que se cree que se está definiendo, como en el caso de los conjuntos infinitos, la continuidad o la recta real. En estos casos, sus afirmaciones nada significan; son disparates. Con todo, esta dificultad es a veces soslayable, porque de lo que suelen hablar las matemáticas es de relaciones entre variables, que incluso aunque estén mal definidas incluyen valores bien definidos. Así que no importa mucho que los matemáticos les asignen a veces valores absurdos o disparatados, lo importante es que cuando esos valores tienen sentido, que es lo único que luego se pueden encontrar en la práctica, haya consistencia lógica entre ellos. Por ejemplo, un punto como objeto sin dimensiones es un disparate que nadie va a encontrar en ningún sitio, ni en el entorno ni en su imaginación; pero un punto como objeto lo suficientemente pequeño para que se pueda suponer que sus dimensiones no intervienen de manera relevante en los razonamientos ya no es un disparate. El número π con infinitos decimales es un disparate, pero los necesariamente finitos π que se utilizan no lo son. El cero es un absurdo, pero negar que exista algo en algún sitio no es absurdo. Por tanto, dado que no son algo, ni cero, ni π, ni e, ni j, etc., etc., son números. Los puntos matemáticos no son puntos del espacio ni de ningún otro sitio. Aun así, dado que los puntos reales del espacio son mucho más pequeños que las apariencias de las que solemos hablar, podemos considerar que esas apariencias están compuestas por algo cuyas dimensiones no tienen consecuencia en la teoría matemática que habla de esos puntos.

O sea, podemos simplificar nuestros razonamientos olvidándonos un poco de su validez y obtener resultados útiles. Por tanto, l*as teorías que creen 'continuum' al espacio-tiempo* —como la teoría general de la relatividad de Einstein— *pueden resultar ser isomorfismos del mundo material, pero solo cuando se hable de objetos materiales suficientemente grandes para poder despreciar el tamaño de los puntos reales, ya que estos necesariamente tienen dimensiones.* Es obvio que con lo que no tiene dimensiones no se puede construir lo que tiene dimensiones, por muchas nadas que se diga que se juntan no se obtiene un algo.

El principal valor de las matemáticas es la consistencia entre las propiedades y las relaciones de unos seres imaginarios y otros, aunque, a veces, buena parte del supuesto dominio de definición de las variables sea absurdo. Como casi siempre en el pensamiento docto, también aquí el error ocurre en unas premisas o unas definiciones que no cumplen con alguno de los dos axiomas de validez de la Razón. Si descontamos la eventual falta de validez de algunas definiciones y premisas, lo cual puede o no ser relevante para su uso posterior, las argumentaciones matemáticas son muy útiles para crear modelos matemáticos del mundo material, que se aprovechan para sacar conclusiones sobre él. Dicho de manera más castiza, las matemáticas son pensamiento en lata que la Ciencia utiliza para no tener que volver a pensar cosas muy complicadas que ya están pensadas. Pero si es un pensamiento que contiene absurdos o disparates relevantes, las conclusiones serán sandeces relevantes. Por ejemplo, la supuesta —y delirante— expansión del espacio-tiempo, que permite afirmar la teoría matemática de la continuidad.

Además de estos errores, también existe un sesgo sistemático, un error de partida que es inevitable, ya que los modelos del mundo material no incluyen necesariamente todas sus propiedades y, por tanto, las matemáticas describen una idealización más o menos miope del mundo material. Tampoco voy a reprochárselo mucho porque, cuando los científicos se familiarizan con sus modelos, también se preocupan de investigar esos pequeños detalles que se salen de ellos. Lo que a veces los lleva a sorpresas inesperadas, incluso a tener que sustituir su modelo por otro más adecuado a las observaciones. Un ejemplo espectacular de esto es el problema del inesperado patrón de radiación del cuerpo negro con el aumento de su temperatura, lo que dio lugar a la aparición de la mecánica cuántica.

En cuanto al CV del matemático, una afirmación matemática es verdadera si se declara verdadera —es un axioma— o se deduce de los axiomas. Por lo tanto, las matemáticas utilizan un CV dogmático en el que los axiomas son su FdV. Las matemáticas son, pues, una disciplina dogmática, cuyo valor fundamental —aparte de contener maravillosos monumentos estéticos— es una rigurosa vertebración y autoconsistencia. Y los problemas principales a los que se enfrenta son que a veces no se afirma lo que se cree afirmar, que se hacen afirmaciones de partida que nada afirman o que se confunden algunas inducciones con deducciones. Un ejemplo clamoroso de esto último es el caso del conjunto de los números naturales, el cual no se deduce de su definición, sino que su definición se cree que se induce de unos cuantos números naturales. Luego lo vemos.

Aunque antiguamente las FdV matemáticas tenían que ser supuestas verdades absolutas, hoy día no es preciso; solo es necesario que no den lugar a inconsistencias. Por tanto, las matemáticas actuales pueden abarcar cualquier CV de cualquier especialidad científica o no, siempre que sus especialistas sean capaces de poner su CV en la forma de una FdV representable con números. Lo que unido a que, como veremos, la Realidad es también un CV dogmático con una FdV finita representable con números, implica que *todo conocimiento de lo real se puede matematizar*, es decir, se puede convertir en una teoría matemática, lo que hace de las matemáticas algo más que una ciencia: la reina de las ciencias. Por poner un ejemplo a los escépticos, véase cómo los ordenadores, que solo manejan números, son capaces de representar desde imágenes y sonidos hasta la mismísima inteligencia humana; incluso mayor aún, una capaz de ganar al ajedrez a Garri Kaspárov. Aun así, Pitágoras no tenía razón del todo, porque la Realidad, aunque sea representable mediante números, no son los números.

Pero las verdades matemáticas no son verdades absolutas como creen algunos, sino verdades corrientes referidas a un criterio de verdad corriente inventado por los matemáticos. Las definiciones y axiomas de los matemáticos no son verdades absolutas porque, por lo general, no son innegables y mucho menos forman parte de la Realidad porque no se afirman a sí mismas, sino que las afirman los matemáticos. Eso sí, si por alguna razón una FdV matemática fuera una verdad absoluta, por ejemplo, por ser una traducción al lenguaje matemático de una parte de la Realidad, entonces las verdades deducidas por los matemáticos de esa FdV serían verdades absolutas porque, como hemos visto, la Realidad no puede contradecirse. Claro que, si una FdV matemática se compone de verdades cercanas a verdades absolutas, entonces las conclusiones que de ella se deducen son casi verdades absolutas. Aunque cuantos más pasos deductivos se den para llegar a una afirmación y más afirmaciones que no sean verdades absolutas intervengan en la deducción, menos absoluta se hace esta.

Las matemáticas solo son ciencia en el antiguo sentido de conocimiento; en el sentido moderno de Ciencia como conocimiento empírico no lo son, porque por sí mismas no hablan del mundo material ni del mundo real. Las matemáticas son filosofía, son conocimiento de las implicaciones de las definiciones y las afirmaciones, o sea, una fabulosa mejora del operador instintivo «si A entonces B»; en especial, por lo riguroso que es su lenguaje. No se olvide que el lenguaje es el que introduce los sinsentidos.

Los conocimientos generados por los matemáticos son herramientas cruciales para que la Ciencia se desarrolle con rapidez, pero eso no hace de ellos una ciencia, sino algo mucho más crucial que una ciencia concreta, algo que trasciende a todas las ciencias, en el sentido de que de ellos todas las ciencias pueden sacar provecho. Las matemáticas no solo sirven para modelizar el mundo material, también es algo que necesariamente deben tener en cuenta todas las ciencias si no quieren afirmar cosas inverosímiles o absurdas. Dicho de otra forma, las matemáticas —con sentido— crean condiciones de contorno a las ciencias. Lo mismo haré luego yo con la Realidad, porque hay algunas verdades absolutas sobre la Realidad que son condiciones de contorno para el conocimiento de las apariencias.

La sutileza del «si A entonces B» de las afirmaciones matemáticas se nota en todas las ciencias. Si de un fenómeno puede crearse un modelo matemático que recoja lo esencial, las conclusiones de los científicos no pueden entrar en contradicción con las conclusiones del modelo sin ser falsas. El problema es hasta dónde y en qué condiciones es aplicable el modelo.

El CV del científico

La Ciencia se somete mucho más al axioma de la fiabilidad del conocimiento que los axiomas de validez; lo que tiene cierta lógica —la simplificadora lógica del listillo—, dado que es muy improbable y, por tanto, muy inverosímil que sea fiable lo que no es válido. Y si es muy inverosímil es falso. Así que lo usual es que, sin haber examinado la validez de una afirmación, los científicos la declaren verdadera por la insuficiente circunstancia de ser, supuestamente, observable y, por lo tanto, fiable. Y aunque esa insuficiencia sea muy inverosímil y, por tanto, falsa resulta que en algunos raros casos es una verdad absoluta debido a que los científicos ignoran el problema del absurdo de los objetos materiales. Pero ¿cómo es posible que pueda ser fiable lo que no es válido? ¿Cómo es posible que sea observable lo que no existe? Esto solo podrá comprenderse cuando explique la curiosa naturaleza de los objetos materiales y veamos que los científicos no observan lo que creen observar.

En fin, el CV del científico es «es verdad todo lo que —creo que— observo y todo lo que deduzco e induzco de lo que —creo que— observo si por mucho que mis colegas y yo nos esforcemos en refutarlo con observaciones y experimentos no logramos hacerlo». *El problema es que la Ciencia cree observar objetos materiales y fenómenos que, como no existen, son imposibles de observar.*

Para el científico, una hipótesis es fiable cuando de ella se pueden extraer consecuencias experimentales que se desconocían y esas consecuencias no son refutadas luego por experimentos u observaciones, que, supuestamente, intentan refutarla, aunque, por lo general, lo que intentan es verificarla. La razón de esta estrategia es que toda experiencia con el entorno es una experiencia particular y, en consecuencia, nada general podemos deducir de ella, solo es posible inducir alguna hipótesis general, de la que luego se pueden deducir que ocurrirán otras experiencias particulares. Lo cual puede ocurrir o no. Inducidas afirmaciones generales, ya se pueden hacer deducciones de sucesos particulares que deberían ocurrir en el entorno si la hipótesis fuese verdad. Si no se cumple lo que se ha deducido que debería cumplirse, la hipótesis es falsa. Sin embargo, el que se cumpla no la hace verdad absoluta, solo hace que sea más verosímil, por lo que la hipótesis nunca se puede convertir así en una verdad absoluta. Lógicamente, cuantas más raras y variadas sean las consecuencias experimentales de las teorías científicas y más experimentos independientes o de distintos tipos las confirmen, más seguridad tiene el científico en la verdad de sus hipótesis, o sea, se hacen más fiables. Aun así, no se puede, pues, tener una seguridad absoluta en la verdad de una teoría científica sin caer en superstición. Lo que no significa que esa teoría no vaya adquiriendo más fiabilidad y con ello más verosimilitud, cuanto más se contraste con éxito, o sea, cuantas más críticas supere; tanto que muchas parecen verdades absolutas. Pero recuérdese que la teoría de la gravitación universal de Newton, que tenía —y tiene— apariencia de verdad absoluta, fue refutada por Einstein.

Por otro lado, cuantas más afirmaciones haga una teoría, más afirmaciones hay que pueden ser falsas y, por tanto, más probabilidad hay de que sea falsa. En consecuencia, las hipótesis son más fiables cuantas menos afirmaciones independientes hacen y cuanto más simples sean. De ahí lo razonable del criterio de verdad de la navaja de Ockham para elegir entre teorías que explican lo mismo con hipótesis de distinta complejidad: la explicación más sencilla es la más fiable, la verdadera. Siempre que sea válida, claro.

Si hacemos una hipótesis sobre el mundo material de la que no se deduce algo material o lo que se deduce es imposible de contrastar —no por motivos técnicos, sino lógicos—, entonces, aunque parezca que afirmamos algo científico no lo hacemos, es una hipótesis vacía de significado científico y, en consecuencia, no es una verdad científica. Sin embargo, no ocurre lo mismo con las afirmaciones que hace el mundo real, dado que todo lo que afirma la Realidad no es una hipótesis, sino una verdad absoluta y, por muy incontrastable que sea, no puede dejar de ser verdad.

En la práctica, los resultados negativos aislados de un experimento no invalidan las teorías, como parece lógico y defiende Popper, solo les restan verosimilitud, y solo cuando una teoría ha perdido una parte importante de su verosimilitud es cuando es abandonada por los científicos. Generalmente, por otra teoría más verosímil. Si no existe otra teoría más verosímil, el estrato de la FdV que sostiene esa teoría entra en crisis y se busca cómo replantearlo; como ahora mismo está ocurriendo con la teoría de la expansión del universo y del *Big Bang*. O sea, comienza una acomodación de constructos teóricos fundamentales. No solo comparto en este punto lo que dice Thomas Kuhn que ocurre en la historia de la Ciencia, también me parece el camino más inteligente, parsimonioso y económico que se puede tomar en estas circunstancias. Es mejor que la acomodación sea el último recurso, porque conlleva muchas dificultades teóricas y prácticas. Antes hay que agotar el camino del análisis.

Ignorar el axioma de la validez de las teorías implica desconocer verdades absolutas y la carencia de verdades absolutas en la Ciencia es un problema mayor de lo que se cree. A causa de él, muchos enemigos de la Ciencia se ensañan con ella considerándola como un conocimiento de segundo rango. Interesadamente ciegos al intenso trabajo de verificación experimental, tienen la desfachatez de afirmar que el conocimiento científico solo es opinión, verdades corrientes que Platón tanto despreciaba y, por tanto, conocimiento débil. Pero ni siquiera ellos pueden negar que la Ciencia ha tenido, ya desde su infancia, la fuerza suficiente para expulsar del cielo al dios Dios y a toda su corte celestial. Un cielo donde los vanos fantasmas cristianos llevaban instalados 1300 años.

La Ciencia está muy cerca de toparse con verdades absolutas. Solo le faltan dos cosas: librarse de algunas inconsistencias heredadas de su infancia idealista y sujetar la prepotencia de su filosofía empirista, demasiado radical sin razón de peso, o sea, de manera supersticiosa. Los científicos no somos sofistas y, por tanto, no deberíamos imitar el autoendiosamiento religioso absurdo del sofismo idealista.

El CV de los fascistas y la Iglesia

Es verdad lo que a mí me sale de los cojones (fascistas) / la inspiración divina (Iglesia) decir que es verdad.

CV disparatados que contrastan enérgicamente con los anteriores.

4. Lo falso, lo absurdo y el disparate como fuentes de verdad

Conocer que una afirmación es verdad implica conocer o poder conocer la verdad y la falsedad de muchas otras afirmaciones, por lo que tiene consecuencias útiles. Mientras que conocer que una afirmación es falsa, absurda o disparatada no parece servir para saber otra cosa. ¿O tal vez sí? Conocer que es falso que La Habana esté en Europa no parece útil porque con ello no conocemos dónde está La Habana; pero conocemos algo con consecuencias útiles: es inútil buscarla en España o en Alemania. Por tanto, *conocer que algo es verdad es muy útil, pero conocer que es falso también, ya que descarta que muchas afirmaciones sean verdad*. Por tanto, conocer lo falso es una importante herramienta que crea condiciones de contorno de la verdad.

Conocer que una afirmación es absurda no solo sirve también como herramienta crítica, dado que es capaz de acotar el sentido y, por tanto, el valor de verdad de muchas afirmaciones, lo que también ahorra investigar hipótesis que con toda certeza no son verdaderas, sino que, además, puede ser una fuente de verdades absolutas. El conocer absurdos puede ser útil para cimentar algunas afirmaciones y teorías sobre la base más sólida que existe: la de las verdades absolutas. El punto final de la investigación sobre el asunto que sea. Lógicamente, las verdades absolutas son ideales como fuentes de verdad, ya que ninguna otra afirmación puede convertirlas en falsas y, por tanto, no necesitan demostración. Se demuestran a sí mismas, no se necesitan hacer experimentos.

También el conocimiento de disparates es una herramienta crítica porque también crea importantes condiciones de contorno de lo verdadero. Conocer que el espacio-tiempo tiene más de cuatro dimensiones es un disparate, significa dejar de elucubrar sobre muchas de teorías que ahora sabemos que son disparates y sandeces —como la de los viajes en el tiempo o los agujeros de gusano—. Conocer que lo incognoscible es un disparate sirve para desmontar el cristianismo y demás elucubraciones místicas.

Pero casi tan importante como lo anterior es que *lo falso, lo absurdo y lo disparatado pueden ser problemas cuya investigación puede aportar conocimiento de afirmaciones verdaderas*. El problema que presentan es, obviamente, por qué lo falso es falso, lo absurdo es absurdo o lo disparatado es disparatado.

El caso menos evidente es el de los disparates, porque un disparate nada dice y si nada dice, ¿qué hay que investigar? Obviamente, el por qué no dice nada. Supongamos que no hemos oído hablar de los triángulos rectángulos. Entonces el teorema de Pitágoras, «el cuadrado de la hipotenusa de un triángulo rectángulo es igual a la suma de los cuadrados de sus catetos», nada significa para nosotros y, por tanto, gracias a nuestra sensata soberbia cognitiva, concluimos que es un disparate. Ahora bien, ¿por qué esta afirmación es un disparate? Pues porque no sabemos qué es un triángulo rectángulo, ni una hipotenusa ni un cateto. Quizá porque incluso no sabemos qué es el cuadrado. Investigar qué son estas cosas lleva al conocimiento de por lo menos una verdad: el teorema de Pitágoras. Lo que no implica que siempre vayamos a encontrar verdades tras investigar disparates y mucho menos que el disparate se acabe convirtiendo en verdad. Pero dado que los disparates pueden convertirse en verdad conviene estudiarlos en profundidad antes de utilizarlos como herramienta de crítica.

En el caso de los absurdos, parece obvio que no pueden convertirse en verdad, pero puede ocurrir que la afirmación y la negación no se refieran a lo mismo. Por ejemplo, el «nada se mueve» de Parménides parece contradecirse con el «todo fluye» de Heráclito. Sin embargo, luego veremos que no lo hacen, es más, veremos que las dos son verdades absolutas; resulta que el sujeto del movimiento no es el mismo —Parménides habla de la Realidad y Heráclito habla de las apariencias de la Realidad—. Así que tampoco puede descartarse que un absurdo sea aparente. A veces hay que estudiarlos.

Por otro lado, un absurdo dice «A y No(A)» y, por tanto, o bien es verdad A, o bien es verdad No(A), y el problema es averiguar cuál de estas dos afirmaciones es verdad. Pero ¿qué ocurre, entonces, si tras investigar averiguamos que A es falsa y que No(A) también es falsa? Esto solo puede ocurrir porque A sea un disparate, por tanto, porque la hipótesis de que este «A y No(A)» sea un absurdo es falsa, este «A y No(A)» no es entonces un absurdo, sino una sandez. ¿Y qué pasa en el caso de que tras investigar encontremos que tanto A como No(A) son verdaderas? —como ocurre con los objetos materiales—. Pues pasa que en algo nos hemos equivocado, que No(A) no es en realidad No(A), sino $B \neq No(A)$.

Veremos que, **aunque pocas, existen verdades absolutas sobre el mundo material y que, al contrario de lo que se piensa, también es posible una Ciencia basada en verdades absolutas, al menos en cierta medida.** La detección de grandes absurdos culturales que veremos a continuación —algunos se conocen desde hace milenios— no solo destruye algunas hipótesis absurdas que la física hace hoy sobre el universo y las partículas elementales, sino que también genera verdades absolutas.

Capítulo IV
Grandes errores del entendimiento

1. Absurdos y disparates fundamentales

He dicho muchas veces que los absurdos y los disparates son afirmaciones vacías y, por tanto, no constituyen definición de algo. Los absurdos y los disparates solo pueden decirse, pero ni siquiera pueden imaginarse, así que ni siquiera son imaginaciones. Los absurdos y los disparates son falsas afirmaciones que con toda seguridad no se refieren a algo existente porque no se refieren a algo. Los absurdos y los disparates no existen porque nada significan y mucho menos significan entonces algo real.

Todo esto no es obstáculo para que si se retuerce el argumento los idealistas digan justo lo contrario: que lo absurdo y lo disparatado es precisamente lo que existe. El sofisma es el siguiente: dado que los seres absurdos o disparatados siempre han sido y siempre serán absurdos o disparatados, es decir, ya que son eternos y siempre idénticos a ellos mismos en su absurdidad o disparate, entonces los seres absurdos y disparatados son seres que cumplen con el principio de identidad y, en consecuencia, existen.

La argucia consiste en hablar del absurdo y el disparate como si fueran algo. Ahora bien, si en este discurso quitamos lo absurdo y el disparate como nos obligan los axiomas de validez de la Razón, entonces nos quedamos sin discurso, nos quedamos sin demostración.

Sí, hay filósofos que son la monda. Como los que afirman *credo quia absurdum,* es decir, creo que es verdad, incluso creo que es verdad absoluta, porque es un disparate. Hablar del absurdo o el disparate como si fueran algo marea en cualquier situación. Recordemos el vértigo de la paradoja del mentiroso. Por el aturdimiento que producen los conoceréis. Este aturdimiento es un buen heurístico para detectar absurdos, disparates y sandeces.

El absurdo fundamental con el que se enfrenta quien pretende conocer racionalmente es el de nada. Tanto que me ha sido imposible no mencionarlo mucho antes de llegar a este capítulo. Y aunque el absurdo de nada sea tan obvio que ya lo detectó Parménides hace veinticinco siglos, todavía sigue en activo no solo como el elemento básico de las sandeces de quienes todavía se resisten a la razón, también en toda cultura humana, incluida la más racional de ellas: la científica.

El pseudoser de la nada es muy parecido a la afirmación del mentiroso. Se trata de otra descarada contradicción del PNC que esconde como ella su afirmación completa. Véase la enorme necesidad que tenemos del PVA. La nada es lo que no es algo. La contradicción es obvia si se sustituye el artículo determinado por aquello que determina, o sea, la nada es algo que no es algo. O sea, la nada es algo y no es algo, la nada es algo y es No(algo), la nada es aquello en donde se cumple que «algo y No(algo)» es verdad, es decir, en ningún algo. La advertencia, casi tres veces milenaria, de Parménides «a la nada no le es posible ser» ha sido olvidada a causa de una idea procedente del misticismo hindú, que por mucho que haya sido utilizada en matemáticas —en su versión de cero, conjunto vacío, etc.— para esconder las excepciones a las que deberían estar sometidos los dominios de significado de ciertas operaciones matemáticas o lógicas es, en sí misma, un absurdo que ha contaminado la física desde los antiguos materialistas Leucipo, Demócrito y Epicuro, llevando, entre a otros muchos disparates, a conceptualizar el vacío espacial como nada. Así, la Tierra, el Sol, los planetas, las estrellas y demás cuerpos celestes se piensan moviéndose en la nada. No cabe mayor tontería. Incluso llega a afirmarse sin rubor alguno que el universo surgió de nada mediante una desaforada e inimaginable explosión de ¡nada! También se piensa que los átomos y con ellos la materia se mueven por nada y se transmiten fuerzas a través de nada. Una física tan saturada de disparates topará pronto con sus límites si no ha topado ya. Sin duda, eso que llaman vacío es, tiene que ser, algo. Desgraciadamente, como consecuencia de su conceptualización como nada, las propiedades del vacío están por investigar y, salvo los resultados de la teoría general de la relatividad que apuntan a cierta estructura macroscópica del vacío, prácticamente ignoramos todo de su estructura microscópica. Por cierto, ¿cómo es posible que se deforme nada como consecuencia de la cercanía de los cuerpos masivos?, ¿cómo puede tener una forma lo que ni siquiera es algo?

1.1 La nada

Seguiré por el absurdo principal, por la nada. *Decir que la nada existe —y que, por lo tanto, es algo— es una flagrante autocontradicción*. El problema es que al hablar de la nada sin querer la convertimos en algo; el artículo determinado «**la**» reconoce que nada es algo y, por tanto, «**la**» reconoce ser algo distinto de un absurdo. Y, en consecuencia, hablar de *ella*, aunque sea implícitamente, es un error del entendimiento, inducido, en buena medida, por el lenguaje. O sea, «la nada» es una contradicción en los términos: «**la**» no puede determinar «nada» porque la convierte en algo.

Hay que ser conscientes de que el lenguaje y el entendimiento son herramientas biológicas que no están orientadas a la búsqueda de sentido, sino de utilidad biológica. De esto provienen grandes malentendidos. Es muy ingenuo buscar conocimiento sobre el mundo analizando solo el lenguaje, como hacen los idealistas, convirtiendo la realidad en una monserga ininteligible. Kant, como Platón, no solo comienza poniéndose de espaldas a la Realidad al decir que el espacio y el tiempo son solo imaginaciones, sino que luego construye su cosmología sobre el lenguaje. O sea, es pura fantasía. La lengua utilizada puede también dificultar mucho la comprensión de la Realidad. Hay muchos idiomas —griego, inglés, francés, alemán, chino, japonés, árabe...— que integran «ser» y «estar» en un solo verbo. Ahora bien, como «estar» presupone estar en algún sitio en algún momento, entonces «ser» presupone existir, lo que ayuda al Idealismo en su afán por confundir ser con existir. Pero ya vimos que existir presupone ser, pero no al contrario.

Los conocimientos cognitivos sobre el entorno no significan algo si en última instancia no se refieren a algo existente, si no presuponen algo que esté y que no solo sea. Y este es el caso de la nada: la nada no tiene sitio en un lenguaje que busque sentido racional en lugar de utilidades biológicas, como no sea para referirse a lo absurdo, a sonidos que nada cognitivo significan. Podría pensarse que el problema se soluciona no mencionando nunca la nada ni ninguno de sus sinónimos. Pero ya es demasiado tarde por el problema que surge de haber aceptado alguna contradicción: la nada puede estar implícita en nuestros conocimientos y haberlos corrompido. Por lo que todavía tenemos que seguir hablando de la nada. No como sujeto de ninguna afirmación, pero sí como objeto a detectar y a eliminar de nuestro conocimiento. Es imposible hacer evidente su presencia sin decir nada. Cosa que se pone de manifiesto en que «nada» tiene muchos sinónimos desconocidos por el diccionario, como «infinito», «espíritu», «punto de la recta real», «continuidad», «vacío», «conjunto vacío», «nacimiento del universo», «afirmación del mentiroso», «Dios», «mundo trascendente», «sobrenatural», «metafísica», etc., etc., que creemos que significan algo porque no nos percatamos de que el entendimiento los construye a partir de nada.

Por cierto, debería distinguirse la afirmación «en esta jaula no hay palomas» de la afirmación «en esta jaula hay cero palomas», porque la primera tiene sentido, pero la segunda contiene un absurdo que convierte en disparate: «cero palomas» no es algo que exista ni siquiera como objeto material y, por tanto, en ningún sitio puede haber cero palomas. Se puede acabar afirmando que hay cero palomas en casi todos los sitios. Vaya, casi como Dios, otro cero que dicen que está en todas partes.

Hay que tomarse en serio que lo que no es una apariencia no es una apariencia; que lo que no es no es. Que no puede afirmarse que es lo que no es. Que la nada no es algo. Que lo que no es, no se diga que es. Para continuar con la loable intención de Parménides de erradicar la nada del conocimiento, voy a mencionar**la** bastante. Claro está que, salvo error o comodidad expresiva, no voy a hacerlo como sujeto de ninguna de mis afirmaciones, sino señalando su intervención en afirmaciones en las que actúa como si de un algo no absurdo se tratara y, en consecuencia, para descubrir que esas afirmaciones no tienen significado.

1.2 El infinito

Imaginemos que un padre intenta explicar a su hijo pequeño qué es el infinito. La conversación podría parecerse a esta:

—Papá, ¿qué es el infinito?

—El infinito es algo muy grande.

—¿Más grande que tú?

—Sí, hijo, mucho más grande que yo.

—¿Y más grande que esta casa?

—Sí, cariño, mucho más grande que esta casa.

—¿Y más grande que todas las casas del mundo juntas?

—Sí, hijo, mucho más grande que todas las casas del mundo juntas y mucho más grande que todas las cosas juntas.

Es obvio que el niño, apegado todavía a las definiciones materiales que constituyen su joven y precario conocimiento, busca que su padre le indique algún objeto material en el que poder identificar el infinito.

Pero ¿qué objeto material le indica el padre? Ninguno. No solo no es capaz de indicarle un objeto material infinito a su hijo, sino que al final acaba diciéndole que el infinito es más grande que todas las cosas juntas, es decir, que ningún objeto material es infinito.

Y también es obvio que el padre acaba afirmando que el infinito no es algo existente, ni siquiera todas las cosas juntas son el infinito, ni siquiera el todo es infinito. Lo que implica que al padre le parece que el infinito es algo que no es algo, que es nada. Al padre le parece que el infinito es un disparate, por mucho que a él le parezca que le parece otra cosa.

Veamos ahora la manera con que, desde Georg Cantor, las matemáticas modernas definen los conjuntos infinitos, con el fin de evitar las contradicciones descaradas a las que tan aficionados son los filósofos idealistas: un conjunto A es infinito si es posible encontrar un subconjunto propio B de A —o sea que estando B incluido en A ocurre también que B es distinto de A—, de manera que exista una aplicación biyectiva —una relación uno a uno— entre los elementos de B y los elementos de A.

Veamos, si B está incluido en A es porque B forma parte de A; pero como también se afirma que B es distinto de A, eso solo puede ocurrir si A es la unión de B y por lo menos un elemento más, ya que B no es todavía A. Por tanto, se afirma que A tiene más elementos que B.

Por otro lado, como tiene que haber una biyección entre A y B, es decir, tiene que ocurrir que todo elemento de A tenga su elemento correspondiente en B y todo elemento de B tenga su elemento correspondiente en A, sin que ningún elemento de A o de B se quede sin correspondiente ni ninguno tenga más de uno; entonces resulta que se está pidiendo que B tenga el mismo número de elementos que A.

Ahora bien, si A y B deben tener un número distinto de elementos, no pueden tener también el mismo número de elementos. Luego los conjuntos infinitos no existen. La contradicción es obvia. La definición de conjunto infinito es autocontradictoria y, por tanto, no define algo. *Conjunto infinito es un absurdo.* Ningún conjunto puede cumplir las condiciones que se exigen para ser infinito y, en consecuencia, no existen conjuntos infinitos. Decir «conjunto infinito» solo es hacer ruiditos bucales.

Sin embargo, la mayoría de los matemáticos creen haber encontrado un montón de conjuntos que cumplen con esa definición. El primero de ellos y origen de los demás es el de los números naturales. O sea, esta definición absurda tiene una explicación histórica, puramente idealista, consistente en que algunos matemáticos creen haber encontrado una aplicación biyectiva entre el conjunto de los números naturales y su subconjunto propio de los números naturales impares (o pares). De hecho, nos explican que tal biyección es muy sencilla de formular, por ejemplo, 1~1; 2~3; 3~5; 4~7; 5~9; etc. Y dado que hasta donde son capaces de ampliar esta lista la cosa va bien, suponen que el «etc.» es correcto y la biyección puede completarse. Pero ya hemos visto que algo tiene que fallar necesariamente en esta inducción. Lo que, de paso, nos pone en guardia contra las inducciones matemáticas —«inducciones puras» en terminología kantiana—, con lo que no ya solo las inducciones impuras —las referidas al mundo material, las inducciones científicas— son sospechosas, como nos enseñó David Hume, yo también enseño que las inducciones puras pueden tener problemas.

Es mucho más racional verlo al revés: *dado que parece haber una biyección entre el conjunto de los números naturales y muchos de sus subconjuntos propios, lo cual es absurdo, entonces el conjunto de los números naturales no existe.*

En fin, dado que la anterior biyección es finita, el infinito parece estar no en lo que se dice, sino en lo que no se dice, o sea, en el «etc.». Lo cual no es muy distinto de la explicación que el padre le daba al hijo sobre lo que significaba «infinito»: un conjunto con un número tan grande de elementos que es más grande que el número de elementos de cualquier conjunto que se pueda proponer. Y, por tanto, que se proponga el conjunto de números naturales que se proponga, no es el conjunto de los números naturales. Lo que significa que el conjunto de números naturales no puede conocerse y, por tanto, que es tan disparate como el dios Dios. Significa que por mucho que se diga definir no se define y que, por tanto, no existe ni siquiera en el mundo imaginario. Bueno, sí, existe en el mundo trascendente de Platón, ese mundo más allá de la imaginación donde va a parar todo lo que se dice que existe, pero que no existe; el basurero de la psicosis idealista. Es obvio que esos matemáticos argumentan como teólogos, ya que nos proponen un mundo trascendente, una disparatada patria de los absurdos, en donde dicen que habitan la nada, el dios Dios, los espíritus, los infinitos, los universales..., y el conjunto de los números naturales.

Conviene puntualizar que una definición imprecisa como la de «caballo» no es lo mismo que una definición incompleta. Una definición imprecisa puede hacer difícil decidir si algo pertenece al conjunto definido o no pertenece a él —cosa que no ocurre con los números naturales—, pero una definición incompleta deja sin definir una parte de lo que se dice definir y, en este caso del conjunto infinito de los números naturales, resulta ser la parte más sustancial de él, la parte que le convertiría en infinito, si tal cosa tuviera sentido. Lo que ocurre es obvio: el conjunto de todos los números naturales no existe, ni siquiera existe en la imaginación porque no es algo.

Y, ojo, porque afirmar que existe un número indeterminado de números naturales es un disparate, lo que ocurre es que no existe un número determinado de números naturales. *Todo ser algo es tener una determinación, así que hablar de lo indeterminado —lo que no es algo— es hablar de nada y, por tanto, un disparate.* Así que un número indeterminado —en sí mismo— no es un número.

El fondo de la cuestión es que existiendo en el entendimiento un número N, el entendimiento puede muy bien construir también el número M = N + 1 mediante su regla de la suma, pero esto no significa que el número M existiera en un entendimiento ni en ningún otro sitio antes de ser construido por algún entendimiento. *No hay mundo trascendente, el infinito es un error de entendimientos que pretenden que en ellos hay lo que no hay. Un enorme error de la filosofía idealista, que pretende hacer pasar por real un mundo de las ideas no solo ajeno al entorno, sino incluso ajeno a las ideas.*

A pesar de que algunos científicos no admiten que el infinito sea un concepto científico, está presente por doquier en nuestra cultura; incluso en el corazón de las matemáticas y la física más avanzada, afectando a muchos conceptos de la Ciencia, en especial a la continuidad, a las supuestas dimensiones y variables continuas que la Ciencia dice utilizar casi exclusivamente, pero que no utiliza porque es imposible. El infinito es una contradicción muy parecida a la de la nada: el infinito es un número tan grande que no es un número.

Si en vez de hablar del infinito desde el punto de vista de la teoría de conjuntos, hablamos según el punto de vista del análisis matemático, llegamos a lo mismo: los conjuntos infinitos no son conjuntos porque no se determinan. Los infinitos del análisis matemático suelen dividirse en infinitos actuales, que son los que peor fama tienen, ya que Aristóteles demostró ya su absurdo, y los procesos infinitos, que debido al disparate de creer que el tiempo es infinito Aristóteles los consideraba entes en potencia, pálidos habitantes del mundo trascendente platónico, que quizá parecen menos absurdos porque solo son promesas y aunque esas promesas no puedan cumplirse, aun así, siguen siendo promesas y las promesas existen... La verosimilitud que Aristóteles otorga a los procesos infinitos se basa en la presunción de que el tiempo es infinito; lo cual no tiene significado en sí mismo, pero, como parece tenerlo, también parece que se lo transmite a los procesos. Los infinitos actuales pretenden ser conjuntos de cosas, generalmente números o puntos del espacio, que ya y ahora son infinitos. Los más prototípicos son el conjunto infinito de los números naturales N y el conjunto transinfinito de los números reales $\mathbb{R}$, por no hablar de los transabsurdos de orden n, los transinfinitos de orden superior al de los números reales; una monstruosa orgía de disparates y sandeces.

Aunque el conjunto de los números naturales es visto a veces como un proceso infinito más que como un presente actual, los matemáticos demuestran que el conjunto de los números reales ni siquiera puede ser resultado de un proceso infinito similar al de los números naturales, sino que se necesitarían infinitos procesos infinitos como el de los números naturales para poder inventarlos todos. ¡Vaya si son muchos los números reales! Pero *ars longa, vita brevis.*

Dado que los matemáticos demuestran que en todo el conjunto de la recta real hay el mismo número de elementos que en cualquiera de sus partes, lo cual es ya en sí mismo una contradicción que debería haber llevado al rechazo del concepto de número real, una negación directa del quinto axioma de Euclides que dice que el todo es mayor que las partes, no es preciso estudiar todo el conjunto $\mathbb{R}$, sino que bastará con el segmento real entre los números 0 y 1. No se confunda el quinto axioma de Euclides con su famoso quinto postulado, cuya negación lleva a la creación de modernas geometrías, llamadas a causa de ello geometrías no euclídeas.

Es obvio que cuando hablamos de los números reales del segmento real [0, 1] nos referimos a números distintos unos de otros, no tiene sentido decir que en este conjunto el 0.73 se repite N veces o infinitas veces. Ahora bien, para que dos números sean distintos han de diferenciarse en algo y dos números se diferencian si y solo si al restarlos dan un número distinto de cero. Por lo tanto, y dado que estamos suponiendo que los números reales no se van creando según conviene, sino que ya están ahí en el segmento [0, 1], tiene que existir ya una cantidad Dm distinta de cero que sea la diferencia mínima que haya entre dos números reales cualesquiera de [0, 1]. Ahora bien, es fácil demostrar que no puede existir esa diferencia mínima. Supongamos que la diferencia mínima es Dm, entonces entre cualquier punto X y X + Dm no podría haber ningún punto; sin embargo, es evidente que lo hay. Por ejemplo, X + Dm/2. Luego Dm no es la diferencia mínima. Lo que demuestra que en el segmento real [0, 1] hay más puntos de los que hay, lo cual es absurdo.

Otra forma de verlo: es obvio que en el segmento [0, 2] hay más elementos que en el [0, 1], dado que [0, 2] incluye a [0, 1] y, además, hay números como el 1.37, que no están en [0, 1]. Pero es fácil demostrar que el número de números reales que hay en [0, 1] y [0, 2] es el mismo mediante la ecuación Y = X/2, de manera que si X es un número cualquiera de [0, 2] siempre se encuentra un número diferente en [0, 1] que le corresponde. Lo cual vuelve a demostrar que en [0, 1] hay más puntos de los que hay.

Así que si se divide por 2 un número entre 0 y 2 no siempre va a dar lugar a un número entre 0 y 1; es decir, que *si queremos no ser absurdos al pensar una magnitud cualquiera solo podemos pensarla como cuántica*, o sea, como algo que varía a saltos, no de manera continua. Una magnitud no puede tener los valores que a nosotros nos dé por imaginar que imaginamos que puede tener, incluso cuando tal magnitud la hayamos inventado nosotros mismos. Y, en definitiva, los números reales son absolutamente irreales y la continuidad es un disparate. Pronto hablaré más del disparate de la continuidad, porque es un asunto crucial para la Ciencia.

Otra cosa es que redefinamos esa magnitud cada vez que por alguna razón nos convenga hacerlo. Hasta hace poco para medir el tiempo nos bastaba el segundo, ahora necesitamos definir el yoctosegundo; eso es todo.

¡Cuán más honestos intelectualmente fueron los viejos pitagóricos que se quedaron espantados ante la evidencia de que no existe la raíz cuadrada de 2! Señores, la raíz cuadrada de 2 es un número irracional. Ah, pero ¡si ya lo saben!, pero no les importa porque ustedes creen que lo absurdo no es absurdo. La Realidad, a través de la mecánica cuántica, ya se está encargando de meter en vereda a los que se empeñan en imponer sus absurdos a la Realidad. Pero no solo las magnitudes físicas tienen que ser cuánticas para tener sentido, también las magnitudes matemáticas.

Por su parte, los metafísicos idealistas intentan dar significado a la palabra «infinito» diciendo que infinito es lo ilimitado e incondicionado, es decir, lo indeterminado. Ahora bien, que la propia definición diga ella misma que no es una definición no por eso se lo vamos a perdonar y creernos que es una definición. En realidad, es una supuesta definición que no se distingue mucho de la afirmación del mentiroso. Es el viejo truco de incluir, con descaro, el absurdo en la afirmación definitoria; pero si algo es indeterminado resulta que no es algo, porque *todo algo es una determinación*. Obsérvese que la indeterminación de la que hablan los filósofos idealistas no es la de no saber qué algo escoger entre varios algos, sino que es el propio algo el que no se determina, no se dice lo que es, no se define. O sea, como en los casos anteriores, solo hacen ruiditos con la boca.

El infinito empezó a tomarse en serio en Europa por los intelectuales a partir del matemático francés Girard Desargues, que lo introdujo en la geometría en 1639, influido seguramente por el italiano Galileo Galilei, que un año antes había estado especulando con la infinitud de los números naturales en su obra *Discurso y demostración matemática, en torno a dos nuevas ciencias*. Dado que Galileo —junto con Newton— es considerado el padre de la ciencia moderna, la Ciencia nació bajo la influencia del disparate del infinito. Más feo todavía es el asunto de nuestra cultura corrompida no solo por el infinito, sino por algo peor, por la madre del infinito: la nada. ¿Seremos capaces de retomar la senda de la razón?; porque a causa de esta corrupción intelectual la humanidad se encuentra en pleno galope involutivo hacia la bestia. Una bestia que no es la bella diosa Lucifer ni la hermosa bestia rubia de Nietzsche, sino un supermacho hipercabrío: el fascista. Algo mucho más temible que una fiera, una metabestia que enseguida se encuentra con algún buen pastor que la convierte en ganado, en reprimido intelectual y sexual, en bestia de carga, de lana o de presa y, en definitiva, en una piltrafa biológica, en el bicho más peligroso del universo, más que Alien.

1.3 El continuo

Las paradojas físicas sobre el continuo pueden rastrearse hasta la Antigüedad clásica, es decir, mucho antes de —intentar— definirse formalmente. El movimiento a través de un continuo es imposible, como trató de explicar Zenón. *Esto ocurre porque en un continuo no existe un punto contiguo a uno dado y, por tanto, no hay punto adónde moverse desde ningún punto de él sin dar un salto cuántico.* Supongamos lo contrario, que el móvil está situado en el punto P1 y que el punto contiguo en la dirección del movimiento es el punto P2. Pero como P1 y P2 se suponen puntos de un continuo, entonces, según la teoría de los números reales, entre P1 y P2 existe P3, por lo que P2 no puede ser ese punto contiguo; contradiciendo la hipótesis. O sea, el móvil no podría tener un movimiento en un continuo porque no existe un punto de ese continuo al que pueda moverse —o que pueda señalarse— sin dar un salto cuántico en él, o sea, sin que el movimiento sea cuántico y no continuo. Paradójicamente, en los conjuntos continuos no hay contigüidad. Ningún punto es contiguo de otro y, por tanto, el movimiento —o el señalamiento continuo de puntos— en un continuo es imposible. Veremos que el movimiento solo existe en las apariencias, en la Realidad tampoco existe. O sea, que en la Realidad no hay movimiento —como decían Parménides y Zenón— ni hay continuo —al contrario de lo que decían Parménides y Zenón—. Por tanto, la afirmación *«todas las variables físicas o matemáticas son cuánticas» es una verdad absoluta.*

Por muy clara y distinta que creamos percibir la continuidad, es falsa. El criterio de verdad de Descartes tiene una potencia que está muy limitada por nuestra fisiología. Vivimos en un universo radicalmente cuántico, ninguna medida, ni la energía, ni la masa, ni el espacio ni el tiempo, ni cosa alguna puede variar de manera continua, todo varía de manera cuántica. Resulta que, al final, el universo es intrínsecamente digital y no analógico y que Planck no tenía razón para haberse avergonzado por haber sugerido una radiación cuántica del cuerpo negro.

¿Quiere esto decir que las matemáticas basadas en variables y funciones supuestamente continuas no son válidas porque son absurdas? No del todo. Solo es así lo que los matemáticos suelen pensar sobre sus matemáticas, porque las continuidades e infinitos sobre los que suelen decir basar estas matemáticas no son, salvo casos especiales, ni continuidades ni infinitos. Cuando los físicos hablan de continuidades e infinitos matemáticos, suelen hacerlo en sentido metafórico, ya que les basta con que los valores de sus variables sean suficientemente pequeños o grandes para que pueda considerarse que otra variable tiene prácticamente un cierto valor.

Si yo hubiera llegado a tiempo, habría profetizado que la matemática analítica, que siempre consigue librarse de su absurdo fundamental empujándolo hacia el siempre indulgente margen de error de las medidas, solo encontraría verdaderas dificultades cuando el error fuera mayor que lo medido, es decir, cuando se hicieran medidas de objetos tan pequeños que se toparan con la Realidad, la cual es necesariamente cuántica. Cosa que solo puede ocurrir en el mundo físico de lo muy pequeño, como es el caso de las que tratan de aplicarse a variables de dimensiones subatómicas. Y, al contrario, *que la física de lo muy pequeño sea ya en gran medida cuántica, tanto que se llama mecánica cuántica, indica que los físicos de partículas están ya cerca de toparse con la Realidad.* También porque la naturaleza de todo lo existente es cuántica, ni Einstein pudo, ni nadie podrá nunca, unificar una teoría gravitatoria procedente de una visión macroscópica —en la que las aproximaciones de las ecuaciones diferenciales son razonables— con la teoría cuántica, en la que ya no son razonables. La estructura einsteniana del espacio-tiempo continuo de la teoría general de la relatividad (TGR) no es aplicable a escala subatómica. Aunque para salvarla quizá sea suficiente con transformar sus ecuaciones diferenciales en ecuaciones en diferencias finitas. No lo sé. Tampoco la TGR tal como está tiene muchas probabilidades de ser adecuada para la cosmología cuando están involucrados intervalos muy grandes de espacio-tiempo o las singularidades propias de la matemática analítica. Puede haber extrapolaciones excesivas; nulos e infinitos absurdos, como ocurre con los agujeros negros o el propio *Big Bang*. En cualquier caso, nunca nadie utilizó ni utilizará jamás un número irracional para realizar cálculo alguno, por lo que puede decirse sin temor a error que los irracionales números irracionales no sirven para nada.

1.4 El cero, el conjunto vacío, los universales y las clases

Dar categoría de ser —y, por lo tanto, de ser algo— a nada es un absurdo; en consecuencia, ni el conjunto vacío es un conjunto ni cero es un número, sino que ambos son ruido articulado. El diccionario define «cero» como 'número que expresa una cantidad nula, nada, ninguno'. Ahora bien, una cantidad nula no es una cantidad, nada no es algo y ninguno tampoco es algo; por lo tanto, cero es un absurdo. Ni siquiera definir cero como el resultado de restar 1 a 1 o de restar 32 a 32 es definir algo, sino aceptar que queda algo cuando se quita todo lo que se ha puesto. Es lo que hemos visto muchas veces: afirmar algo para negarlo a continuación no es afirmar algo.

El conjunto vacío, es decir, un conjunto de elementos en el que no hay elementos, es obviamente una contradicción y, por lo tanto, un absurdo.

Los universales, cuya existencia lleva dos milenios siendo discutida por la filosofía idealista y que, durante muchos siglos, durante la escolástica medieval y moderna, ha sido con mucho el tema más importante en discusión, tiene una solución muy sencilla y obvia: dado que los universales son conjuntos indeterminados de objetos materiales absurdos, entonces son disparates.

Y lo mismo les ocurre a las clases. Las clases son conjuntos definidos mediante propiedades, es decir, de la forma «la clase A es el conjunto de todo aquello que cumpla las propiedades P1, P2…, Pn». Ahora bien, si como es habitual no conocemos antes todo aquello que cumple esas propiedades, entonces se está definiendo A en función de algo desconocido y, en consecuencia, es un disparate análogo al de los universales. La clase A es un algo indeterminado y, por lo tanto, no es algo. La clase A no existe, salvo como una declaración de intenciones: pienso modificar mi definición de clase A añadiéndole todo aquello que encuentre o que me invente que cumpla… Definición análoga a la del conjunto de los números naturales: todo aquello que me invente que pueda ponerse como resultado de N + M, donde N y M son números naturales, siendo 1 un número natural.

Esto no significa que el cero, el conjunto vacío, los universales o las clases no puedan ser útiles. De hecho, igual que los objetos materiales, son muy útiles.

2. Apariencias de apariencias de apariencias (AAA)

Llamo apariencias integrales a las apariencias construidas a partir de apariencias, o sea, son apariencias de apariencias (AA). Obviamente, las ideas que ni son Realidad, ni son apariencias ni son AA son entonces AAA; por ejemplo, los universales. Los conceptos científicos suelen ser apariencias (A) y, aunque desembocan en teorías que son AAA, el exhaustivo control experimental y, por tanto, analítico de esas teorías logra que sus AAA sean del mismo orden que las de los objetos materiales, o sea, logra que sean solo apariencias: A→(teorías) AAA→ (experimentos)→A. Pero nótese algo muy importante para el asunto del que trata este libro: *con el universo no pueden hacerse experimentos, solo pueden hacerse observaciones, así que las apariencias resultantes ya no tienen la calidad de apariencia que usualmente tienen las apariencias científicas.*

Pero hay AAA de otros tipos, por ejemplo, las derivadas de que el entendimiento puede cometer errores sobre lo que conoce, puede equivocarse sobre el contenido de su propio conocimiento; *puede parecerle que sus conocimientos afirman una cosa, cuando, en realidad, afirman otra*. A este tipo de AAA lo llamo *apariencia fantasma*, afirmación fantasma. Cosa que conviene distinguir de las creencias disparatadas como las creencias de fe.

Para entender las afirmaciones fantasma, hay que fijarse en que no todo lo que cree un entendimiento que es una de las afirmaciones de su conocimiento es consecuencia de sus conocimientos. *No todas las opiniones son verdaderas verdades corrientes. Se puede creer que se cree algo sin creerlo de verdad, incluso cuando no son creencias en absurdos.* Esto es así porque *para que una creencia sea racional hay que tener razones para creerla, no basta con tener motivos, como el deseo de creerla o el miedo a no creerla*. Si alguien dice «creo X» sin razón alguna, entonces esa creencia es falsa. La afirmación que se dice creer tiene que ser consecuente con lo que se conoce; en otro caso, es una falsa creencia. Por lo tanto, el creer que se cree algo no implica que se crea de verdad, aunque que quien afirma tener una opinión diga creer que la tiene.

Platón lo demostró hace siglos. Recordemos el oficio que, según Platón, Sócrates se atribuía a sí mismo: el de partera de la verdad. No era así. A despecho de la supuesta humildad de Sócrates, es una aspiración demasiado pretenciosa, por lo que probablemente no fue suya, sino de Platón. En realidad, Sócrates era, como mucho, partera de la opinión verdadera, comadrona de las verdades corrientes, de la *doxa*. Lo que se suponía que lograba al criticar las afirmaciones fantasma, criticando lo que se creía creer. En un caso ideal, tras hablar con Sócrates, la gente sustituiría una creencia fantasma por una verdad corriente; aunque la demencia socrática solo permitía acabar en alguna aporía, o sea, cayendo en el problema psicológico que tenía Sócrates. Suponiendo que el Sócrates real no intentara curarse a sí mismo en lugar de a los demás, como dice Platón, Sócrates sería el primer psicoterapeuta conocido. *Distinguir entre lo que uno conoce y lo que uno cree conocer es un paso fundamental para avanzar en el conocimiento racional*.

Pero sospecho que lo que buscaba Sócrates no era solo conocerse a sí mismo, sino conocer alguna cosa. Según Platón, el propio Sócrates lo dijo: «Solo sé que no sé nada». No se olvide su extraño perfil psicológico; que afirmaba cosas como esta de que no sabía nada; que hablaba con su *daemon* —*daemon* = demonio = dios, en este caso su dios personal, dioses personales que la Iglesia convirtió luego en ángeles de la guarda—; y cuya actividad filosófica consistía en ir preguntando a todo el mundo qué quería decir con lo que decía; amén de su valor suicida en el combate y que su presencia perturbaba seriamente a todo aquel que le trataba. Me temo que Sócrates padeció alguna psicosis, quizá una esquizofrenia, lo que quizá explica en parte la pérdida del sentido de la realidad que padecen los idealistas. Quizá aclara todavía más el porqué de la delirante doctrina idealista y sus derivadas, como la teología cristiana.

Lo de que Sócrates era un sabio lo inventó Platón. Una de las razones de por qué la filosofía es casi siempre difícil de entender, aparte de porque muchos filósofos creen que les conviene ser oscuros —por ejemplo, Heidegger lo dice abiertamente—, es porque algunos se inventan, en buena medida, a sus inspiradores y a sus oponentes. Incluso convierten al sabio en loco y al loco en sabio, como hizo Platón con Sócrates.

La apariencia fantasma, la creencia falsa según los propios conocimientos, es uno de los principales errores del entendimiento sobre sí mismo. Suelen ser afirmaciones habituales en la sociedad que se admiten sin haberlas revisado antes. Es decir, suele deberse a que el sujeto se ha sometido sin saberlo a argumentos de autoridad, de lo cual resulta una fe inconsciente que se ha escabullido de someterse a su soberbia cognitiva.

La AAA más importante para entender la Realidad es eso que llamamos tiempo, que yo llamo tiempo habitual, algo que imaginamos que imaginamos, pero que, aun así, tiene una realidad subyacente: el tiempo real. Por no hacer farragoso el discurso, luego diré que el tiempo habitual es una apariencia del tiempo real, pero es una AAA.

Capítulo V
Lo real y lo aparente

1. Dominios de conocimiento cognitivo

Voy a distinguir tres importantes dominios de conocimiento que se parecen a la intuición que tiene la gente de qué es real y qué es imaginario, pero que no coincide porque, al fin y al cabo, Platón tenía razón en el problema, heredado de Heráclito y Parménides, del absurdo de los objetos materiales.

El primero de estos tres dominios de conocimiento es el mundo real o Realidad, compuesto por el conjunto de los seres reales, los seres que se definen a sí mismos. Aunque el entendimiento sea capaz — en apariencia— de afirmarse a sí mismo —por ejemplo, diciendo «yo existo»—, ya vimos que esa definición es inconsistente porque afirma que cosas distintas son la misma cosa. Además de que no siempre está afirmando «yo existo», así que no existe la mayor parte del tiempo. Diciendo que el entendimiento es un alma u otra cosa sobrenatural no se modifica esta conclusión, dado que también las almas y demás cosas sobrenaturales —ajenas a la naturaleza y, por tanto, ajenas a la Realidad— son absurdos o disparates, así que es imposible que existan ni que hagan cosa alguna. No ocurre, pues, que el entendimiento defina la Realidad, como dicen los idealistas, sino que es la Realidad lo que define lo que sea que haya real, subyacente a esa apariencia que construye el entendimiento a partir de la Realidad, que llama entendimiento. Es obvio por qué Platón se inventó que el entendimiento (el alma) era eterno: para que el entendimiento tuviera una definición consistente y tuviera entonces sentido decir que se afirma a sí mismo. Algo que, recordemos, también intentó mucho después afirmar Descartes por su cuenta. Es obvio que Platón no le había convencido. Como para Platón, para algunos idealistas modernos el entendimiento es eterno, lo que según ellos implica que el entendimiento existe. Claro que, en el sentido que Platón daba a lo eterno —extenderse por todo el tiempo—, no hay mucha evidencia de eternidad del entendimiento, sino de todo lo contrario, por lo que es una afirmación claramente falsa. Luego se verá que no hace falta ser eterno para existir. Es más, ningún ser real es eterno en sentido platónico, salvo la Realidad completa; aunque, curiosamente, veremos que sí lo son la gran mayoría de los protones y los electrones y, por lo tanto, la gran mayoría de los objetos materiales.

El segundo dominio de conocimiento que voy a distinguir es el mundo imaginario que solemos llamar imaginación, el conjunto de los seres imaginarios: los seres definidos por algún entendimiento.

El tercer dominio de conocimiento que distingo es un subconjunto del mundo imaginario: el mundo material o mundo objetivo, lo que solemos decir que es la realidad, pero que es imposible que lo sea. Es el conjunto de los objetos materiales. Objetos que, aun siendo imaginarios, están más estrechamente relacionados con el mundo real que los demás objetos imaginarios, a causa de que están mucho más relacionados con las sensaciones que los demás objetos del entendimiento, salvo las propias imaginaciones de sensaciones. Los objetos materiales están a caballo entre el mundo real y el imaginario, ya que son resultado de operaciones del entendimiento sobre las sensaciones y las sensaciones son seres que traen noticias del mundo real.

Nuestra cultura, heredera a este respecto de la Ciencia, heredera a su vez de Aristóteles, suele llamar mundo real al mundo material; pero vimos que Platón, Parménides, Heráclito y muchos otros tenían razón al advertir de que los seres materiales no son seres, sino absurdos y, por tanto, el mundo material no puede ser el mundo real. Los objetos materiales son objetos imaginarios, que salvo por las imaginaciones de las propias sensaciones —las que percibe el entendimiento sin realizar operaciones sobre ellas—, están construidos defectuosamente a partir de sensaciones, las cuales, al tener validez de Razón, están bien construidas y, por tanto, son seres, lo que no significa que sean seres reales porque no se definen a sí mismas.

Por un lado, las sensaciones cumplen el axioma de la validez del conocimiento porque no existen sensaciones vacías. Las sensaciones afirman algo y, por tanto, no son disparates. También cumplen el axioma de la validez de las teorías porque son afirmaciones simples que no se refieren a otras sensaciones, de manera que no pueden contradecirse con ellas. Y, claro, las sensaciones cumplen con el principio de identidad porque no cambian con el tiempo; cualquier cambio en una sensación no es un cambio en esa sensación, sino una sensación distinta. Las sensaciones cumplen con los axiomas de validez de la Razón y hasta con el axioma de fiabilidad, ya que a todo el mundo le parece muy verosímil su existencia, estando, pues, sus existencias muy cerca de ser verdades absolutas. Sin embargo, las sensaciones no pueden ser reales porque no se definen a sí mismas, ya que, aunque el entendimiento no intervenga en sus definiciones, intervienen los sentidos, dado que sin sentidos no hay sensaciones. Por tanto, las sensaciones no son seres reales, aunque estén cerca de serlo.

Ahora bien, salvo en casos patológicos o en circunstancias poco habituales, los sentidos no crean ellos mismos las sensaciones, sino que traducen a sensaciones algo definido por el entorno real. No tiene sentido biológico que cuando los sentidos traducen las afirmaciones de la Realidad a sensaciones les añadan información relevante. Sabemos que la sensación no traduce todo lo que afirma el entorno, pero, salvo casos patológicos, el producto de los sentidos no es un puro invento de los sentidos. En consecuencia, *las sensaciones no son reales, pero son una traducción, mejor o peor, de seres reales.* Una traducción más o menos parcial, más o menos deformada y más o menos imprecisa que los sentidos hacen de seres reales al lenguaje de los sentidos. Así que, salvo por las limitaciones de los sentidos, las sensaciones son seres reales expresados en el lenguaje de los sentidos, aunque la traducción no sea perfecta. Por tanto, las sensaciones afirman cosas que afirma la Realidad, lo cual explica que estén tan cerca de ser verdades absolutas. *El mundo de las sensaciones no es el mundo real, pero es una traducción* mejor o peor *de,* al menos, *parte del mundo real.*

Al estar mal construidos, los objetos materiales no son seres, pero son objetos, ya que son imaginaciones compartidas por todos o casi todos los humanos y, por tanto, son errores generalizados, errores objetivos. Ahora bien, si el entendimiento no procesa una sensación y la admite entre sus imaginaciones tal como le llega de los sentidos, esa imaginación de la sensación es una traducción de la sensación al lenguaje del entendimiento. En este caso, algún ser real es traducido por los sentidos a una sensación, que es traducida por el entendimiento a un ser material, que, a su vez, es una imaginación. O sea, se trata del mismo ser real dicho en distintos lenguajes y que, por tanto, en todos ellos conserva la validez de Razón, el mismo ser real afirmado en distintos idiomas: el de la Realidad, el de los sentidos y el del entendimiento. Por tanto, esa imaginación no es solo una imaginación, es también un ser material y un ser real. A pesar de lo que creía Platón y de lo que todavía piensa el Idealismo, *en el mundo material existen seres reales.* Una noticia estupenda para los materialistas. Es más, como los seres materiales son seres imaginarios, también dentro del mundo imaginario existen seres reales, conclusión con la que los idealistas seguramente estarán también encantados. Lástima que esto no sea extensible a todos los objetos materiales ni a todas las imaginaciones, como pretenden unos y otros.

Llegamos entonces a la importante conclusión de que las sensaciones son seres que pertenecen a los tres mundos. Aunque sean afirmaciones hechas en distintos idiomas —el de la Realidad, el de los sentidos y el del entendimiento—, afirman lo mismo y lo que afirman es real. Suponiendo que las sensaciones hicieran una traducción perfecta y completa del mundo real, el mundo real sería un subconjunto propio del mundo material y, por tanto, sería también un subconjunto del mundo imaginario. En consecuencia, el mundo imaginario sería mucho mayor que el real, ya que no solo contendría los seres reales, sino, además, los objetos materiales y demás seres imaginarios. Esto implica que el entendimiento no solo comprendería el mundo real, sino muchas más cosas. Lo que lleva a otra importante conclusión: *tanto el mundo real como el mundo material son inteligibles. El mundo real es perfectamente cognoscible*; otra cosa es que vaya alguna vez a conocerse por completo por dificultades técnicas, pero no teóricas.

Para recalcar las diferencias entre los seres reales y los que no lo son, a veces hablaré como si no existiera esta parcela común del mundo real en el mundo material y en el imaginario, pero existe y pronto hablaré de ella, ya que enseguida descubriremos el mundo real, el entorno real, el mundo del que proceden las sensaciones y, a la postre, del que proceden tanto el mundo material como el imaginario. Lo cual no disculpa el dejarnos confundir por la polisemia del verbo «existir». Existir en sentido estricto solo existen los seres reales, se expresen en el idioma en que se expresen. Sin embargo, a veces hablamos de la existencia de seres imaginarios que no son reales, como los números o los objetos materiales. Por tanto, también hay un sentido de existir que es interno a cada dominio de significado, de manera que decimos que los seres de cada dominio de significado existen en ese dominio de significado. Así, nosotros existimos, incluso existió Descartes, pero solo en el dominio de significado imaginario del mundo material; los números existen, pero solo en el dominio de significado imaginario de las matemáticas; Lucifer existe, pero solo en la imaginación de las brujas y los curas; pero vimos que el dios Dios no existe ni siquiera en la imaginación.

El mundo de los objetos materiales es una zona muy delicada del mundo imaginario porque no tiene validez de teoría. El entendimiento intenta construir algo con las sensaciones, pero no lo logra. Sin embargo, el mundo material es muy importante porque es la zona del mundo imaginario con la que, de manera natural, biológica, intentamos referirnos a la Realidad, en la que basamos nuestras conductas. *Y que el entendimiento logra en alguna medida referirse a la Realidad cuando se refiere a los objetos materiales lo demuestra una interesante propiedad de los objetos materiales: que no se dejan manipular directamente por el entendimiento*. Tanto que muchos tampoco se dejan manipular indirectamente por las conductas del organismo: las estrellas, las montañas, etc. Por tanto, *aunque los objetos materiales no son*, por lo general, reales, *aun sin serlo, tienen algo propio de los seres reales: que se resisten a las definiciones arbitrarias del entendimiento*, el entendimiento no es capaz de definirlos como a él le dé la gana. Véase el abrupto contraste con los demás absurdos y los disparates, que pueden ser definidos a placer.

Por un lado, salvo las sensaciones, los objetos materiales no son seres, sino absurdos, pero, por otro lado, parecen existir, lo que, a su vez, implicaría que todos ellos son seres. Es una paradoja fascinante. Algo que también habla del carácter enigmático de los objetos materiales es que incluso los sistemas de conocimiento simple parecen distinguir objetos materiales sin que tengan entendimientos ni pueden crear entonces seres imaginarios a partir de sus sensaciones. Los sistemas de conocimiento simple solo conocen sensaciones, lo que implica que todos los seres que conocen son seres reales. Es sorprendente que, aunque no consigan dar a sus conocimientos la utilidad que los entendimientos dan a los suyos, los sistemas de conocimiento simple conozcan la Realidad mucho mejor que los entendimientos.

Aunque cierta parte del mundo imaginario exista —sea una traducción mejor o peor de lo que existe—, es obvio que la parte que no existe solo puede proceder de la que existe, porque ni el entendimiento ni ninguna otra cosa pueden crear algo de nada —por ejemplo, los dioses se inventan exagerando o combinando facultades humanas o animales, nadie inventa facultades completamente desconocidas—. Así que *los seres imaginarios, o son sensaciones y, por tanto, seres que proceden de operaciones simples de los sentidos sobre los seres reales, o bien proceden de operaciones más complejas del entendimiento con las sensaciones.*

Quiero aclarar ahora una cuestión muy antigua en la filosofía: el estatus de existencia de los números y, en general, de los seres matemáticos. Los seres matemáticos y hoy día también los objetos de los programadores informáticos son, obviamente, seres imaginarios que a veces pretenden referirse a objetos materiales y otras veces no. Los números resultan ser el elemento fundamental de cualquier objeto matemático o informático. Nada mejor que ciertos modernos lenguajes informáticos —los orientados a objetos— para mostrar que cualquier objeto puede describirse como un conjunto de números, cada uno con su propio significado, cada uno en una dimensión distinta. Incluso el comportamiento de estos objetos puede representarse por ciertas funciones, las cuales son conjuntos de números que relacionan unos objetos con otros o consigo mismos. Obviamente, las relaciones que hay entre los objetos y las operaciones que podemos hacer con ellos no son otra cosa que tablas de números. Lo cierto es que cualquier objeto material elemental —no divisible en otros objetos materiales— puede representarse mediante números, con solo referir cada número a una dimensión distinta: sus colores, su forma, su posición, sus transformaciones con el tiempo, sus interacciones con otros objetos, todo. Y no solo las sensaciones visuales pueden representarse con números, también las auditivas —archivos de música o de voz—, las táctiles —parecido a las visuales y añadiendo cantidades de rugosidad, temperatura, etc.—, las gustativas —recetas de cocina— y las olfativas —fórmulas de los perfumistas—*Para describir cualquier cosa elemental —no divisible en otras cosas—, solo es necesario conocer sus dimensiones y un número que informe de la extensión de esa cosa en cada una de esas dimensiones*. Y para conocer cualquier cosa solo hace falta conocer las cosas elementales de las que consta y cómo se relacionan esas cosas elementales entre sí, es decir, su geometría lógica y física.

También el conocimiento es traducible a números, como muestra este texto que en su forma actual es una sucesión de ceros y unos interpretados de cierta manera.

El mundo material es, pues, traducible a números. Pero luego demostraré que *los números no existen*. Aun así, veremos que pueden ser muy útiles para hablar de lo que existe. Las dimensiones, junto con los números, pueden representar lo que existe en el mundo material, *lo cual hace sospechar que los seres reales se definen a sí mismos mediante dimensiones que existen en todos los objetos materiales...* Y ¿cuáles son las únicas dimensiones que existen en todos y cada uno de los objetos materiales, ya sean protones, piedras, árboles, humanos, planetas, estrellas o galaxias?. ¿Qué es aquello que existe en toda presencia, que buscaban los presocráticos?. No es el agua, ni el fuego ni el aire. ¿Qué es?

A través de los números, el entendimiento puede representar las distinciones que hacemos en el mundo material y las que haremos en el mundo real, pero ellos mismos no son ni seres materiales ni seres reales. Aunque existan representaciones materiales de los números, solo su representación pertenece al mundo material, pero no ellos mismos. Así que, aunque todos los seres de las matemáticas y la informática sean imaginarios, ello no significa que no puedan ser aprovechados por la tecnología para crear objetos materiales, y por la Ciencia y el entendimiento en general, para definir sus objetos materiales; incluso para describir los seres reales.

Por su parte, los conocimientos puramente imaginarios, dado que versan sobre objetos inventados por nuestro entendimiento, también es nuestro entendimiento quien da un veredicto sobre su verdad, siguiendo las reglas que haya establecido para ello. La afirmación «la raíz cuadrada de 9 es 3» es verdad porque hemos definido los números y la raíz cuadrada de cierta manera y el mundo real no puede contradecirlo, dado que no son definiciones que se refieran a algo que él afirme. En estas condiciones, esa afirmación es verdad, pero no es Realidad, porque *la Realidad no depende de condición alguna*. Pero la afirmación «Madrid está en Groenlandia» es falsa no porque el entendimiento no pueda afirmar que es verdad, que es muy capaz de hacerlo, sino porque la Realidad —que no sigue consignas del entendimiento— afirma a través de los sentidos que no lo está.

Realidad y verdad no son lo mismo. Si se identifica verdad absoluta con realidad como hizo Platón y el Idealismo en general, no solo se puede llegar a confundir el mundo real con el imaginario, en el que el entendimiento inventa sus seres, realiza sus operaciones y crea su mundo material, también se puede permutar el significado del mundo real y el mundo imaginario, de manera que lo imaginario se convierta en real y lo real en imaginario. Una cosa es que una realidad —una afirmación del entorno— sea una verdad absoluta y otra muy distinta es que una verdad absoluta —que muy bien puede no ser una afirmación del entorno— sea una realidad. Una vez que se admite que las verdades absolutas son realidades y se tiene en cuenta que muchas de las afirmaciones en el mundo imaginario pueden ser fácilmente verdades absolutas y que las afirmaciones del entorno —incluidas las científicas— no lo son, resulta entonces que el mundo imaginario es el real y que el real es el imaginario. De manera parecida fue como el divino Platón convirtió en real su imaginario mundo de las ideas y en imaginario el mundo material; copiando la idea de Pitágoras, para quien el mundo real es el de los números porque, según él, solo en los números hay verdades eternas. Platón aduce que también lo afirmaba Parménides —en su famoso verso «lo mismo es pensar y ser»—, lo que solo es así porque el ateniense confunde «ser» con «existir». Pero ni siquiera confundiéndolos podemos dar la razón a Platón, porque el entorno define seres sin intervención de un pensamiento que los piense. Para el Idealismo resulta que como las afirmaciones sobre el mundo imaginario son seguras, como es el mundo de las verdades eternas, el mundo imaginario es el mundo real y como las afirmaciones sobre el mundo material son inseguras, como el mundo material es el mundo de las verdades corrientes, de las opiniones, el mundo material y con él el real es imaginario. No nos asombremos demasiado, también muchos físicos piensan que el mundo real son sus modelos matemáticos sobre el mundo material. Pero la verdad y la Realidad no son lo mismo como quieren los idealistas. Afirmar que una hipótesis es verdad significa afirmar que cumple con los tres axiomas de la Razón y afirmar que algo es real implica afirmar que ese algo hace afirmaciones que son independientes de hipótesis humanas. Nada tiene que ver una cosa con otra. La verdad corriente es una credencial que los humanos damos a ciertas afirmaciones, una cualidad que les asignamos en base a un criterio. Al contrario de lo que ocurre con la Realidad, no es algo que pueda imponerse sobre nosotros si no nos hemos comprometido a someternos a algún criterio de verdad. La verdad no es algo que tenga una existencia independiente de nosotros, depende del criterio de verdad utilizado; de ahí muchas discusiones de sordos debidas al uso de distintos criterios de verdad. Por tanto, las verdades son solo subjetivas; salvo que se comparta con otros entendimientos un criterio de verdad y se conviertan así en verdades objetivas. No todos compartimos los mismos criterios de verdad, ni siquiera utilizamos siempre un único criterio de verdad. Pero la Realidad es ajena a nosotros, se nos impone ella misma sin que nosotros colaboremos lo más mínimo, se impone incluso cuando nos oponemos a ella, por eso es objetiva. Por eso compartimos todos la misma Realidad y aproximadamente el mismo mundo material, aunque no compartamos las mismas verdades. *El ámbito de lo real es de todos*, incluidos los animales, los virus y los pedruscos; *pero el ámbito de la verdad es de cada cual.* La verdad no puede imponerse a nadie, pregúntese a los escépticos radicales si comparten las verdades eternas de Platón o de la Iglesia.

Sin embargo, los idealistas dicen algo en lo que parecen tener razón. Por ejemplo, que «2 + 2 = 4» para cualquiera y que, en general, la verdad es verdad para cualquiera y, por tanto, en cierto sentido, la verdad se impone a nosotros, es decir, que, en cierto sentido, tiene propiedades de la Realidad. Pero lo que afirman los idealistas es solo que, cuando se comparte un criterio de verdad, la verdad es la misma para quienes comparten ese criterio, o sea, que los humanos utilizamos una lógica biológica que es igual para todos. Los idealistas generalizan la verdad de los razonamientos bien hechos a la verdad de las premisas y eso ya no está claro. Si yo, por lo que sea, no defino el número 2, la suma, la igualdad o el número 4 como los definen las matemáticas, entonces puede que para mí «2 + 2» no sea igual a 4, incluso razonando sin error. *Las ideas de 2, suma, igualdad, etc., no son cosas reales como pretenden los idealistas, sino definiciones que nada ni nadie me obliga a aceptar, definiciones que la Realidad no me impone.*

2. Las esencias, las apariencias y el tiempo

La síntesis de identidades de objetos materiales es una construcción de objetos imaginarios espaciales, que reduce drásticamente el caos de las sensaciones, porque reduce enormemente el número de cosas que percibe el entendimiento. Con esta operación, casi siempre instintiva, se sustituye el inmenso número de las sensaciones de los sentidos por un número mucho más manejable de objetos materiales. Esta síntesis de identidades consiste en crear objetos espaciales, mediante alguna regla que se aplica a las sensaciones, de manera que el número de cosas percibidas se reduce a un número manejable para la capacidad de memoria y manipulación del organismo. Cosa que, además de los humanos y los animales en general, también la realizan las células de los animales, ya que son capaces de distinguir nutrientes, virus, etc. Lo que indica que no es preciso un entendimiento para crear objetos con isomorfismos (parciales) con la Realidad, por borrosos que sean desde el punto de vista del entendimiento.

El problema de crear identidades meramente espaciales es que solo duran un instante, ya que ninguno de nuestros sistemas de adquisición de conocimiento, ni los primitivos ni el moderno, utiliza el tiempo para crearlas. Los objetos materiales se construyen con solo espacio, mientras que el tiempo se concibe como algo externo a esos objetos, algo que los empuja a transformarse en otros objetos espaciales distintos. Así que esta forma de construir supuestos isomorfismos con lo existente genera un gran problema, debido a que *todo lo que se construye sin incluir el tiempo es destruido sistemáticamente por el tiempo.* Sucede que *lo real no solo se extiende en el espacio,* sino que *también se extiende en el tiempo.* Todo lo que existe tiene cuatro dimensiones, tres espaciales y una temporal, por lo que *toda identidad creada por el entendimiento —o los instintos—, en base únicamente a su extensión y forma en el espacio, es destruida por su distinta extensión y forma en el tiempo, perdiendo así esa identidad.* La cuestión es, pues, que *la estructura compuesta solo por espacio, con que los sistemas de conocimiento dotan a los objetos que crean, es una arbitrariedad sin sentido real* —como hablar de objetos de solo dos dimensiones, como las superficies, o de una: las líneas; o incluso de ninguna: los puntos— y, por tanto, es un error que la Realidad no se cansa de mostrar.

La construcción de identidades espaciales transforma el desorden espacial del caos en el orden espacial estructurado del cosmos; pero este cosmos, este universo, solo dura un instante porque esas identidades son de inmediato destruidas por el tiempo, de manera que en el instante siguiente se vuelve de nuevo al caos de lo percibido. Lo que hace necesario construir nuevas identidades, así que, *para poder mantener a través del tiempo las identidades creadas con solo espacio, hemos inventado los conceptos de «transformación» y «movimiento».* Si en vez de definir objetos tridimensionales los definiéramos bidimensionales, digamos en el plano XY, también tendríamos este problema con la dimensión espacial Z, viéndonos obligados a inventar transformaciones de los objetos de XY en la dimensión Z, para intentar abarcar la realidad de que los objetos no solo se extienden en XY, sino que también se extienden en Z. *Al crear sus objetos supuestamente reales, el entendimiento solo incluye las dimensiones espaciales e ignora la dimensión del tiempo, no considerándola una variable relevante de lo existente y,* por tanto*, cometiendo un terrible error* en su concepción de cualquier cosa material. Un error que trae terribles consecuencias; por eso se queja Heráclito: todo fluye, todo cambia con el tiempo, nada permanece.

Las identidades que construye el entendimiento con solo espacio son destruidas de inmediato por el tiempo, salvo que se les haga un arreglillo, claro. El arreglillo que se hizo fue el invento de los conceptos clásicos de «esencia» (o sustancia) y de «apariencia». Una chapuza cognitiva que acabó desorientando por completo el pensamiento europeo. Los antiguos helenos fueron muy conscientes del problema de que los objetos puramente espaciales no respetaban el principio de identidad, pero, en vez de corregir su error incluyendo al tiempo entre las dimensiones de las cosas, abundaron en ese error creando otros objetos mucho más problemáticos que los objetos espaciales. Incurrieron en el despropósito habitual de explicar lo conocido por lo desconocido, violando así el axioma de la validez del conocimiento. Con ello intentaban que el cosmos, que con tanto trabajo crea el entendimiento, no volviese de inmediato al caos por obra y gracia de Cronos, el gran demiurgo, el gran constructor y destructor de los objetos materiales. Era necesario quitarle su poder aniquilador a Cronos; por eso el tiempo fue derrotado por Zeus y expulsado de la realidad. Pero ahora yo mismo derrotaré para siempre a Zeus y restituiré al eterno Cronos en su trono, el ilustre y redondo trono de la Realidad.

Lo cierto es que la solución es muy sencilla, basta con incluir el tiempo en la definición de los seres reales, basta con añadir la dimensión del tiempo a las dimensiones de espacio. Por desgracia, aquellas personas —como las actuales— no sabían que el tiempo es una dimensión más de las cosas reales, del mismo modo que el espacio, así que no supieron rectificar el error que sabían que estaban cometiendo. ¿Y cómo intentaron entonces los viejos griegos librarse de la ominosa realidad de Cronos?, ¿cómo intentaron preservar la identidad con el tiempo de los objetos materiales cuando es evidente que no se preserva? *La solución que dieron al problema acarreó otro problema mucho peor; se les ocurrió dividirlos en dos partes: sus esencias y sus apariencias*, de modo que sus esencias fueran las que portaran la identidad real de esos objetos y sus apariencias fueran las que portaran el error de identidad. *Fue un error nefasto para nuestra cultura, ya que llevó luego a otros errores mucho más dañinos*.

¿Cómo es posible que yo, Aristóteles, sea el mismo Aristóteles de ayer, cuando ayer no tenía el grano que esta noche me ha salido en la nariz? ¿Cómo es posible que algo no sea idéntico a sí mismo? Esto solo puede ser porque mis sentidos me engañan, añadiendo a mi sustancia —mi esencia, mi ser real siempre idéntico a mí mismo— una apariencia arbitraria y engañosa. Pero si nuestros sentidos nos mienten, lo que decimos que es Aristóteles, o cualquier otro objeto material, es un engaño. Y si los objetos materiales (las apariencias) son engaños, intentar conocerlos es una tontería. La ciencia (el conocimiento) de los objetos materiales es un sinsentido. Las verdades corrientes sobre el mundo material son patochadas. Este ha sido el principal y delirante camino del pensamiento de Occidente desde que la Iglesia se apoderó de él a partir del año 380 hasta que apareció la ciencia —moderna— en el siglo XVII, que se ocupó de los objetos materiales a pesar de este formidable problema y, sobre todo, a pesar de la Iglesia.

El desastre fue que el asunto se intentó resolver al estilo prerracional, al estilo disparatado de resolver problemas lógicos que había antes de que Tales de Mileto descubriera la razón: inventar identidades disparatadas. Antes de Tales se inventaban dioses y ahora se inventaron las esencias, las sustancias aristotélicas.

Pero si afirmamos que Aristóteles no es el Aristóteles que conocemos de siempre —un absurdo objeto material—, sino una esencia, algo que no sabemos qué es, entonces Aristóteles no es algo, sino un disparate porque no está puesto en función de nada conocido. O sea, seguimos sin definición de Aristóteles. Aristóteles sigue sin ser algo porque este intento de redefinición, aunque resuelve el problema de transgresión del axioma de validez de las teorías, contraviene ahora el axioma de la validez del conocimiento, con lo que Aristóteles pasa de ser un absurdo a ser un disparate; cosa que es mucho peor. En consecuencia, Aristóteles sigue sin existir. Solo hemos conseguido convertir un absurdo en un disparate, con lo que el problema se ha complicado mucho más, porque resulta mucho más difícil detectar disparates que detectar absurdos (ver mi libro *Realidad y Razón*). Claro que si somos consistentes y consideramos que el Aristóteles del grano no es el mismo que el que no lo tiene y continuamos haciendo distinciones, entonces resulta que hay miles, millones de Aristóteles distintos. Una solución muy poco conveniente para mantener la estabilidad del cosmos, porque da la razón a Heráclito (nada permanece), cuando de lo que se trataba era de dársela a Parménides (nada cambia) para que el cosmos permaneciera estable.

Por su parte, Heráclito le había dado esa estabilidad mediante su hipótesis del logos, que en términos modernos puede traducirse por 'leyes que operan esa inestabilidad'. Sí, todo cambia, pero cambia según fórmulas que no cambian, leyes inmutables, eternas. Esas leyes serían, pues, la realidad. Una idea que es básica en la ciencia actual. La Ciencia es más hija de Heráclito que de Aristóteles porque, para ella, las leyes del universo, y por tanto el logos de Heráclito, es la realidad. Solo que la Ciencia ha descubierto hace poco que su realidad incluye seres sin ley...

El disparate de las esencias fue una trágica fantasía que casi todo el mundo utiliza todavía, un tremendo error en la raíz de la construcción racional del mundo, que no solo dio lugar a eso que hoy llamamos metafísica, un disparate análogo a «sobrenatural», ya que nada puede haber ajeno a la física —la naturaleza, el entorno—, sino que también dio lugar a un ejército de seres invisibles, un mundo trascendente habitado por esencias puras y, por tanto, sin apariencia alguna, puros disparates. Sin embargo, esos disparates son muy útiles para todas las teorías en las que intervienen seres invisibles: dioses, demonios, espíritus, almas, etc. Así que mientras la esencia, el puro disparate, fue enaltecida y glorificada, el mundo material —y, por tanto, su realidad subyacente— fue deshonrado y condenado a la difamación y al desprecio.

Para los idealistas, la dimensión principal de los objetos materiales es su esencia o sustancia, que sería su ser real, ya que se define como aquello que respeta el principio de identidad y, por tanto, es inmutable; y la otra dimensión, mucho menos excelsa, es su apariencia, aquella forma, siempre cambiante, con que la esencia es presentada por nuestros sentidos. En consecuencia, al contrario de lo que hago yo, se llamó mentirosos a nuestros sentidos, con lo que la gente perdió la confianza en sus sensaciones, perdió la confianza en lo más real que conocía para dársela a los disparates de las esencias; disparates muy bien aprovechados luego por los pastores de mentecatos. Así, en el caso humano, nuestra esencia es nuestra alma inmortal, mientras que nuestra apariencia es nuestro corruptible cuerpo mortal que cambia continuamente. Pero las esencias se inventaron para poder mantener las definiciones de los objetos materiales a pesar del paso transfigurador del tiempo, por lo que es una sandez hablar luego de algo que es solo esencia, o sea, hablar de algo que no es esencia de un objeto material. Un alma necesita un cuerpo del que ser alma; sin cuerpo humano no hay alma humana. Aristóteles ya se dio cuenta de ello, pero luego los teólogos no le hicieron mucho caso. Una esencia exige que haya un objeto material del que ser esencia. Y, de hecho, solo dos o más apariencias distintas incluidas en una misma definición de objeto material hacen supuestamente necesario separar dentro de un objeto su esencia de su apariencia. Por ejemplo, los dioses inmortales —Venus, Júpiter, Marte, Mercurio…— siempre tienen la misma apariencia, así que no necesitan tener un alma idealista; aunque sí un alma materialista presocrática, dado que se mueven por sí mismos. Así que, como es fácil olvidar de qué problemas provienen las soluciones, sobre todo si se está interesado en ello, luego apareció la esencia sin apariencia, el disparate puro. Esencias puras y, por tanto, seres invisibles, seres materiales que no son materiales, resultado de cometer una contradicción que, lejos de corregir el disparate que ya son las esencias, de los absurdos que son los objetos materiales, profundiza todavía más en una frenética escalada de sinsentidos. Así, las almas, Dios, Lucifer, los espíritus, etc. son disparates sobre otros disparates —las esencias—, que versan sobre unos absurdos —los objetos materiales—, sandeces clamorosas. Atentos, cristianos y similares.

Ya se ve cómo el entendimiento de Occidente, de la mano del divino Platón y de los magníficos amigos de Aristóteles, equivocó del todo la senda del conocimiento racional nada más comenzar a caminar. Había más opciones, Epicuro y su escuela materialista, que, como la Ciencia, tampoco era del todo racional porque afirmaba la existencia de los objetos materiales, incluso de la nada para poder explicar el movimiento de los objetos materiales, tuvieron un éxito de muchos siglos hasta que apareció el cristianismo. Así que el entendimiento de Occidente no se perdió él solo, sino que lo perdieron a la fuerza casi siete siglos más tarde y todavía no se ha recuperado de ese golpe monstruoso de los vampiros de entendimientos.

Resultó entonces que, después de distinguir entre esencias y apariencias, la razón ya no servía para nada porque no podía contrastar la bondad de los objetos que creaba. Por un lado, aunque las apariencias pueden percibirse, manipularse y contrastarse, no hay motivo para ello, ya que son mentiras de los sentidos, no contienen ni ser ni existencia y, por tanto, su estudio no tiene sentido. Y, por otro, las esencias, lo que de verdad existe, no pueden percibirse, ni manipularse ni contrastarse físicamente con otra cosa. En esto ha consistido la filosofía a partir del cristianismo, en un ensimismado deambular entre fantasmas vanos. Dicho de otra manera, *la filosofía, y con ella lo mejor de nuestra cultura autóctona, quedó destruida por la Iglesia, ad maiorem Dei gloria*.

Vemos, pues, cómo las esencias son un terrible error que fomenta las supersticiones, ya que se desentiende de las verdades corrientes, porque no le importa la fiabilidad de los objetos materiales al afirmar que no tienen fiabilidad alguna. El tercer axioma de la Razón, precisamente el axioma que habla de la verdad, les resulta superfluo a los idealistas. Obviamente, también el primero, solo respetan el segundo. Hasta que llegó Hegel, a partir del cual —y como hace la Iglesia— ya no respetan ninguno. Es más, se ríen de que la Ciencia y la gente sensata tengan fe (confíen) en sus verdades corrientes a pesar de que sea evidente que no son verdades absolutas, sino solo *doxa,* solo despreciable opinión. ¡Como si sus disparates y sus sandeces fueran verdades absolutas!

Así que solo cuando el entendimiento se ha desembarazado resueltamente de las esencias y ha investigado decididamente las apariencias es cuando ha comenzado a comprender el mundo. Una investigación que ha sido posible como consecuencia de que los objetos materiales comenzaron de nuevo a adquirir verosimilitud, comenzaron a adquirir fiabilidad como seres reales. Resultó que las apariencias no eran tan despreciables como nos han hecho creer durante siglos. Pero hubo que esperar a Isaac Newton —trece siglos— para que quedara patente que las apariencias no eran tan inconsistentes como se las había pintado, porque se acabó descubriendo que se comportaban como las estrellas, como lo eterno. Newton reinventó el logos de Heráclito, que, aunque fuera una teoría idealista, dejó muy perjudicado al Idealismo y con él al cristianismo.

La influencia de este error ha sido inmensa, tanto que ni siquiera hoy día hemos salido del todo de ella porque el problema sigue sin resolverse. En la actualidad, los objetos materiales científicos siguen siendo objetos meramente espaciales. Los científicos no intentan resolver la contradicción en la que inevitablemente se encuentran al crear identidades absurdas y, por tanto, de imposible existencia; pero, al menos, utilizan —casi— solamente la apariencia y las verdades corrientes sobre esos objetos espaciales.

El tremendo éxito obtenido por la Ciencia, al concebir la realidad de manera opuesta al Idealismo, ha hecho que la Ciencia se olvide del problema de los objetos materiales. Pero el problema no se ha olvidado de la Ciencia. La terquedad de la Realidad ha llevado a la Ciencia a afirmar más tarde lo que ya sabíamos desde hace milenios, que el mundo material es inconsistente y, por tanto, absurdo. Pero de nuevo solo absurdo, no disparatado como era desde el invento de las esencias. En esta nueva encrucijada hay dos caminos. El primero, reconocer que el mundo material no es la realidad, que es lo que hago yo. Y el segundo, mantener al mundo material como realidad y decir que lo que ocurre es que la realidad se contradice, que la realidad es absurda, que es lo que por ahora ha hecho la Ciencia; un suicidio sin honor de la razón, lo más humano de los humanos. Los objetos indeterminados en sí mismos de la mecánica cuántica han hecho que la Ciencia se tope con el problema de la metafísica. ¿Y cuál ha sido su solución? Otra vez ninguna, mantenella y no enmendalla: si la realidad es inconsistente, pues es inconsistente, ¡qué le vamos a hacer! También la nada es absurda y se necesita para explicar el movimiento.

Es una locura, ¡hay que resolver de una vez para siempre el problema de los objetos materiales! *No podemos aceptar que la Ciencia sea tan indolente a la hora de defender la razón, porque el que nos resignáramos a vivir en una realidad absurda y, por tanto, en la sinrazón sería desastroso para la Humanidad*. Este es el error científico más funesto que es posible imaginar, pues convierte lo absurdo en existente, lo que no solo incapacita al entendimiento científico al convertirlo en mentecato, sino que también autoriza la arbitrariedad de los patriarcados y da un enorme

balón de oxígeno a las sandeces cristianas, especialmente porque los docto-
res de la Iglesia llevan afirmando desde hace siglos que su dios Dios es absurdo. Y aunque una realidad absurda no demostraría la existencia de un
dios absurdo, la haría posible. Es más, a la Iglesia le importará un comino
que su dios ni siquiera sea un absurdo, sino un disparate.

Aunque los científicos traten a las esencias como Epicuro trataba a los
dioses —afirmando que si existen no intervienen en los asuntos de los hombres—, eso no resuelve el problema, lo cual sigue siendo casi tan catastró-
fico para nuestra cultura como lo ha sido durante siglos. Y tampoco los
científicos son ajenos a concebir el entorno sin esencias. Además de los
modelos matemáticos, han inventado las pomposas leyes del universo para
sustituirlas. Y luego se asustan al descubrir que eso de que el universo tenga
leyes no parece estar tan claro, que Heráclito tampoco tenía razón. Las reac-
ciones ante esto no pueden ser más pintorescas, incluso Einstein —que era
un impío como yo y no un pío mentecato meapilas como circula por inter-
net— parece que dijo que Dios no juega a los dados. O eso dicen que dijo.

Nótese que tanto el Idealismo como el materialismo científico están basados cada uno en solo un axioma de la Razón —la Ciencia en el tercero y
el Idealismo en el segundo—. Y, algo peor, aunque la Ciencia solo lo haga
en unos pocos casos, como el del *Big Bang* y las supercuerdas, ambos para-
digmas ignoran el primer axioma, el de la validez del conocimiento; el axioma fundamental, pues los otros dos no tienen sentido sin él. En consecuencia, cuando Hegel niega el segundo axioma destruye el Idealismo, así que,
aunque en un sentido diametralmente opuesto del que pensaba cuando lo
dijo, él fue el punto final del Idealismo. Del Idealismo y de cualquier viso
de razón. Resolvió el problema de los objetos materiales de la manera más
desvergonzada y dañina posible: negando que el problema existiera y, de
paso, convirtiendo todas las cosas en sinsentidos. Hegel es, pues, el mejor
acabado profeta de la psicosis idealista. Claro que la Ciencia, aunque de otra
manera —ignorándolo—, afirma lo mismo. Hace milenios que el Idealismo
y las Iglesias intentan convencernos de que pretender conocer el mundo es
absurdo; tan absurdo como intentar comprender al monstruo con tres cabezas que inventó Constantino, la liquidación del conocimiento racional, la
expulsión del paraíso de la razón. Los idealistas, aunque presuman de filósofos, en realidad son grandes detractores del conocimiento racional; también
las Iglesias, claro. A menudo, la verdad es justo lo contrario de lo que nos
cuentan. La verdad es que *los idealistas son antifilósofos*, motivo por el
que la Iglesia hizo del Idealismo su base teológica y el principal y casi único
paradigma filosófico estudiado en las universidades durante siglos; incluso
hoy día.

3. La Realidad

Sabemos que ser y existir no es lo mismo. Ser es ser algo, tener una definición, y existir es ser un ser definido por ello mismo, no por el entendimiento. El entendimiento es una herramienta biológica demasiado potente, tanto que como le ocurrió a Descartes puede afirmar —aunque solo a ratos y brevemente— su propia existencia; lo cual, como vimos, es falso. Los humanos cometemos algún error al definir los objetos materiales, porque lo que entendemos por objeto material no puede ser real en la mayoría de los casos, así que el entorno material no puede ser real. Nada material es real, salvo aquello de lo que hablan las sensaciones; ni siquiera las sensaciones son reales, dado que son seres que no existen en sí mismos porque, aunque sus definiciones no dependan del entendimiento, dependen de los sentidos.

Para entender cómo es posible que continuamente estemos afirmando absurdos, hay que percatarse de que el entendimiento es un instrumento de un ser vivo y su función no es conocer las afirmaciones que hace la Realidad, sino afirmaciones biológicamente útiles. El entendimiento no está interesado de manera natural en cómo es el mundo real, sino en construirse una teoría del entorno de utilidad máxima para el organismo y, en última instancia, para la especie humana. Eso sí, el mundo material de la Ciencia no es el único de supuesta utilidad máxima, los pastores de mentecatos inventan mundos cuyos mentecatos creen que tienen mucha más utilidad. Y resulta que a veces son útiles... para sus pastores. De búsqueda de utilidad biológica surgen tanto las afirmaciones de las religiones como las de la Ciencia; incluso las afirmaciones de la gente de la calle. Solo un puñado de entendimientos a lo largo de la historia se han preocupado por conocer lo verdaderamente existente, con independencia de que tal conocimiento tenga o no utilidad biológica. Pronto veremos que al final resulta que sí la tiene.

Los objetos materiales no son disparates, solo son absurdos, lo que implica que contienen algo verdadero. Los objetos materiales (OM) están construidos a partir de sensaciones y el problema es que afirman que sensaciones distintas (S1, S2, S3...) son la misma cosa; de manera que OM = S1 = S2 = S3, a pesar de que S3 ≠ S2 ≠ S1. Pero es absurdo que si ocurre que S2 ≠ S1 ocurra también que S2 = S1, porque es una contradicción.

Ahora bien, si analizamos este absurdo, observamos que S1, S2, S3... tienen sentido porque son sensaciones, así que lo que introduce el sinsentido en los objetos materiales es afirmar que sensaciones distintas son la misma cosa.

Y, dado el descontrol que tenemos al definir los objetos materiales, tampoco tenemos la seguridad de que todos los objetos materiales sean absurdos; pudiera ser que algún objeto material fuera un ser real. Además, es imposible que nuestros sentidos creen las sensaciones de nada, tampoco lo hacen a partir de las ideas del entendimiento, porque si fuera así podríamos crearnos las sensaciones que quisiéramos, así que provienen de la Realidad. Puede incluso que conozcamos ya esas afirmaciones de la Realidad y, por tanto, esos objetos reales, aunque creamos que son objetos materiales o incluso puramente imaginarios.

Por un lado, un ser real es algo que se afirma a sí mismo, así que conocer un ser real es conocer lo que afirma de sí mismo ese ser real. Y, por otro, conocer un ser real implica poner su definición, lo que afirma de sí mismo ese ser real, en función de cosas conocidas. Ahora bien, entonces no hay otra manera de conocer un ser real que ponerlo en función de seres reales porque, si no, estaríamos diciendo que lo que se afirma a sí mismo es función de lo imaginario, de lo que no se afirma a sí mismo, que la Realidad es imaginaria; algo absurdo, dado que entonces lo que se afirma a sí mismo no se afirmaría a sí mismo, sino que lo afirmaría nuestra imaginación. Obsérvese qué fácilmente se cae en el Idealismo y la demencia.

Por tanto, *si antes de que el entendimiento defina el mundo por su cuenta, el organismo no conociera ya seres reales que dotaran de sentido a sus primeras sensaciones, y con ellas a sus primeros conocimientos cognitivos, sería imposible que el entendimiento llegara a conocer seres de ningún tipo, ni reales ni imaginarios*. Lo que significa que nuestros instintos, y por tanto los recién nacidos, ya conocen seres reales; así que los seres reales no pueden ser afirmaciones demasiado rebuscadas ni demasiado complejas. Es más, dado que los bebés ya los conocen, el entendimiento seguro que también.

Para no caer en el problema habitual del error en las premisas conviene pararnos a pensar sobre nuestras definiciones. Antes de estudiar la existencia de X, hay que averiguar qué es X, porque sin saber en qué consiste X, sin definir X, es prematuro tratar de averiguar si X existe o no existe.

Y solo hay tres maneras de definir X. La primera, que llamo *definición imaginaria*: definiendo X *solo con palabras*. La segunda, que llamo *definición sensual*: definiendo X sin utilizar palabras, señalando algo con el dedo en el entorno; lo que, dicho con la máxima generalidad posible y sin involucrar a las sensaciones, significa *señalar un intervalo de espacio durante un intervalo de tiempo, o sea, señalar un intervalo de espacio-tiempo*.

Y la tercera, que llamo *definición material*: mediante **una combinación de las dos anteriores**, o sea, mediante afirmaciones sensuales e imaginarias que señalan qué cosas tenemos que percibir en el entorno para poder afirmar que estamos ante X.

Lógicamente, si en la definición imaginaria de X se usan expresiones lingüísticas que violan algún axioma de la validez de la Razón, deja de ser definición y pasa a ser un disparate o un absurdo; en cuyo caso decir que X existe es un disparate o una sandez. Además, los recién nacidos no conocen palabras, así que no parece buena idea el uso de este tipo de definiciones para averiguar qué es la Realidad.

Por el contrario, **una definición sensual**, el señalar con el dedo una única vez para definir algo, **no precisa de un examen de su validez porque el entendimiento no interviene en su definición;** ni hay palabras que pudieran ser sinsentidos ni hay más de una afirmación que pudieran contradecirse. Es más, una definición sensual define algo que suele dar lugar a una sensación y las sensaciones tienen validez de Razón. **Tampoco el gesto de señalar un intervalo de espacio-tiempo (IET) es el que lo define, ya que gestos idénticos señalan IET distintos**. Por tanto, al señalar con el dedo un IET no definimos algo, **solo hacemos referencia a algo que ya está definido por ello mismo** y, por tanto, **que se define a sí mismo, es decir, hacemos referencia a algo real, a algo que existe en la Realidad**.

Los IET que señalamos y también los que no señalamos, porque la Realidad no se somete a nuestras definiciones, forman parte de la Realidad; los IET existen, **los intervalos de espacio-tiempo son seres reales**.

Dada la imprecisión del IET señalado con el dedo, dada su indeterminación para el entendimiento, dada su carencia de definición suficiente para el entendimiento, este puede dudar de que un IET señalado sea algo definido, es decir, puede dudar de que sea un ser. Pero ya vimos que es imposible existir sin ser algo, así que, dado que los IET existen, entonces son algo y, por tanto, son algo determinado, definido. La imprecisión que encuentra el entendimiento no se debe entonces a la definición que hace el entorno, no se debe al IET señalado, sino al método utilizado —señalarlo con el dedo— para traducirlo a un ser del entendimiento. Se debe a la dificultad que tienen los sentidos y el entendimiento para traducir un ser real a un ser imaginario.

La indeterminación de la Realidad para el entendimiento es solo una cuestión práctica, una cuestión técnica que no afecta a la naturaleza de la Realidad. Esto significa que la Realidad quizá no pueda ser determinada con toda precisión por las técnicas de los científicos; pero, aunque la Realidad no pudiera ser determinada con precisión, no por eso la Realidad deja de determinarse a ella misma con toda precisión, porque, en otro caso, no sería un ser, no sería algo y, por lo tanto, ni sería Realidad ni ninguna otra cosa.

El espacio-tiempo está determinado por sí mismo, por muy difícil que al entendimiento le resulte determinarlo, como es el caso de los objetos materiales indeterminados de la mecánica cuántica, cuya realidad subyacente (su espacio-tiempo) está, necesariamente, determinada.

Así que los IET, por mucho que no estén determinados por el entendimiento están determinados por sí mismos o, si se prefiere, por el entorno real, por el espacio-tiempo. Lo cual implica algo que ya sabemos: la Realidad (el espacio-tiempo) cumple con el primer axioma de validez de la Razón, ya que, como vimos, su existencia es una verdad absoluta.

Mirémoslo de otra manera. ¿Qué es lo que entendemos normalmente por «ser real»? Para una persona natural —no contaminada por problemas metafísicos—, los seres reales son todo aquello que puede señalarse con el dedo, todo lo que está ahí («existir» proviene del latín *existere*, que significa 'estar ahí'); pero esa persona no se refiere a los IET que, en realidad, señala, sino a objetos materiales, objetos que son imposibles de señalar porque no existen. Ahora bien, no es posible ser apariencia de nada porque nada no es algo y al no ser algo no puede ser algo que tenga una apariencia. Así que los objetos materiales son apariencias de seres reales.

¿Y de dónde sacan, entonces, nuestro entendimiento y nuestros instintos los objetos materiales? Obviamente, de las sensaciones. Pero *nótese que hay algo que es común en todas las sensaciones, que todas provienen de una zona del espacio y todas se extienden durante un intervalo de tiempo.* O sea, *todas las sensaciones provienen de un IET.*

Las sensaciones, como los IET, cumplen con el principio de identidad porque no se les supone una permanencia en el tiempo que no tengan por ellas mismas. Porque el tiempo apenas les afecta y lo poco que les afecta forma parte de su propia identidad como sensación o como IET. Además, una sensación siempre es idéntica a sí misma porque al mínimo cambio en ella decimos que se trata de otra sensación, cosa que no hacemos con los objetos materiales, pero sí con los IET.

Además, la calidad de existencia de los IET es mucho mayor que la que les atribuye la Ciencia porque esta existencia no es una verdad corriente, no es una hipótesis como es la existencia de los demás objetos materiales, la existencia de los IET es una verdad absoluta, como vimos que es lo propio de los seres reales.

Una prueba innecesaria de ello es que para negar la existencia de un IET primero haya que afirmarla. *Señalar un IET con el dedo y decir «eso no existe» es una autocontradicción y, por tanto, un absurdo. Y si negar su existencia es un absurdo, entonces su existencia es una verdad absoluta.* Y adviértase que *es imposible señalar algo durante cero segundos,* o sea, *no hay seres reales que no se extiendan en el tiempo.*

Pero por mucho que los IET sean verdades absolutas, los IET no son reales por eso, sino porque se definen a sí mismos. Sí, pero la única prueba que tenemos de ello es que no los definimos los humanos. ¿Cómo sabemos, entonces, que no los define otra cosa distinta de los humanos y de ellos mismos? Y aunque fuera así y los IET fueran seres reales, ¿es seguro que no existen otros seres reales, además de los IET?

Pero ahora veremos que *todos los seres están construidos por el entendimiento a partir de IETs,* así que hablar de un ser que no sea un IET o no se haya construido con IETs es una sandez. Y si es una sandez hablar de la existencia de algo ajeno al espacio-tiempo, también lo es hablar de las supuestas afirmaciones que esos disparates puedan hacer. Por lo que, en definitiva, los seres reales son los IET y la Realidad es el espacio-tiempo.

Ocurre que el entendimiento no puede definir ningún ser que no remita a IETs, que no esté construido utilizando IETs. Los IET son la materia prima de todos los demás seres, existan o no existan. Si el entendimiento intenta definir un ser que no remita a los IET, tiene que hacerlo con palabras, mediante definiciones imaginarias, porque en cuanto intervenga algún gesto ya está remitiendo a IETs. Ahora bien, para que una definición imaginaria sea una definición, las palabras que la componen han de tener, a su vez, una definición. Y si, además, no pueden remitir a IETs, las definiciones de esas palabras que constituyen la definición también han de ser definiciones imaginarias, es decir, solo pueden remitir a otras palabras. Pero resulta que todo diccionario es finito, el número de palabras es finito; no solo como un hecho obvio para cualquiera, sino también porque un número infinito no es un número, sino un disparate. Con lo cual, o bien se cae en definiciones circulares que nada definen, o se acaba remitiendo a IETs, los cuales no necesitan ya de palabras para ser definidos.

En conclusión, *todos los seres del entendimiento, por muy imaginarios que sean, están construidos sirviéndose del espacio-tiempo,* aunque esa construcción consista en negar que lo construido esté compuesto de espacio, de tiempo o de ambas cosas. Así que *todo ser, real o imaginario, es una función cuyo dominio es el espacio-tiempo.* En consecuencia, *nada decimos que no involucre al espacio-tiempo y que si tiene sentido no se lo dé el espacio-tiempo.*

Intentar decir algo ajeno al espacio-tiempo solo es posible hablando del espacio-tiempo y *todo ser que se suponga ajeno por completo al espacio-tiempo*, es decir, *en cuya definición no intervenga de alguna manera el espacio-tiempo, es un disparate*. El noúmeno de Kant, algo existente que es en sí mismo ajeno a la experiencia sensible y que, por tanto, ajeno al espacio-tiempo, es un disparate y, por tanto, no existe. El dios cristiano, creador del espacio-tiempo y, por tanto, ajeno al espacio-tiempo, es el mismo disparate y, por tanto, no existe. El *Big Bang* de los físicos, dado que es la causa del espacio-tiempo no es espacio-tiempo y, por lo tanto, es otro disparate.

Quizá alguien argumente que no necesariamente señalamos IETs, puede que también señalemos otras cosas, por ejemplo, objetos materiales o incluso seres inmateriales e invisibles, como almas, espíritus, etc. Pero esa materia, espíritu o lo que sea solo lo podemos señalar si se extiende en el espacio durante un tiempo, con lo que seguimos señalando un IET. Al denominar materia o espíritu a un cierto IET, lo único que logramos es denominar de otra forma a ese IET, ya que no podemos señalar algo que no sea un IET y, por tanto, no existe algo real que pueda distinguirse de un IET. Y, claro, afirmar que el IET que señalamos no es un IET, sino otra cosa es una contradicción. Así que el conjunto de todo lo que existe, el todo real, el mundo real, es el conjunto —obviamente finito— de todos los IET. Las dimensiones de la Realidad son el espacio y el tiempo. Lo que explica que todos los objetos materiales y sus fenómenos se extiendan en estas dos dimensiones. *Es obvio que aquello que existe en toda presencia, desde los protones hasta las galaxias, pasando por los humanos, las piedras y las cucarachas es el espacio-tiempo.* La ἀρχή que buscaban los presocráticos es el espacio-tiempo.

Podríamos haber llegado a que los IET son la Realidad de otra forma. Primero, es absurdo negar que conozcamos alguna cosa porque implica negar lo que afirmamos. Segundo, dado que conocer algo es ponerlo en función de algos conocidos, aunque no sepamos cuáles son los seres reales, los conocemos, porque, en otro caso, nada podríamos conocer. Tercero, *dado que los seres reales son aquellos que se definen a sí mismos y, por tanto, no hay otra cosa que los defina, entonces no pueden tener un contenido que los defina. Y resulta que los únicos seres sin contenido que conocemos son los IET.* Obviamente, aunque los IET no tienen un contenido que los definan, los define su forma, sus dimensiones, lo que ellos son, así que no son disparates.

Pero, entonces, ¿cómo es posible que muchos IET aparenten tener contenido si no pueden tenerlo? La solución de este importante enigma la veremos luego, pero nótese que la inmensa mayor parte de la Realidad es eso que llamamos vacío y, por tanto, la inmensa mayor parte de la Realidad aparenta no tener contenido.

Obsérvese también que los únicos seres que no pueden ponerse en función de otra cosa son los IET. Puede que alguien alegue que, aunque el espacio no pueda ponerse en función de otra cosa, el tiempo puede ponerse en función del movimiento. Pero ningún reloj puede marcar a la vez tiempos distintos cuando observamos varios objetos moviéndose a distintas velocidades. Si el tiempo fuera una función del movimiento, todo lo que se mueve se movería a la misma velocidad; así que el movimiento no define el tiempo de manera consistente. Por otro lado, no se olvide que en la descripción de los movimientos la variable dependiente es el espacio y la independiente, el tiempo. Así que el tiempo no es consecuencia del movimiento, como pensaba Aristóteles, sino que el movimiento es consecuencia del tiempo; lo que hace sospechar lo que sospechaba Nietzsche: que la dimensión más importante de la Realidad no es el espacio, sino el tiempo.

Pronto veremos que el tiempo y el espacio relativos de la teoría especial de la relatividad de Einstein son apariencias. Es más, veremos que si el espacio y el tiempo aparentes son relativos es porque el espacio-tiempo real es absoluto. Y lo que es también muy importante: cometemos un grave error en nuestra definición habitual del tiempo, es decir, en nuestro tiempo aparente. El tiempo aparente está mal definido.

Como los IET son verdades absolutas, necesariamente cumplen con los axiomas de la Razón; sin embargo, ¿cumple la Realidad en su conjunto con el axioma de la validez de las teorías?, ¿puede la Realidad autocontradecirse, como afirma la Ciencia? Es obvio que no, porque la Realidad es un ser real y, por tanto, una verdad absoluta, pero, aun así, veámoslo de una forma más analítica, menos elegante. La cuestión es, entonces, ¿puede un IET contradecir lo que afirma otro IET? Ahora bien, decir No() a lo que afirma un IET —sus dimensiones— es lo mismo que negar la existencia de esas dimensiones, por lo que, si existiera un IET negado por la Realidad, entonces sería un IET que tendría dimensiones por ser un IET y que no tendría dimensiones por ser negado por otro IET —o por él mismo—, todo lo cual es absurdo. Todos los IET se afirman a sí mismos y si suponemos que hacen alguna otra afirmación solo puede ser sobre otros IET; pero como esos otros IET ya se afirman a sí mismos esa suposición es necesariamente redundante, que es lo contrario de ser contradictoria. Un IET es solo una cantidad de espacio-tiempo que nada real relaciona con otra cantidad de espacio-tiempo.

Los IET son, pues, afirmaciones que no pueden contradecirse entre ellas. En definitiva, la Realidad es un conjunto —finito, dado que lo infinito es un disparate— de verdades absolutas, que podemos considerar una fuente de verdad —la fuente de verdad de la Realidad o FdVR— derivada del criterio de verdad (CVR): *X es real si y solo si X es un IET*.

Otra importante consecuencia es que, *dado que los IET no hacen afirmaciones sobre otros IET, el CVR no incluye reglas de inferencia y, por tanto, en la Realidad no existen reglas de inferencia*. Así que los fenómenos que el entendimiento define en el mundo material son cosa exclusiva del entendimiento que intenta así crear afirmaciones útiles. *No existen leyes del universo real, solo hay aparentes leyes del universo aparente*. Y si existen esas apariencias de leyes, solo puede ser porque la Realidad sea demasiado grande comparada con el número de IETs intrínsecamente distintos que existen. Pero no porque la Realidad obedezca ley alguna, sino porque, de hecho, es mucho más homogénea —casi toda es vacío, incluso la materia está casi toda vacía por dentro— y, por tanto, es mucho más redundante de lo que cabe esperar de un enorme conjunto de cosas agrupadas sin regla alguna. Así que, dado que el entendimiento es capaz de imaginar una realidad mucho más compleja que la que existe, también podría entender una realidad mucho más compleja que la que existe. Veremos que *esta homogeneidad del espacio-tiempo tiene relación con el escaso número de dimensiones que necesariamente tiene la Realidad:* solo cuatro, tres de espacio y una de tiempo, y, por lo tanto, *proviene de la relativa sencillez de los átomos de espacio-tiempo (AET)*. Unos átomos que necesariamente existen porque el número de IETs es necesariamente finito. Según Parménides —que no comprendió que la continuidad es absurda—, el todo es indivisible, con lo que solo existiría un IET, pero si fuera así no habría apariencias.

Las leyes científicas son reglas inventadas por el entendimiento a partir de las redundancias que hay en la Realidad. Pero nada obliga a la Realidad a ser siempre redundante porque no hay una realidad de la Realidad; es decir, porque no hay un mundo trascendente, de ahí las inconsistencias que a veces encuentra la física de partículas. Es más, si nunca se encontraran inconsistencias en el mundo material, especialmente en el ámbito de la mecánica cuántica, que es el ámbito material más cercano a los AET y, por tanto, a la Realidad más básica, entonces es cuando tendríamos un enorme problema teórico que resolver. O sea, *la naturaleza de la Realidad predice la muy probable existencia de esas inconsistencias en las apariencias*.

El mundo real es una FdV absoluta, así que es perfectamente cognoscible. Otra cosa es que vayamos alguna vez a conocerlo por completo. Y al ser una FdV absoluta, todas las afirmaciones que puedan derivarse de ella son verdades absolutas. Y aunque el mundo material ni siquiera sea una FdV, ya vemos que tiene una íntima relación con el mundo real, a lo cual se suma otra relación, que veremos en el siguiente apartado, una función biológica cuyo dominio es la FdVR y cuyo codominio es la FdVM, o sea, la absurda FdV del mundo material. Por tanto, conocer el mundo material sirve para conocer el mundo real, o por lo menos para hacer hipótesis sobre él. Pero lo más importante es que conocer el mundo real sirve para conocer el mundo material, incluso para conocer verdades absolutas sobre el mundo material, lo que por fin dotará de verdades absolutas a la Ciencia.

El peor problema que hay al intentar comprender el mundo material mediante el real es que el entendimiento no tiene, en principio, ningún criterio para hacer hipótesis sobre los IET subyacentes a los objetos materiales. Hay tantos IET que no sabemos por dónde empezar. Así que antes de intentar comprender los objetos materiales nos conviene entender un poco mejor la Realidad última (los AET), es decir, averiguar cosas sobre los IET elementales de los que están compuestos los IET que conocemos. Con los IET que hasta ahora conocemos, el entendimiento puede expresar la Realidad de muchísimas formas, lo que significa que, aunque todos los IET forman una FdV de la Realidad, nos conviene expresarla con una FdV que no afirme redundancias innecesarias como los solapes entre IETs. Parece buena idea escoger como FdV el conjunto de los IET que no son divisibles en otros IET, es decir, la FdV de los AET; ya que así disminuyen drásticamente tanto el número de afirmaciones necesarias para describir la Realidad como la arbitrariedad de esas afirmaciones.

Pronto hablaré de esta FdVR óptima (FdVRo), la Realidad contemplada desde aquellos IET que se eligen a sí mismos: los átomos de espacio-tiempo, los AET; el punto de vista más sencillo y sin intrusión alguna por parte del entendimiento; lo que nos permitirá averiguar sorprendentes verdades absolutas sobre el mundo material que no solo interesan a los físicos, sino a todo el mundo y mucho.

Quiero insistir en que no solo el entendimiento conoce el espacio y el tiempo, también los instintos lo conocen. En otro caso, nuestros genes no podrían construir la geometría de nuestro cuerpo o determinar la frecuencia de las pulsaciones de nuestro corazón; tampoco los bebés sabrían mamar.

Obviamente, el entendimiento utiliza la imaginación del espacio y el tiempo para crear conocimientos y operar con ellos; pero eso no implica, como pretende Kant, que el espacio y el tiempo sean cosas que no existen en otro sitio que en la imaginación —en la suya, claro—. Restringir el espacio-tiempo a solo una facultad de su entendimiento es una patética y psicótica manera de hacer pasar su imaginación por realidad; la rebuscada forma que encontró Kant de que su cristianismo no se derrumbara. En fin, creo que su teoría solo es una herramienta de la lucha contra su miedo a lo que, de manera inconsciente, ya sabía: que el dios cristiano es un disparate; lucha muy habitual entre cristianos inteligentes. Algunos superan ese miedo y se acaban riendo del dios Dios, convirtiéndose así en 'superhombres' nietzscheanos y otros no, quedándose entre los 'últimos hombres' que describió Nietzsche. Lo siento por Kant.

4. Las apariencias o mundo material

El entendimiento puede crear seres ajenos al espacio y al tiempo por el sencillo expediente de negar en sus definiciones que estén compuestos de espacio o de tiempo. El problema es que por mucho que se consiga así definir algo, son seres que no pueden existir, porque todo lo que existe está compuesto de espacio y tiempo. El caso más general en el que incurrimos en este error es cuando creamos objetos materiales mediante definiciones que extraen el tiempo de la definición que hace la Realidad, de forma que lo construido consiste en solo espacio. Los objetos materiales son muy útiles, porque al no estar fijados a ninguna coordenada temporal pueden predecirse a partir de otros objetos materiales y elegir la conducta adecuada para que, dada una situación, aparezcan los objetos materiales que deseamos que aparezcan o desaparezcan los que queremos que desaparezcan; cosa que no puede hacerse con los IET porque están fijados a sus coordenadas espaciotemporales con lo que no conocemos ningún IET futuro y los pasados no son reutilizables para calcular un futuro en el que, con toda seguridad, esos IET ya no están. Conocer el futuro a partir del presente implica conocer una función que asigne objetos de un dominio de situaciones presentes a un codominio de situaciones futuras. Pero por muy bien que conozcamos los IET presentes y, por tanto, el dominio de la función y, por mucho que sepamos que el codominio de cualquier situación futura estará compuesto también de IETs, dado que en la Realidad no hay reglas de inferencia, no podemos conocer de ninguna manera esos IET futuros y, por tanto, desconocemos el codominio de la función, siendo entonces imposible crear la función de conocimiento útil (FCU), lo que hace imposible el cálculo del futuro. Este es el motivo biológico por el que todos los sistemas de conocimiento, especialmente el entendimiento, intentan definir seres más útiles que los seres reales. A los organismos no les interesa la realidad de sus seres, sino solo su utilidad práctica. También para manipular el futuro los humanos construyen dioses, otra cosa es que con los dioses sea posible manipular el futuro. El razonamiento podría ser «sí, los objetos materiales son absurdos, pero son útiles». El razonamiento religioso es parecido, pero con otro defecto más: que, además de ignorar la validez, ignora también la fiabilidad. «Sí, es ridículo pedir cosas a no se sabe qué, al cielo, una piedra o un trozo de madera, pero ¿y si fuera útil?».

La propia razón solo apareció y solo la utilizamos por su utilidad biológica. El problema es que el hacer uso de la Razón es a veces difícil, hay que invertir mucho tiempo y esfuerzo en perfeccionar las afirmaciones que se nos ocurren para convertirlas en racionales, lo que puede ser poco eficiente. Por ello, como animales superoportunistas que somos, preferimos tomar caminos más eficientes, más empíricos, aunque sea a costa de que puedan ser irracionales. Pero, dado lo imaginativo que es el entendimiento, si estos caminos empíricos que el entendimiento inventa no han sido criticados lo suficiente por la Razón, no solo pueden llegar a ser inútiles, sino también contraproducentes. Cuando la validez y la fiabilidad de las afirmaciones están descontroladas, su utilidad es azarosa e improbable.

La forma biológica básica de crear un ser imaginario útil sin alejarse mucho de los IET es definir como seres a las sensaciones que proporciona un IET, pero eliminando su posición en el tiempo, de forma que esa sensación, así operada, sea reutilizable. Este concepto ampliado de sensación, que ya no es propiamente una sensación, se convierte así en un objeto material elemental. Los objetos materiales del entendimiento se intentan definir en primera instancia mediante definiciones materiales, que en su forma más elemental consisten en definir X señalando IETs que dan lugar a sensaciones, pero intentando eliminar la posición en el tiempo y en el espacio de esas sensaciones y dejando como propiedad definitoria, como ser, una estructura espacial determinada, *grosso modo,* y sin ubicación espaciotemporal propia, de lo que surgen las ideas de transformación y movimiento. Los primeros objetos materiales del entendimiento se crean señalando varias veces con el dedo y acumulando así ejemplos de sensaciones distintas de lo que entendemos por «ser X», de manera que la intuición —un órgano irracional que coopera con el entendimiento— analice e integre todas estas sensaciones en un solo ser imaginario. El resultado es la definición fallida de un ser que parece que se repite en el espacio y en el tiempo. Algo que por mucho que el entendimiento tome luego por el descubrimiento de algo real, en realidad, es una invención de su intuición. Ese objeto no es un ser real, sino un objeto material, un falso ser, mal construido por la intuición a partir de sensaciones.

Sin embargo, a veces parece que el entendimiento hace definiciones sensuales, cuando, en realidad, está haciendo definiciones de objetos materiales. La múltiple repetición de señales de lo que es X de las definiciones materiales solo suele ser necesaria cuando intentamos definir lo que llamamos un universal, como «caballo», «río», etc., ya que nuestros instintos conocen objetos materiales; así que para definirlos suele bastar una sola definición sensual, o sea, suele bastar con señalar algo una sola vez, como cuando el vaquero se señala a sí mismo y le dice al indio «Smith». Aunque esta definición de Smith técnicamente sea una definición sensual, en realidad es una definición material, ya que ningún humano considera necesario que cuando Smith se sube al caballo, cambiando así de forma y de posición y, por lo tanto, siendo distinto del Smith señalado, vuelva a señalarse con el dedo y repetir «Smith» para seguir siendo considerado Smith. Por tanto, tal definición sensual es, en realidad, una definición material, al menos por parte del indio al seguir llamando Smith a lo que él mismo ve que es distinto de Smith, tal como le había sido definido. Las diferencias —las distinciones entre un Smith y otro— se atribuyen a un disparate: los movimientos de Smith. O sea, al error lógico que comete el indio —y todos nosotros— lo denominamos movimiento de Smith.

La utilidad de los objetos materiales —como Smith— y los puramente imaginarios —como caballo, construido en base a caballos materiales— es que ya no dependen de una posición específica ni en el espacio ni en el tiempo, como les ocurre a los IET, y, por lo tanto, pueden servir tanto de dominio como de codominio de una función de conocimiento útil. Claro que, si el múltiple ser X de las definiciones materiales se considera un conjunto de IETs y, por tanto, un ser real, se vuelve a perder su utilidad porque nada dice del futuro. Así que lo que, en realidad, construimos con esa operación de la intuición o de los instintos no es el conjunto de los seres reales señalados, sino las similitudes que encontramos en esas sensaciones, algo que no depende del espacio-tiempo concreto de ningún IET, sino de lo que los organismos consideran similar por motivos evolutivos de su especie.

El que seamos capaces de hacer una definición material mediante una única definición sensual solo es posible porque ocurra un fenómeno muy importante: los objetos materiales no se construyen a partir de IETs cometiendo errores fortuitos, sino cometiendo un error sistemático. Los objetos materiales se construyen a partir de los seres reales incurriendo una y otra vez el mismo error, realizando siempre las mismas operaciones mentales sobre la Realidad. Esto implica que el mundo material es una función del mundo real. Por tanto, no podemos ignorar a los objetos materiales porque son una importantísima fuente de información sobre el mundo real. Es más, salvo por lo que podamos especular sobre los propios IET, no tenemos otra fuente de información sobre la Realidad. Aun así, veremos que eso poco que todavía es posible saber de los IET por sí solos es de una importancia inesperada y extraordinaria. Algo que cambiará la concepción del universo que tiene la Ciencia; incluso la concepción que tiene la gente de su vida, de lo que implica su muerte y, claro está, de sí misma.

Podemos señalar el río en el que nos vamos a bañar y decir: «Eso es el río Guadiana», entonces estamos señalando un IET, algo que es un ser y cuya existencia es una verdad absoluta; el problema es que el río Guadiana material no es eso que hemos señalado con el dedo, porque si lo señalamos otra vez estamos señalando un IET distinto al señalado antes, insistiendo en que también es el río Guadiana. Dos cosas distintas no pueden ser la misma cosa y, por tanto, nuestro objeto material río Guadiana es un absurdo que no hemos señalado de ninguna forma porque es imposible de señalar. Al contrario de lo que pensaba Aristóteles, los físicos actuales y hasta nosotros mismos, los objetos materiales no pueden señalarse con el dedo. Y lo que es peor, ni siquiera pueden imaginarse, porque la imagen mental de un objeto material es una sensación imaginada, procedente de algún IET. El problema no está en el mundo real, el mundo real son los IET y ellos no se contradicen, el problema está en que la construcción que hacemos es auto-contradictoria; cosa que no nos ocurre con los IET porque con el paso del tiempo no es posible señalar el IET señalado antes. El tiempo los separa de ser la misma cosa, así que no puede haber contradicción.

Si hablásemos del Guadiana entendiendo que es todos los IET que lo componen, los de su pasado, presente y futuro, el Guadiana no se transformaría, sería una cosa idéntica a sí misma como lo son todos los IET. Entonces sí que el Guadiana sería un ser real. Pero cuando hablamos del Guadiana como un objeto material insistimos en que todos esos IET pasados, presentes y futuros son la misma cosa, cuando es evidente que son cosas distintas. Por tanto, el Guadiana no existe como ser que se transforma, pero sí como un conjunto de seres que no se transforman. Al señalar al Guadiana, creemos que señalamos un ser que se transforma, cuando, en realidad, señalamos uno de los muchos seres que compondrían el Guadiana real si lo definiéramos de manera racional. En la práctica, no estamos señalando un absurdo, sino algo real, señalamos una de parte del Guadiana real y, por tanto, estamos señalando no el Guadiana real completo, pero sí una parte de él que es tan real como todo él. Nuestra concepción del Guadiana es un error, pero es solo un error nominal. Si en la práctica nos referimos al Guadiana señalándolo con el dedo, entonces, en la práctica, el Guadiana es un ser real cada vez que nos referimos a él, aunque obviamente estemos hablando de cosas distintas, o sea, estemos redefiniendo «Guadiana».

En resumen, el Guadiana es un ser real solo con cambiar su definición y para ello hay dos opciones. La primera es definirlo como el IET que señalo con el dedo —como hizo Heráclito—, entonces señalamos un ser real que redefinimos cada vez que señalamos distintas cosas y decimos que son el Guadiana. En consecuencia, lo que antes entendíamos por Guadiana no puede ser ya el Guadiana, sino otra cosa. La segunda opción es definir el Guadiana como todos los IET que lo componen desde su origen geológico hasta su desaparición —al estilo de Parménides—. Entonces cuando señalamos con el dedo el Guadiana solo señalamos una pequeña porción del Guadiana que es tan real como el Guadiana, pero no señalamos el Guadiana propiamente dicho. El problema es que estos Guadianas reales, tanto los innumerables Guadianas minimalistas como el Guadiana maximalista, no son útiles para predecir el futuro.

Nuestro error de concepto sobre el Guadiana nos lleva a afirmar cosas absurdas como que el Guadiana se transforma, pero también puede suceder que al afirmar cosas sobre este absurdo Guadiana material, estemos afirmando cosas que no sean absurdas sobre el Guadiana real, por lo que no podemos descartar de la Realidad a los objetos materiales, como hacen los idealistas. Los objetos materiales, en teoría, son siempre absurdos, pero, de hecho, no siempre lo son, a veces son seres reales.

Todo esto también puede verse como un malentendido del entendimiento que convierte el tiempo real —una dimensión de lo existente— en tiempo habitual —una AAA que transforma unas cosas en otras—. El tiempo habitual es una AAA del tiempo real que afecta a los objetos materiales porque *todos los objetos materiales —las apariencias— se transforman con el tiempo habitual, en lugar de extenderse por el tiempo real, como les ocurre a las cosas realmente existentes*. El problema fundamental que hay entonces para comprender la Realidad es la errónea traducción que hace el entendimiento del tiempo real al concebirlo como tiempo habitual. Un tiempo real que el entendimiento malinterpreta sistemáticamente transformando los seres reales en objetos materiales.

Sin embargo, creamos los objetos materiales siguiendo siempre las mismas reglas que proyectan el espacio-tiempo real en espacio material y tiempo habitual, de manera que al percibir un mundo material construido con espacio y tiempo habitual percibimos una proyección distorsionada por el entendimiento del mundo real, compuesto por espacio y tiempo real.

Nótese la brillante intuición de Platón con su famoso mito de la caverna. Su error fue que no estamos situados de espaldas a la Realidad, sino frente a ella. Para percibirla solo tenemos que quitarnos las distorsionantes gafas que nosotros mismos nos hemos puesto que convierten el tiempo real en tiempo habitual y no hacer lo que él: enfurruñarse con el autoengaño y vengarse de la Realidad poniéndose de espaldas al mundo real. Por cierto, una buena descripción de lo que es el Idealismo.

Los objetos materiales se refieren a IETs y relaciones entre IETs que estos sistemas suponen que se repiten en el tiempo. Así conocen, por ejemplo, que lo que parece el río Guadiana parecerá que tiene agua cuando nos acerquemos más a él y también que si parece que se bebe el agua del Guadiana parecerá después que quita la sed. Los objetos materiales son muy útiles porque sin ellos no hay conocimiento del futuro; el río Guadiana no existiría en el futuro y de nada serviría conocer que su agua quita la sed.

Pero hay otro tipo de seres con los que construimos conocimientos muy importantes sobre el entorno: los universales. Los universales son disparatados conjuntos arbitrarios e imaginarios de objetos materiales. Son disparatados porque su supuesta definición no define los elementos de los que constan. Se puede pensar que, aunque los humanos no definamos, por ejemplo, el conjunto de los caballos, este conjunto lo define el entorno, pero no es así, porque el entorno no define caballos. En consecuencia, no están bien definidos, no son seres, sino disparates. Y son arbitrarios por lo mismo, porque no los define el entorno, sino que los definimos nosotros como nos da la gana. Los universales, al ser conjuntos que no son conjuntos de seres que no son seres, obviamente no son seres, sino disparates. Sin embargo, la utilidad biológica de los objetos materiales descansa, en buena medida, en el uso de universales, porque estos permiten extrapolar lo conocido sobre un objeto material a otros objetos materiales desconocidos. Así, el universal «río» —por ejemplo, todo aquello que se parezca al Guadiana— permite extrapolar lo que sabemos del río Guadiana a otro río cualquiera, lo que nos permite saber —hacer la hipótesis de— que el agua del Tajo también calma la sed, aunque sea la primera vez que nos topamos con el Tajo.

En el mundo material, las apariencias futuras se pueden calcular, mejor o peor, a partir de las pasadas. Por eso, en términos biológicos, solo estamos interesados en apariencias y en la evolución con el tiempo de las apariencias. Pero vamos a ver que los seres reales no solo tienen una importancia crucial para explicar las apariencias, sino también para saber qué apariencias no son posibles, de manera que el entendimiento no pierda el tiempo inventando apariencias futuras que, con toda seguridad, nunca nadie percibirá. Y también explican algo que interesa mucho a todos: las apariencias que, con toda seguridad, percibiremos después de morirnos, que no son ni el cielo ni el infierno fantasiosos de los curas, sino algo mucho mejor conocido, algo que nadie conoce mejor que nosotros mismos.

Aunque una apariencia sea algo imaginario que no existe, es un heurístico mejor o peor de otras apariencias que, aunque tampoco existen, nos parece que pueden existir como apariencias en algún otro lugar y momento futuro.

Y el que estas apariencias aparezcan luego, solo puede ser porque en el espacio-tiempo que hay detrás de todas las apariencias existan ciertas regularidades que, junto con lo sistemático de los errores del entendimiento que traducen la Realidad a apariencias, den lugar a esas apariencias. Las FCU son inducciones materiales que no afirman nada seguro, ni siquiera autoconsistente, pero que suelen ser muy útiles a causa de esas dos cosas: por la estructura que tiene el espacio-tiempo, que sí que es real y autoconsistente, y por el carácter sistemático de los errores del entendimiento al crear apariencias.

Dado su origen instintivo, los objetos materiales son verdades virtualmente absolutas, aunque, en realidad, sean absurdos. Absurdos generalmente muy fiables y, por tanto, muy útiles. El mundo material, especialmente el construido mediante el criterio de verdad de la Ciencia, es una verdad corriente fiable y, por tanto, aunque el mundo material no es una FdV porque no cumple con el axioma de validez de las teorías, resulta que cumple bastante bien con el tercer axioma de la Razón, el de la fiabilidad del conocimiento, así que es una aparente FdV. En definitiva, el mundo material, y con él el criterio de verdad de la Ciencia, no es válido, pero es fiable. Y la única explicación de que sea fiable sin ser válido es que sus afirmaciones contengan una buena dosis de Realidad, que es lo que vemos que ocurre.

5. La enorme potencia del entendimiento

Las definiciones imaginarias pueden aspirar a definir objetos materiales, incluso a definir seres reales, pero que lo consigan no lo decide el entendimiento, sino que es consecuencia de la consistencia que tengan esas construcciones léxicas con lo que afirma el entorno real. Por tanto, las definiciones imaginarias —generalmente de universales, mucho más productivos que los objetos materiales— definen seres imaginarios que al ser construcciones léxicas pueden ser casi todo lo arbitrarias que se quiera; incluso las hay más absurdas que los objetos materiales.

El inmenso poder de los seres imaginarios reside en que, aunque recién creados, no tienen valor de existencia, su investigación puede concretar ese valor de existencia en ninguno (disparates), en seres materiales (verdaderos o falsos) e incluso en seres reales y, por tanto, en verdades absolutas.

Pero *los seres imaginarios no pueden ser construidos partiendo de nada, por tanto, a la postre están construidos por el entendimiento* — utilizando el lenguaje— *a partir de objetos materiales construidos, a su vez, a partir de sensaciones y, en última instancia, a partir de los AET.*

Un ejemplo clásico de seres imaginarios a veces considerados reales es el de los números naturales y no me refiero a su conjunto, que, como vimos, no es un conjunto, solo a números concretos. Sabido es que Pitágoras y Platón los consideraban seres reales. Pero los números no son ni siquiera objetos materiales, sino solo seres imaginarios. Los números se aprenden, en primera instancia, señalando IETs con el dedo. Por ejemplo, aprendemos el número 4 señalando cuatro naranjas, cuatro caballos, cuatro piedras, etc., que, si se consideran naranjas, caballos, etc., resulta que ya no son seres reales, sino objetos materiales construidos de manera arbitraria por el entendimiento a partir de IETs. Pero ni siquiera así aprendemos qué es el número 4, sino lo que es «4 lo que sea» y el quitar «lo que sea» y dejarlo en «4» es otra operación arbitraria más del entendimiento, que elimina el espacio-tiempo que quedaba en el «lo que sea» para dar lugar a un objeto imaginario que no puede señalarse con el dedo, por mucho que en su construcción hayan intervenido los IET, ya que el entendimiento, arbitrariamente, los ha extraído de él.

Para construir números, el entendimiento extrae todo el espacio-tiempo de la Realidad. Primero extrae el tiempo que hay en los IET para formar los objetos materiales y luego extrae el espacio que hay en los objetos materiales. Los números son, pues, un ejemplo simple y perfecto de seres que no existen, de seres imaginarios construidos eliminando toda la realidad de la Realidad; aunque, de paso, se eliminan también los absurdos objetos materiales, lo que quizá explique que Pitágoras y Platón los consideraran seres reales. Pero, al contrario de lo que pensaban Pitágoras y Platón, los números no son seres reales, sino seres imaginarios de segundo orden, construidos a partir de objetos materiales, construidos, a su vez, a partir de seres reales. Lo mismo ocurre con los universales y los puntos; pero es obvio lo útiles que son todos ellos.

Según la antropología, la historia de la idea de número es más complicada. Parece que es consecuencia de la continua sofisticación de la contabilidad del ganado en Mesopotamia. Dicen que su creación llevó siglos. Aun así, surgió de IETs o, si se prefiere, de objetos materiales, que, a su vez, surgen de IETs. Nótese la potencia del entendimiento para realizar estas útiles creaciones imaginarias y que parte de esa potencia recae en la habilidad del entendimiento para negar lo existente, es decir, en el operador lógico No().

Aunque los animales simples carezcan de una intuición que les permita construir objetos materiales de la misma forma que nosotros, también generalizan sus sensaciones de manera que toman por una única cosa lo que son cosas distintas, creando así sus primitivos objetos materiales. Es más, los animales simples, incluso las células de todos los animales, viven en un mundo puramente material. Algo que les conviene saber a quienes creen que el mundo de sus emociones es un mundo espiritual. Todo lo contrario; solo hay un mundo más material que el de las emociones: el de los instintos. Los objetos materiales de los sistemas de conocimiento simple son más reales que los nuestros, ya que sus definiciones se aproximan más a las sensaciones que nuestros objetos materiales. En cualquier caso, sí existen mundos espirituales, pero sus seres no pertenecen a las emociones, sino al entendimiento. Son los mundos imaginarios de los poetas; el espléndido mundo de dioses, semidioses y héroes de la *Ilíada* y la *Teogonía;* la apacible comarca de Frodo Bolsón; el surrealista país de las maravillas de Alicia; el opresivo mundo mágico de la Biblia, etc., que por mucho que contengan historias que causan emociones son historias imaginarias de seres imaginarios, construidos por el entendimiento y la intuición.

Pero, incluso viviendo en un mundo mucho más real que el nuestro, los animales no consiguen evitar las supersticiones, porque carecen de un entendimiento capaz de criticar lo aprendido. Los animales simples respetan los axiomas de validez —sus objetos y fenómenos materiales son sensaciones generalizadas no vacías y que no se contradicen—, pero no siempre el de la fiabilidad, así que a veces sus objetos y fenómenos materiales no son muy fiables. Algo que, por ejemplo, explota el cuco para que otros pájaros incuben sus huevos y no digamos el hombre. Cuanta más tendencia tiene una especie a las supersticiones, más fácil es amaestrarla. Lo mismo ocurre con la gente, cuanta más tendencia a la superstición, más fácilmente se la convierte en oveja de algún rebaño de mentecatos. La buena noticia es que lo útil no puede alejarse mucho de lo real, lo real impone límites a lo útil. Si lo que se imagina está demasiado lejos de la Realidad es imposible que sea útil.

Un problema que la Ciencia resuelve haciendo experimentos, o sea, poniendo los pies en la tierra a sus imaginaciones al relacionarlas con el mundo material e incluso con el mundo real directamente, ya que los resultados que da un aparato de medida son sensaciones de los científicos. Por eso la Ciencia consigue optimizar la utilidad de sus imaginaciones y a la vez irse acercando a la Realidad indirectamente; por mucho que los científicos opinen que acercarse a la realidad es su objetivo principal, como consecuencia de creer que su docto mundo material y el mundo real son la misma cosa.

Aunque los sistemas de conocimiento simple tengan un contacto más directo con la Realidad, no por eso consiguen que sus conocimientos sean tan útiles como los imaginativos conocimientos de nuestro entendimiento. Este fenómeno está relacionado directamente con la pobreza y falta de flexibilidad de los conocimientos simples. La incapacidad para la crítica de sus propias definiciones de fenómenos es un elemento crucial que se interpone en el avance de sus conocimientos; lo mismo que les ocurre a los cristianos y a la gente supersticiosa en general, aunque esa incapacidad no sea ya natural, sino sobrevenida, causada por padres mentecatos o por pastores de mentecatos. Aun así, incluso los conocimientos instintivos evolucionan, ya que las especies evolucionan forzadas por las críticas que hace el entorno de sus conocimientos, es decir, empujados por la Realidad. Eso sí, el conocimiento de lo que no tiene sentido —por ejemplo, el cristiano— no puede evolucionar, porque es imposible contrastarlo con otra cosa. Es más, no permite que lo critiquen; hasta hace poco, a la mínima crítica se acababa en la tortura y la hoguera. Quizá vuelva a ocurrir pronto.

Estas deficiencias de los conocimientos simples son, en buena parte, consecuencia de que a un sistema de conocimiento simple no se le puede enseñar de ninguna manera lo que «no son las cosas» porque carece del operador No(), lo que hace que los conocimientos simples estén ligados fuertemente a los IET, a la Realidad. Los sistemas de conocimiento simple también crean algo parecido a nuestros objetos materiales, pero solo son sensaciones generalizadas. Estos sistemas no afirman $No(A) = A$, sino $B = A$, o sea, simplemente actúan ante $No(A)$ de la misma forma que ante A en aquellos casos en que $No(A)$ tiene similitudes sensoriales con A. El concepto humano de «objeto material» es un producto evolutivo de estas sensaciones generalizadas de los conocimientos simples, por eso somos tan hábiles en definir objetos materiales a partir de una única definición sensual.

Sin embargo, al comenzar la razón a ser consciente de sí misma, se dio cuenta de que $B = A$ era, en realidad, $No(A) = A$. La sorpresa fue tremenda. Fue el gran problema que descubrió Heráclito, que Parménides intentó refutar y que tanto preocupó a Platón, el cual ignoró la solución heraclitea del logos —muy parecida a la de la ciencia moderna— y prefirió la de Parménides —pensar y ser es lo mismo—, que interpretó a su manera —confundiendo ser con existir— dando lugar al Idealismo. Una infantil y muy lamentable solución que, impulsada luego por la Iglesia, pervirtió durante milenios el sentido común de la gente culta y, a través de ellos y ayudada también por la Iglesia, pervirtió el del resto de la gente. Platón salvó la Razón —el axioma de validez de las teorías—, pero a cambio destruyó la posibilidad de que la razón pudiera comprender el mundo. La salvó, pero al desorbitado precio de convertirla en inútil. Una situación ideal para la Iglesia.

Y lo peor es que la Ciencia no ha sabido dar una solución alternativa a esta pésima solución. Ni siquiera se ha planteado el problema. Es más, con la aparición de los objetos materiales indeterminados y, para empeorar las cosas todavía más, su solución ha sido abundar en el absurdo. Hasta hace poco la Ciencia solo hacía caso omiso de que los objetos materiales fueran absurdos y operaba con ellos como si fueran reales. No obstante, las relaciones entre objetos materiales respetaban todavía los axiomas de la Razón. Sin embargo, la mecánica cuántica ha colocado a la Ciencia tan cerca de los AET y, por tanto, de la Realidad que el carácter absurdo de los objetos materiales se ha hecho tan evidente que ha sido imposible de ignorar. Aun así, la solución de la Ciencia ha sido la misma: asumir que la realidad no respeta el axioma de la validez de las teorías —contradiciendo al Idealismo en lo único que el Idealismo llevaba razón hasta que Hegel negó este axioma— y, por tanto, asumiendo que la realidad es incomprensible; dándole así la razón a Kant, con las inquietantes consecuencias que ello tiene.

Según se desprende de lo que afirma la Ciencia, la razón no puede comprender el mundo material, el supuesto mundo real. La derrota de la razón científica no puede ser ni más completa ni más humillante. La Ciencia ya negaba el PVA al considerar que los objetos materiales son reales. Pero era un problema restringido a los objetos materiales, dado que el absurdo no se propagaba más allá de ellos porque las operaciones que se hacían sobre los objetos materiales respetaban ya los axiomas de la Razón. Las consecuencias estaban, pues, bastante acotadas. Pero al toparse con el problema de la indeterminación de ciertos fenómenos materiales, la Ciencia lo ha resuelto con una nueva negación del PVA. En principio, parece que también está restringido a la mecánica de partículas, pero nótese que todos los objetos materiales están compuestos de partículas. Así que este nuevo absurdo ha abierto una puerta muy peligrosa al Idealismo e ignoramos hasta dónde se extenderán sus consecuencias. Vivimos en un momento crucial para la humanidad porque vuelve a estar en juego el porvenir de la razón.

Por otro lado, ¿cómo es posible el mundo imaginario?, ¿de dónde salen los números, las sirenas y los dioses? Como muchos objetos imaginarios ni siquiera pertenecen al mundo material, su existencia solo puede ser consecuencia también de la enorme potencia del entendimiento; el cual es capaz de negar, quitar, juntar, cortar y pegar, separar y deformar arbitrariamente los objetos materiales, construyendo así pretendidos objetos materiales que no son objetos materiales. Por ejemplo, si imaginamos el torso de un hombre y el cuerpo de un caballo y los pegamos, obtenemos un centauro, que, aunque no es un objeto material, procede de operaciones del entendimiento sobre dos objetos materiales. Y no hay mejor manipulador de objetos materiales que el lenguaje, porque este ni siquiera necesita imaginar algo, le basta con hacer afirmaciones sintácticamente correctas; incluso a veces le basta solo con insinuarlas, como en los casos que vimos de la mayoría de las definiciones de «infinito». El lenguaje es una herramienta fabulosa para construir seres —hacer definiciones y, por tanto, distinciones—, pero el entendimiento abusa a menudo de su potencia intentando que construya lo que es imposible construir. El entendimiento percibe IETs que se definen solos y crea objetos materiales definidos a partir de esos IET. Pero, además, mediante el lenguaje inventa seres inmateriales partiendo de objetos materiales y otros más partiendo de los que ya inventados, etc. Así que el entendimiento, funcionando de manera recursiva, puede inventar imaginaciones compuestas de imaginaciones cada vez más alejadas de la Realidad. Incluso puede decir después que pertenecen al entorno, hipotetizando, con mayor o menor fortuna, que son objetos materiales y hasta cree que estos son seres reales, como en el caso de Platón y Pitágoras con los números, y a la Ciencia con los objetos materiales. Pero es obvio que todos estos errores no se cometen por una falta de potencia del entendimiento para entender la Realidad, sino todo lo contrario, por aplicar un exceso de potencia léxica no controlada por la Razón o por el entorno, que hace que construya falsas realidades; incluso disparates, absurdos o sandeces, construcciones fallidas que nada significan. Aunque esta exuberante inventiva del entendimiento —casi siempre, más bien, de la intuición— no es tan desafortunada como parece, dado que la facultad de construir seres que no ha percibido nunca es imprescindible para poder ir afinando el mundo material, de manera que el futuro sea predecible de una manera cada vez más perfecta y sutil. Ahora bien, como la utilidad de un conocimiento está relacionada con la Realidad del entorno, una utilidad creciente ha de converger necesariamente a la Realidad. Esto significa que los objetos materiales y los seres imaginarios de la Ciencia convergen a seres reales; el problema es la frontera entre ambas cosas, el salto cuántico entre utilidad (verdad corriente) y Realidad (verdad absoluta) cuando la verdad corriente está muy cerca ya de la absoluta. Un salto entre el mundo material y el real que pronto comenzaré a explorar.

6. Pinceladas sobre la realidad en nuestra cultura

La posición más pesimista sobre la realidad es la del escepticismo radical, que afirma que nada es real y, por tanto, que nada existe, que todo es invención de nuestra imaginación o de *Matrix*. Sin embargo, lo que, en realidad, propone así el escepticismo radical es que existe nuestra imaginación o existe *Matrix*, que nuestra imaginación o las máquinas de *Matrix* son la realidad. Resulta conmovedor que esta forma de pensar se autocontradiga tan rápida y contundentemente. El escepticismo radical es inconsistente, dado que conocemos apariencias, tiene que existir una realidad de la que sean apariencias, aunque se desconozca.

Descartes, el padre del Idealismo moderno, comienza a pensar con una postura escéptica sobre la realidad, pero al final se precipita al declarar a su imaginación como objeto real, ¿y por qué no *Matrix*?, las máquinas de *Matrix* no hacen otra cosa que pensar la existencia de todo el mundo.

En una posición opuesta a los escépticos radicales, se encuentra el obispo George Berkeley, que considera que *esse est percipi,* donde por *esse* (ser) entiende 'existir', con lo que viene a decir que 'existir es ser percibido', algo que se parece a decir que existir es ser un objeto material o incluso a que existir es ser un IET. Si dijera esto último, no podríamos disentir de lo que afirma el obispo; el problema es que Berkeley no entiende por «percibir» lo mismo que nosotros. Berkeley considera que no solo se perciben los objetos materiales, sino que también se perciben las ideas. Es decir, Berkeley dice que los seres imaginarios también se perciben y que, por tanto, son entorno material. Sin embargo, los seres imaginarios no pueden señalarse en el entorno. Para que un ser imaginario sea real, ha de poder señalarse en el entorno, o bien directamente con el dedo, o bien indirectamente con medidas de aparatos que pueden señalarse con el dedo. Es verdad que podemos imaginar que nuestro dedo es también algo imaginado, que la distinción entre nuestro entendimiento y nuestro entorno es también algo que imagina nuestro entendimiento y, por tanto, que, como decía Descartes, lo único que con seguridad existe es el entendimiento —el suyo, claro—. Pero es mucho imaginar. Imaginar que el entorno es algo completamente imaginado es uno de esos excesos idealistas que llevan a perder el sentido de la realidad. Salvo los locos, todo el mundo distingue, clara y distintamente, lo percibido de lo imaginado. A no distinguir entre lo percibido y lo imaginado, los psiquiatras lo llaman psicosis, una terrible e inhabilitante enfermedad mental a la que Platón y la Iglesia condujeron a la humanidad y en la que viven sumergidos los idealistas de todos los tiempos.

En lugar de ampliar sin justificación el significado de «imaginar», como hacen por lo general los idealistas, Berkeley amplía sin justificación el significado de «percibir», llegando así al mismo resultado. En lugar de todo imaginación, todo es percepción; no importa cómo se llame siempre que imaginar (ser) y percibir (existir) sea lo mismo, para poder confundir a las atontadas ovejas. La intención de Berkeley de que incluyamos las ideas entre lo existente es pedirnos luego que aceptemos como existentes ideas vacías. Hecho esto, nos vemos obligados a aceptar que lo absurdo y lo disparatado existen y, en consecuencia, nuestro entendimiento queda desmantelado por completo; así se las gastan los sacerdotes. De hecho, entre las personas abducidas de la razón por los curas, es común afirmar que no hay razón para que lo absurdo no exista...

El mayor error del Idealismo es, probablemente, confundir ser con existir, el proponer la psicosis — y, por tanto, la locura— como instrumento para comprender el mundo. Así que Platón cuando cita a Parménides en defensa de la realidad de las ideas dice que este dijo que «pensar y existir es lo mismo», cuando lo que, en realidad, dijo es que «pensar y ser es lo mismo». También el obispo Berkeley pretende que confundamos ser con existir. En consecuencia, los idealistas, salvo por su desprecio a los objetos materiales, no suelen cuidarse de que lo que creen pensar no resulte ser absurdo o disparate; lo sea o no, como creen que lo piensan, también creen que existe. Tampoco tienen ni pueden tener dato observacional o experimental alguno para saber si algo es eterno o no. Simplemente, basan esa eternidad en su intuición. Los números y las ideas les parecen eternos, luego existen; los dioses (los astros) les parecieron eternos, luego existieron. Pero hay ideas que a los idealistas no les parecen tan eternas: las de los objetos materiales, de los que dicen que al no ser eternos ni son ideas ni existen. Pero si los objetos materiales no son ideas, entonces son afirmaciones que ningún entendimiento hace, por lo que serían afirmaciones de la Realidad, dando así la razón a los materialistas; que, como sabemos, tampoco la tienen.

Por su parte, los cristianos afirman que existe algo que no saben qué es ni lo sabrán nunca, ya que dicen que es incognoscible. Aun así, dicen conocer que es incognoscible, omnipotente, infinitamente bueno, infinitamente sabio; que conoce el pasado, el futuro y hasta los más oscuros pensamientos; que creó el mundo, que no le gusta la lujuria, ni la avaricia, ni la ira, ni la gula, ni la soberbia, ni la envidia ni la pereza; ni que la gente robe, ni mate, ni se suicide, ni copule sin consentimiento de la Iglesia, etc., etc. Lejos de ser incognoscible, conocen mucho más de él que de sí mismos. Pero si se afirma que se tienen un montón de conocimientos de lo incognoscible se está cometiendo una contradicción en la definición. Y si, además, esa definición afirma potencias infinitas aparecen también muchos disparates. De esta definición, sin el menor viso de sentido, parte la teología, un cúmulo de sandeces que denominan ciencia de Dios. Me gustaría saber a qué experimentos someten los teólogos a qué para decir que hacen Ciencia.

Yo he descubierto que algo existe si y solo si es un IET. Ni siquiera es posible imaginar algo que no ocupe un intervalo de espacio-tiempo, ya que toda imagen es un algo en el espacio que está un tiempo en nuestra imaginación. Incluso cuando imaginamos un número o intentamos imaginar un universal, seres o disparates sin espacio ni tiempo, utilizamos para ello un espacio imaginado y un tiempo. Quizá por eso Kant dice que el espacio y el tiempo son una forma *a priori* de la sensibilidad, utillajes que necesita el entendimiento para representar la realidad. Pero el espacio y el tiempo son eso y mucho más, son la propia Realidad. El espacio y el tiempo no son solo necesidades del entendimiento, sino necesidades de todos los objetos imaginarios, materiales o reales. *Sin ser un espacio y un tiempo nada existe, ni real ni aparente*. Así que *todo lo que el entendimiento inventa sin espacio o sin tiempo es*, con toda seguridad, *imaginario*. El entendimiento puede inventarlos gracias a la potencia de su lenguaje y, aunque luego lo haga suyo y diga que son juicios *a priori,* los objetos imaginarios y materiales son inventos *a posteriori* del entendimiento, ya que, a pesar de Kant, los seres imaginados solo pueden proceder de la experiencia individual.

Como Berkeley, Kant dice lo inverso que Platón, pero con el mismo resultado. Platón convirtió lo imaginario en real y Kant convierte lo real en imaginario, con lo que el mundo real se convierte en imaginario y el imaginario en real. Un continuo mantenella y no enmendalla del Idealismo. Un tozudo ponerse de espaldas a la Realidad durante milenios. Al contrario de lo que hizo Platón, el primer idealista, que convirtió lo imaginario (las ideas) en real, Kant convirtió lo real (el espacio-tiempo) en imaginario, pero con el mismo fin: permutar realidad e imaginación. Pero hay que reconocer a Kant algo muy importante: percatarse del papel básico que el espacio y el tiempo tienen en la naturaleza de nuestros pensamientos. Claro que no era una idea suya, sino de Descartes. Pero el espacio-tiempo no es solo cosa del entendimiento, sino de todo lo que existe; por eso lo que existe en el fondo de las apariencias (el espacio-tiempo) se impone a mí a pesar de mi voluntad, mientras que lo imaginario lo puedo manipular a mi gusto sin oposición alguna. Puedo imaginar una sirena verde, jorobada y hasta con bigote; pero, por mucho que quiera, no puedo hacer que el semáforo percibido se ponga en verde. La sirena es, pues, imaginaria y el semáforo percibido es real. La sirena está solo en mi imaginación, pero por mucho que también esté imaginando al semáforo hay algo en él que no está en mi imaginación, porque no se pone verde cuando yo quiero; salvo que sea un semáforo imaginado y no percibido, el cual puedo poner de color verde, salmón, fucsia, berenjena o cualquier otro cuando me dé la gana. El semáforo imaginado no existe, pero el percibido algo tiene de existencia.

Los escépticos radicales adoptan la postura opuesta a la de Berkeley. Para ellos cualquier cosa que percibamos es una fantasía del entendimiento —lo que los convierte en idealistas—, una apariencia que nada tiene que ver con la existencia. Los escépticos radicales son una especie de imagen especular de los idealistas que no consigue salirse del Idealismo, se limitan a negar la realidad sin aportar nada al conocimiento. De hecho, niegan que el conocimiento sea posible. Lo que lleva a la pregunta: ¿cómo es, entonces, posible que conozcan eso? Los escépticos menos radicales, los que, como Descartes, simplemente utilizan como herramienta de conocimiento la duda metódica, suelen ser, más bien, materialistas, al menos, hoy día. Lástima que los escépticos radicales ni siquiera negando la realidad idealista puesta bocabajo logren enderezarla y solo consigan convertirse en nihilistas. Algo que les ocurre por ¡no ser suficientemente escépticos!

El Idealismo es psicosis, locura, así que nada de lo que afirma tiene el menor sentido. El mundo imaginario está subordinado al mundo material, por mucho que imaginariamente se insubordine. Aunque las ideas pueden ser casi todo lo arbitrarias que se quiera, las sensaciones y los objetos materiales no solo no son tan arbitrarios como las ideas, sino que se muestran reacios a cualquier arbitrariedad del entendimiento. Es obvio que las sensaciones siguen pautas que el entendimiento no les ha dado, ya que se afana por descubrirlas. Por ejemplo, el entendimiento de un hombre puede evocar a placer la idea (imaginación) de una mujer desnuda, pero no puede evocar la apariencia de una mujer desnuda y mucho menos sus sensaciones. Es fácil presentar un centauro en nuestra imaginación, pero un centauro no se presenta en nuestros sentidos, así como así. Todos los objetos materiales se resisten en alguna medida a nuestra imaginación, pero las ideas se someten de inmediato a casi todo lo que queramos. O sea, dado que hay prostíbulos, los seres puramente imaginarios no existen.

7. Haciendo números

Ahora que hemos comprendido que los objetos materiales son creados (definidos) por el entendimiento a partir de sensaciones distintas que se consideran repeticiones de la misma cosa, estamos en condiciones de entender los números desde una nueva perspectiva. ¿Qué entendemos por identidad?, ¿qué entendemos por ser A idéntico a B? Obviamente, el que no es posible distinguir A de B. Pero dado que hablamos de A y de B, ¿no estamos hablando ya de dos cosas que distinguimos? Sí, pero no, porque se trata de dos distinciones diferentes.

Una cosa es la distinción de A y B respecto a la naturaleza de A y de B, que es lo que no es posible distinguir, y otra cosa es la distinción que hacemos de las posiciones de A y de B en el espacio-tiempo. Así que cuando afirmamos que A y B son idénticos, distinguimos A de B en cuanto que están situados en posiciones espaciales distintas, pero decimos que no son distinguibles en cuanto a su naturaleza, a su forma.

Es más, si no existiera el espacio-tiempo que separara unas cosas de otras, solo podríamos distinguir una sola cosa. Ahora bien, tampoco es posible distinguir una sola cosa, porque faltaría al menos otra cosa para que pudiera existir una distinción.

Por lo tanto, **dado que hacemos distinciones, el espacio-tiempo necesariamente existe**. Lo que implica que **cuando hablamos de cualquier cosa, distinguiendo así esa cosa de otras, involucramos necesariamente al espacio-tiempo y, por tanto, a la Realidad.**

En consecuencia, podríamos haber descubierto qué es la Realidad de una manera mucho más elegante, dado que:

1) la Realidad es la causa última de que se puedan hacer definiciones y, por tanto, es la causa última de poder hacer distinciones;

2) el espacio-tiempo es la causa última de poder hacer distinciones.

Conclusión: la Realidad es el espacio-tiempo. Pero no se olvide que para hacer definiciones que consten de más de una afirmación, además de espacio-tiempo, el entendimiento necesita del PVA. Y, como mínimo, del PNC.

Dado que los números son seres sin espacio ni tiempo, los números no se refieren a algo existente y, por tanto, no tienen sentido por sí mismos. Así que para que tengan sentido han de referirse a algo, sea real o imaginario. Y dado que lo imaginario no tiene sentido si no se lo da la Realidad, y por tanto el espacio-tiempo, los números no tienen sentido si no se refieren al espacio-tiempo, aunque solo sea un espacio-tiempo imaginado. Así pues, la aritmética solo tiene sentido si los números se refieren a algos en el espacio-tiempo; lo que responde a la pregunta de Frege sobre si es necesaria o no la referencia al mundo físico para fundamentar la aritmética: sí es necesaria; la aritmética y cualquier cosa.

Voy a dar aquí un primer borrador, algunas ideas acerca de cómo podría fundamentarse la aritmética, que nos ayudarán a entender por qué el espacio-tiempo tiene, y solo puede tener, cuatro dimensiones.

Los objetos materiales son creados por el entendimiento a partir de sensaciones distintas que se consideran repeticiones de la misma cosa. Pero ¿qué ocurre con lo que no se repite, sea ello una sensación —un ser real— o un objeto material —un objeto imaginario—?, ¿qué ocurre con los algos que son distintos de cualquier otro algo, tanto en el mundo real como en el mundo imaginario? Decimos que son únicos, que son uno, que son 1. Obviamente, a lo que no se repite, a lo que es 1, no tiene sentido aplicarle el operador «si A entonces B», al menos en los casos en que A o B es distinto de 1, dado que sería una arbitrariedad. Lo único que podemos afirmar de 1 es «si 1 entonces 1», es decir, solo es posible afirmar que 1 sea una verdad absoluta; lo cual puede ser verdad —si 1 tiene sentido, si es válido, por ejemplo, por ser un AET— o no serlo, pero si es verdad es, obviamente, una verdad absoluta. Ahora bien, si se repite —o nos inventamos que se repite— otro algo idéntico a 1 —lo cual solo puede ser porque esa repetición ocurra en el espacio-tiempo y que, por lo tanto, sea real o se imagine como real—, entonces lo único ya no es único, ahora lo único son el 1 anterior junto con este nuevo e idéntico 1; a ese otro 1 (1') lo llamo 2 —en vez de 1'—. De 2 ya podemos afirmar algo: que puede analizarse en 1 y algo idéntico a 1. Lo que usualmente expresamos diciendo que «2 = 1 + 1», o también diciendo que «1 es un elemento de 2» o que «2 es el conjunto —confusión, o si se quiere síntesis, de dos cosas en una sola cosa— de dos 1». Pero si lo que antes era 1 y ahora es un elemento de 2 vuelve a repetirse, entonces al nuevo 1 resultante (1'') lo podemos llamar 3. Y como hicimos con 2 podemos ahora analizar 3 en 2 y algo idéntico a 1, lo que expresamos diciendo «3 = 2 + 1» o podemos decir que «2 y 1 son elementos de 3», que «3 es el conjunto de 2 y 1» o también que «3 es el conjunto de tres 1». Podría seguir dando nombres a las repeticiones de lo idéntico, pero dejaría de hacerlo en algún momento.

Estas repeticiones de lo idéntico son seres imaginarios —decir que algo se repite es cosa del entendimiento, no de la Realidad— que denomino números. Así que los números son $\{1, 2, 3\ldots, n\}$, en donde n depende del tiempo que cada cual quiera y pueda emplear en crear números.

Y no se olvide que los números solo son algo referidos al algo que sea el 1, un algo que denomino **dimensión** de ese 1. Si el 1 no es algo, entonces ningún otro número creado a partir de 1 es algo. Si 1 es un intervalo de espacio-tiempo, dado que se cumple que «si 1 entonces 1», entonces 1 (ser 1) es una verdad absoluta, pero que los demás números sean también verdades absolutas depende también de qué entendamos por idéntico.

Si por «idéntico» entendemos 'idéntico, indistinguible', entonces los demás números son también verdades absolutas. Pero si entendemos 'similar', entonces solo son verdades corrientes. Y en el caso de entender lo que ni siquiera es similar, entonces los demás números son falsedades corrientes.

A la actitud racional de entender idéntico por idéntico la llamo pensamiento matemático o filosófico. A la actitud, menos rigurosa, de entender similar por idéntico la llamo pensamiento científico, ingenieril, materialista o incluso natural. Pero cuando por idéntico se entiende lo que no es ni siquiera similar, lo que es metáfora o parábola, lo cogido por los pelos, lo llamo pensamiento poético, místico, religioso o incluso mentecato.

Los números tienen una asombrosa propiedad: pueden crearse todos los que se necesiten para referirse a todos los algos que conozcamos o inventemos. Lo que garantiza la posibilidad de conocer el mundo, ya sea el mundo real, el material o el imaginario, dado que todo mundo es finito y se pueden inventar todos los números que se necesiten para todas las dimensiones de todos los seres del mundo.

Convertidos todos los algos en dimensiones y números, ya nos podemos desentender de los objetos materiales —que son absurdos— y de las sensaciones —aunque sean seres—. Deshacerse de los absurdos objetos materiales y los disparates de los universales materiales no es algo baladí, sino que tiene una importancia crucial para que los resultados de los razonamientos tengan sentido. Razonando mediante números, nos libramos de contaminar los razonamientos con absurdos y disparates.

Desde el punto de vista biológico y, por tanto, desde el punto de vista que da sentido a todos nuestros conocimientos, las sensaciones y la repetición —aproximada o exacta— de las sensaciones son la fuente de todo nuestro conocimiento. Del nuestro y del de todos los animales. Y, obviamente, el sentido de las sensaciones proviene de nuestros instintos, los cuales provienen del espacio-tiempo.

Hasta ahora solo he hablado de los números naturales, pero ¿de dónde surgen los números enteros, fraccionales, reales y complejos? Obviamente, estos números no son solo repeticiones de 1, sino que, a esa repetición de 1, generalmente temporal, se le añaden distintos significados, distintas dimensiones, generalmente espaciales. Por ejemplo, los números negativos, y con ellos los números enteros, surgen de la distinción de dos sentidos distintos en cada dimensión del espacio o del tiempo. Así que -1 es el primer 1 que aparece en una dimensión del espacio o del tiempo en el sentido opuesto del de 2. Lo que no implica que se consiga siempre dar significado a los demás números que inventamos. Por ejemplo, ni el cero ni el infinito tienen significado, es decir, no existe una dimensión para ellos. Recuérdese las dificultades que tienen los matemáticos para operar con 0 o con infinito sin decir sandeces.

Por otro lado, los números fraccionales implican una redefinición de lo que es 1, dado que convierten a 1 en muchos unos. Así 3/4 está redefiniendo 1 de manera que 1/4 es ahora 1 y el 1 anterior es ahora 4 repeticiones del nuevo 1. Nótese, entonces, que no puede operarse con números fraccionales, salvo que se redefina 1 más allá de lo que es necesario para dar sentido a ambos números racionales por separado. Así «3/4 + 2/5» solo tiene solución —solo es algo— si se redefine 1 de manera que sirva de 1 tanto para 3/4 como para 2/5. Y, como es sabido, el mínimo nuevo 1 que necesitamos redefinir es en este caso tal que veinte repeticiones de él equivalen al 1 actual. La aritmética de los números racionales implica el análisis de 1 en más 1 de los necesarios para dar sentido a cada uno de los números que se definen. A estos nuevos 1 creados para dar sentido a estas operaciones los denomino conceptos analíticos, dado que analizan algo, dividen algo, en otros algos — reales o imaginarios— idénticos entre sí.

A los números reales no es ya posible dotarles de sentido porque ni redefiniendo uno son algo. Lo cual no es tan grave en la práctica como lo es en teoría, ya que nadie utilizó ni utilizará nunca un número irracional. Cuando decimos utilizar números irracionales, utilizamos, en realidad, números racionales y, además, nos ahorramos redefinir 1. Los números reales son útiles porque con ellos redefinimos 1 automáticamente sin darnos cuenta.

Los números complejos pueden dotarse de sentido si, en lugar de definirse sobre los números reales, se definen como pares ordenados de números racionales con ciertas propiedades.

Estos números son muy adecuados para la Ciencia porque siempre habla de algos concretos, pero los matemáticos intentan definirlos de una manera general, o sea que valga para más de una dimensión a la vez. Voy a intentarlo también aquí. He dicho que un número N cualquiera es algo compuesto de N algos idénticos a 1, que denoto N_1. Ahora bien, puede haber otro algo (otro 1) distinto de 1 por otros motivos, además de por no ocurrir en el mismo tiempo o en el mismo lugar que 1, sino por referirse a una dimensión distinta. Es decir, la dimensión de este nuevo 1 son las dimensiones de los 1 particulares, que para existir necesita de dos dimensiones particulares. Este nuevo 1 compuesto de dos dimensiones sería el 1 abstracto matemático; un 1 que se refiere a cualquier dimensión, pero que para existir necesita de por lo menos dos dimensiones. El 1 matemático necesita, pues, del 2 matemático (dos dimensiones) para existir.

El 1 matemático no es un algo particular, no es un 1 particular, sino un 1 universal, la clase que comprende todos los 1 que existen y, por tanto, que comprende todo lo que existe. Todo lo que existe es, o bien un caso particular del 1 universal, o bien una repetición particular de este 1 universal. Pero no se olvide que a este 1 universal lo dotan de sentido los 1 particulares; es decir, que solo tiene sentido si en el espacio-tiempo existen al menos dos 1 particulares (distintos) y, por tanto, dos dimensiones —el espacio y el tiempo— que le den sentido.

No tiene sentido hablar de números universales si no existen al menos dos algos distintos, no por ser algos que se repiten en distintos momentos o lugares, sino por ser dos algos intrínsecamente distintos, dos algos en dos dimensiones espaciotemporales distintas. Esto es lo que ocurre con el espacio y el tiempo, que son dos algos intrínsecamente distintos —dos dimensiones— a los que podemos asignar unos universales, que en cuanto universales son el mismo 1, pero en cuanto que se refieren a una cosa o la otra son 1 diferentes, lo que permite describir la Realidad mediante números universales —en este caso aplicables a la vez al espacio y al tiempo—.

Al número de 1 particulares necesarios para definir algo elemental —que no está compuesto por otros algos— lo denomino número de dimensiones de ese algo, así que el espacio-tiempo tiene, al menos, dos dimensiones: el espacio y el tiempo, lo que permite hablar del espacio y el tiempo mediante números universales que aplicados al espacio significan algo distinto que aplicados al tiempo. Pero sabemos que no basta con un solo un 1 y sus repeticiones para describir el espacio, sino que se necesitan tres 1 con significados distintos. El espacio tiene tres dimensiones, pero de por qué son tres y no otro número no tenemos de momento —hasta unas páginas después— explicación; solo es una cuestión de hecho, algo que muestran las sensaciones.

En cualquier caso, es obvio que todo algo, o bien es un 1, o bien es una repetición de un 1; o bien es varios 1, cada cual con sus propias repeticiones. O sea que lo que es algo elemental, exista o no exista, puede decirse mediante números y dimensiones. Y esta es la razón más profunda de por qué las matemáticas son capaces de describir el mundo real, dado que el mundo real es algo que existe y que, por tanto, es algo y que, por lo tanto, es 1. Un 1 que veremos que se divide en muchos 1, lo cual podemos simular nosotros mediante números racionales. Y, además, los números también sirven para describir el mundo imaginario porque sirven para todos los algos.

Las matemáticas utilizan los números universales como herramienta para no entrar en el detalle de lo que los algos sean. Así que lo que dicen las matemáticas sobre los números universales sirve después para todos los números concretos, para cualquier algo concreto. Incluso para conocer qué es 1, porque 1 puede suponerse muchos 1 —como ocurre con el espacio, que es tres 1 particulares—. O sea, podemos analizar 1 y quizá encontrar que tiene dimensiones desconocidas hasta entonces.

Pero también podemos integrar dimensiones en nuevas dimensiones. Hemos visto que los 1 distintos pueden originar nuevos conceptos, dado que dos 1 distintos no es un algo que se repite y que, por lo tanto, no es un número. Si pretendemos que sea algo que se repite, tenemos que crear un nuevo concepto que incluya como 1 los distintos 1. Por ejemplo, no pueden sumarse peras con manzanas, así que el intento de sumarlas pasa por inventar un nuevo 1, por ejemplo, fruta. Si, además de ser peras y manzanas, ambas cosas son la misma cosa, frutas, entonces ya son repetición del mismo 1 y entonces pueden ya sumarse. A los conceptos creados de esta forma, bien podemos denominarlos sintéticos, porque son conceptos que juntan distintos conceptos en uno, lo que permite su análisis posterior.

Observemos que al definir 2 como el conjunto de dos 1, estamos definiendo el primer conjunto y, por lo tanto, estamos definiendo el germen de los conjuntos. Pero, además, al definir 2 como $2 = 1 + 1$, estamos definiendo el germen de la suma y al definir 2 también como «2 veces 1» y, por lo tanto, como $2 = 2 \times 1$, definimos el germen de la multiplicación. Al definir los números fraccionales, definimos también el germen de la división. Basta con convertir estas definiciones en operaciones y después generalizarlas para obtener las reglas aritméticas y las operaciones de la teoría de conjuntos —unión, intersección, etc.—. No creo que sea difícil, pero no voy a entrar en ello.

Es obvio que la aritmética y la teoría natural de conjuntos surgen de la propia naturaleza de los números. Y, como los números surgen de la naturaleza de 1, podemos decir, entonces, que la aritmética y la teoría de conjuntos surgen de la naturaleza de lo que es algo, del ser algo, del ser. O sea, la aritmética y la teoría natural de conjuntos son los conocimientos más racionales y generales que tenemos de aquello que definimos de manera consistente y, por tanto, de aquello que llamamos algo.

Pero los matemáticos deberían evitar decir que nada es algo, que la superstición de la existencia de continuidad que generan las sensaciones los llevara a crear los números reales, porque si decimos que nada es algo entonces podemos decir cualquier cosa y nada vale lo que digamos. Si no existe X tal que $X^2 = 2$, pues no existe, ¿por qué empeñarse en decir que existe lo que sabemos que no existe?

Capítulo VI
La estructura de la Realidad

1. La apariencia de contenido del espacio-tiempo

Antes de seguir investigando la Realidad, tenemos todavía un importante problema teórico con los IET: que un IET es solo forma, solo es dimensiones sin contenido. ¿Cómo es posible, entonces, que algunos IET aparenten tener contenido? ¿Qué define, qué afirma ese contenido?. Como solo existen IETs, es obvio que un IET solo puede aparentar contenido porque no sea un IET simple, sino que esté compuesto de cierto número de IETs, cuyas diferentes formas den lugar a su apariencia de contenido. O sea, la apariencia de contenido de un IET solo puede explicarse porque esté compuesto de IET distintos a los del vacío. Y si alguno de ellos sigue aparentando tener contenido solo puede explicarse por lo mismo: porque esté compuesto de IET distintos a los del vacío, etc. Ahora bien, dado que el infinito es un absurdo, es imposible que exista un número infinito de divisiones de ningún IET. Tarde o temprano el análisis de todo IET —aparente o no tener contenido— tiene que finalizar; lo que solo puede ser porque los IET sean ya indivisibles, en cuyo caso no pueden aparentar tener contenido. Estos IET indivisibles y sin apariencia de contenido, a los que ningún otro IET subyace, pero que necesariamente subyacen a todo IET, aparente o no tener contenido, son lo que antes llamé átomos de espacio-tiempo (AET).

Obviamente, la existencia de los AET es una verdad absoluta que ni siquiera necesita de las apariencias para demostrarse, dado que la he deducido de la existencia de los IET y la no existencia del infinito y ambas afirmaciones son verdades absolutas. Además, está la otra demostración más simple que di antes: el número de IETs no puede ser infinito, la continuidad no existe, por lo que el espacio-tiempo es necesariamente cuántico.

La divisibilidad de los IET con apariencia de contenido y la indivisibilidad de los AET son afirmaciones que necesariamente hace la Realidad, verdades absolutas afirmadas por la Realidad. La diferencia fundamental entre los AET y los IET es que estos últimos, aunque se afirmen a sí mismos, los elegimos nosotros como nos da la gana, una arbitrariedad que complica mucho la especulación; mientras que los AET son los que son, que es como decir que se eligen a sí mismos, con lo que no hay arbitrariedad.

Obviamente, los IET sin apariencia de contenido —los IET de vacío— o bien son ya AETs, o bien se componen de AETs. En consecuencia, todos los IET, o bien son AETs, o bien son conjuntos de AETs. Así que, en definitiva, *la Realidad es el IET formado por el conjunto de todos los AET. Conjunto que necesariamente tiene un número finito de AETs.* De la Realidad —el Todo, el universo real— ya pueden afirmarse otras cosas, además de que existe, porque es un IET que aparenta tener cierto contenido; aunque mucho menos del que suele pensarse, porque la *Realidad es,* con muchos grados de precisión, *espacio-tiempo vacío.*

Así que la explicación última de la Realidad y de todos los IET que distingamos dentro de la Realidad son los AET y los AET no tienen ya explicación porque es imposible que la tengan, dado que implicaría que no son AET. *Los AET son la explicación última de la Realidad, son lo que explica todos los IET y, por tanto, son lo que lo explica todo, lo existente e incluso lo no existente*, porque, como vimos, lo no existente es una construcción que hace el entendimiento a partir de IETs. No es entonces que la materia deforme el espacio-tiempo de su alrededor, como dice la teoría general de la relatividad de Einstein, sino que *la materia es ella misma una deformación del espacio-tiempo* respecto al espacio-tiempo vacío; una deformación que se extiende más allá de lo que consideramos materia. Es decir, lo que ocurre es que la deformación del vacío que es la materia no acaba donde acaba la materia. Es más, veremos que incluso el vacío es materia, ya que veremos que tiene masa.

Aunque conocemos los IET de manera instintiva, los científicos los expresan con cuatro números referidos a 4 algos distintos que llamamos dimensiones del espacio-tiempo. Las dimensiones de los AET expresadas con números son la traducción que hace el entendimiento a su lenguaje de las diferencias que sabemos que existen entre los AET, porque si no hubiera diferencias tampoco habría sensaciones, ni sentidos ni entendimiento. Y, en resumidas cuentas, aunque las afirmaciones que hacen los AET no pueden simplificarse, el entendimiento necesita hacer cuatro afirmaciones —tres sobre el espacio y una sobre el tiempo— para hablar de las diferencias intrínsecas —de naturaleza, de forma— que existen entre unos AET y otros. Unas dimensiones que luego podemos integrar dentro de la descripción del conjunto de los AET para hacer una descripción general de la Realidad. La Realidad puede describirse como un enorme conjunto de afirmaciones de cuatro dimensiones con sus cuatro cantidades correspondientes, tres de espacio y una de tiempo. Unas afirmaciones compuestas de cuatro afirmaciones simples que son consistentes entre sí, dado que son dimensiones independientes entre sí e independientes de cualquier otra cosa, es decir, que solo dependen de ellas mismas. Por tanto, la Realidad son afirmaciones de tamaños atómicos de espacio-tiempo que no pueden contradecirse unas a otras. Veremos que una consecuencia de este no afirmar nada un átomo de otro tiene como resultado las indeterminaciones que los físicos de partículas encuentran a veces en sus objetos y fenómenos. Otra cosa es que luego el entendimiento sea capaz de encontrar algunas regularidades entre los tamaños de algunos AET contiguos. Pero esas relaciones, construidas por el entendimiento a partir de los AET, serían solo imaginaciones que crearía el entendimiento para describir las apariencias. Unas apariencias que si existen es porque hay muchos más AET que AET con tetradimensiones distintas y porque las configuraciones de contigüidad entre AET que existen son muchas menos de las que son posibles para el entendimiento.

La Realidad, como el mundo material y el imaginario, puede expresarse mediante números. Ahora bien, los números por sí mismos ya vimos que no son seres reales, sino imaginarios, por lo que podría pensarse que estamos poniendo la Realidad en función de ideas, cayendo así en un Idealismo. Sin embargo, esos números tienen sentido porque se refieren a dimensiones de algo que es una verdad absoluta: el espacio-tiempo.

Es imposible definir un ser real sin incluir el tiempo. Suponer que es posible definir seres reales meramente espaciales es un gran error que conduce directamente al problema de la desconfianza en lo percibido. Es evidente que existir es extenderse por el espacio-tiempo, no solo por el espacio; no existen partículas, solo existen fenómenos, solo existen ondas de espacio-tiempo. Al final, es Huygens quien gana la discusión sobre la naturaleza de la luz y Newton la pierde. No cabe extrañarse, tampoco existen seres reales de dos dimensiones, ni de una ni de ninguna, ¿por qué iban a existir de tres cuando lo real tiene cuatro?, ¿cómo iba a ser posible el absurdo de tener una dimensión de la Realidad con el valor absurdo de cero y, por lo tanto, cumplirse en ellos que una dimensión real no es una dimensión real? *El tiempo es una dimensión de la Realidad, por lo que no basta con el espacio para referirse a algo real.*

2. El problema de la metafísica queda resuelto

La existencia de los AET no es una sandez, como la existencia de la sustancia de Aristóteles o el noúmeno de Kant; tampoco es una ocurrencia psicótica como la existencia de las ideas de Platón; no es una existencia dogmática sin sentido como el dios Dios; ni siquiera es una existencia que no existe, como la de los escépticos radicales, esos idealistas desencantados con el Idealismo. *La existencia de los AET es una verdad absoluta.*

Por tanto, la ἀρχή (arqué, arjé), aquello que existe en toda presencia, que buscaban los presocráticos, la esencia de Platón que buscan los idealistas, la sustancia de Aristóteles, el Dios de Tomás de Aquino, el yo de Descartes, el noúmeno de Kant, etc., son intentos fallidos de encontrar la Realidad que son los AET.

Obsérvese que la ἀρχή, la esencia, la sustancia, Dios, el alma, el yo y el noúmeno son palabras que nada significan en sí mismas, porque no se definen y, por tanto, son disparates; mientras que los AET son espacio-tiempo, algo que tiene significado en sí mismo, ya que no solo el entendimiento conoce el espacio-tiempo, también lo conocen nuestros instintos, los de los demás animales, las plantas, las bacterias; incluso los átomos y las partículas subatómicas lo conocen. Pero nótese que la mayoría de los presocráticos, aunque equivocados, propusieron como realidad cosas conocidas, cosas que no son disparates: el agua, el fuego, el aire, etc.

Todo lo que existe se explica por ser AET o conjuntos de AET, así que el conjunto de todos los AET es la FdV mínima de la Realidad y, por tanto, es la FdV óptima de la Realidad. Los AET son la explicación más sencilla y analítica posible de los IET y, en consecuencia, los AET son la explicación más sencilla y analítica de todas las sensaciones y, en consecuencia, de todos los objetos materiales y, en consecuencia, de todas las imaginaciones.

Obsérvese que en la FdVRo ser y existir es lo mismo, porque todo lo que es algo (todo AET) existe y todo lo que existe (todo AET) es algo: un AET. Adviértase también que ningún AET puede ponerse en función de otra cosa, su definición no depende de otra afirmación que la que hacen ellos mismos. Por tanto, *los AET son seres incondicionados, seres absolutos. Los únicos seres absolutos que existen. El AET es, pues, el ser último que la metafísica ha buscado desde hace 2600 años*.

Hay una importante diferencia entre los AET y los átomos de Demócrito y de Epicuro. Los AET no flotan en la nada, porque la nada es un absurdo, así que tampoco pueden moverse. Pero tienen distintas formas y se encuentran agrupados de distintas maneras, como ya intuyeron estos.

Obviamente, es absurdo hablar de lo que hay entre dos AET contiguos, porque si hubiera algo no serían contiguos. Contiguo a un AET solo puede haber otros AET y toda *la Realidad es un enorme conjunto finito de AET contiguos entre sí*. La *Realidad es compacta* —dado que no existe la nada—, *única* —dado que no existe algo que no sea un IET— *e inmóvil* —dado que es compacta y única—, como descubrió Parménides; aunque *no es continua*, como él pensaba, ya que la continuidad es una apariencia absurda.

Al ser los AET la explicación de todo, los AET no tienen una estructura interna que los explique, así que los AET no son algo por dentro, sino por fuera. Los AET son solo una tetradimensión concreta, una forma espacio-temporal concreta. Y aunque quizá no se llegue a conocer nunca la tetradimensión de ningún AET, eso no significa que sea algo incognoscible, sino solo que su parte proporcional de Realidad es desconocida. Conocemos el espacio-tiempo, por mucho que no sepamos determinar cuánto espacio-tiempo es un AET concreto. Puede que la física sea capaz —si puede construir los enormes aceleradores de partículas necesarios— de dar información sobre las dimensiones o, al menos, del rango habitual de dimensiones, de los AET, pero también puede que sea técnicamente imposible. Aun así, veremos que esas dimensiones están relacionadas con la constante de Planck. Sin embargo, pronto calcularé las dimensiones del conjunto de los AET, o sea, del universo real, del todo real; y explicaré el porqué de la apariencia de expansión del universo, su aparente aceleración, etc.

La metafísica, no como la entiende hoy el Idealismo, la cual no es otra cosa que el intento imposible de inventar conceptos puestos en función de otros conceptos, de tal manera que se consiga no mencionar nunca a la sucia materia —o sea, el quimérico intento de extraer de los objetos materiales su realidad subyacente para convertirlos en ideas puras—; sino entendida como primera filosofía, o mejor como primera física, tal como la entendía Aristóteles, es el estudio del ser en cuanto a ser existente por cuenta propia, del ser en sí mismo —o sea, sin intervención del entendimiento—, la búsqueda del ser absoluto. Hemos visto que ese ser absoluto es el átomo de espacio-tiempo, el AET.

Y antes de Aristóteles, la metafísica fue la búsqueda de la ἀρχή, de aquello que existe en toda presencia, de aquello que existe en todo objeto material. Tales de Mileto dijo que ese aquello era el agua, algunos lo identificaron después con otros objetos materiales; yo lo he identificado con otro objeto material: el espacio-tiempo y, más concretamente, con los AET.

A pesar de que los primeros físicos —y, a la vez, metafísicos porque la ἀρχή, al igual que el espacio-tiempo, es algo tanto físico como metafísico— fueron los presocráticos, a Aristóteles se le considera el primer metafísico por su discusión sobre la sustancia de la que antes hablé. Sin embargo, esa discusión viene en apuntes que él no publicó, pero que sus amigos publicaron después de su muerte bajo el título de *Metafísica* —porque esos manuscritos estaban situados en la biblioteca de Aristóteles detrás de sus obras de física—. La relevancia que luego se ha dado a estos apuntes es obra de la Iglesia; ya vimos la conexión entre las sustancias, las almas y demás supuestos seres invisibles, intangibles, insonoros, inodoros e insípidos. Obviamente, fue la parte de su obra que más interesó a la Iglesia —tanto que hoy día la palabra «metafísica» ha cambiado mucho de significado—. No creo que Aristóteles estuviera de acuerdo con muchas cosas que se ponen en su boca, ya que ni siquiera estaba muy de acuerdo con sus propias especulaciones, dado que no las publicó. Esos escritos solo fueron borradores que muestran su intento de racionalizar las ideas de su maestro Platón, cosa que no consideró haber conseguido, demostrando así lo brillante que era su entendimiento. En cualquier caso, el primer físico y verdadero primer metafísico fue Tales de Mileto, en quien ambas cosas —física y metafísica— son lo mismo, como ocurre también conmigo, que doy carpetazo a la metafísica y, por tanto, soy el último metafísico, a la par de ser el último presocrático, por haber llevado a buen fin las especulaciones presocráticas.

En resumidas cuentas, el verdadero inventor de la metafísica fue Tales de Mileto, con quien compartimos su gloria los demás grandes metafísicos: Heráclito de Éfeso, Parménides de Elea y yo. Heráclito, por plantear el problema de la metafísica —que los objetos materiales no son reales—; Parménides, por descubrir algunas importantes características de la Realidad —aunque se equivocó en otras—; y yo, por descubrir, por fin, la Realidad y resolver definitivamente el problema de la metafísica. Aristóteles fue un hombre extraordinario que investigó muchos temas y puede considerarse padre de muchas ciencias, pero no de la física ni de la metafísica. Fue un hombre muy inteligente y práctico que se ocupó de cosas prácticas. Sin embargo, la Iglesia —y también el islam— se aprovechó de su fama dando un énfasis inmerecido a sus borradores de metafísica, que, además, interpretó desde una óptica mucho más idealista y religiosa que aristotélica.

Con lo que, por mi parte, doy por resueltos la física presocrática, la metafísica y el materialismo filosófico; y por defenestrados, el idealismo filosófico, la teología, el escepticismo y el relativismo. Y seguro que me he cargado alguna cosa más, pero a cambio he dado nuevos horizontes a la Ciencia, que yo mismo voy a empezar a explorar ahora.

3. El espacio-tiempo real (ETR)

La definición de espacio-tiempo que hice tiene un componente biológico —señalar con el dedo— que probablemente no haga mucha gracia a los idealistas y eso a pesar de que las ideas tengan también su componente biológico, histórico, psicológico y hasta sociológico, religioso y político. En realidad, el espacio-tiempo, dado que es conocido por nuestros instintos —y los de los demás animales—, es un conocimiento muy tosco y primitivo.

Vimos que si nuestros instintos no conocieran el espacio-tiempo nada podríamos conocer. Y no solo nosotros, nada puede conocer nada sin conocer el espacio-tiempo. Pero los metafísicos idealistas creo que preferirían una deducción de que el espacio-tiempo es la realidad menos sensual e inmediata, menos física y más metafísica —en el sentido idealista—, más dependiente del diccionario, que se dedujera más del propio concepto de ser real que de la realidad. Es verdad que ya les he complacido cuando lo deduje de la posibilidad de hacer distinciones, pero ahora voy a deducirlo de una tercera forma, que, aunque equivalente, quizá sea más filosófica y que veremos que está a medias entre esas dos deducciones anteriores.

Si llamamos seres reales (SR) a aquellos seres que existen en sí mismos y, por tanto, cuya existencia no depende de ninguna otra cosa, entonces un SR no puede analizarse en otros seres, o sea, no puede tener estructura interna —ni física ni lógica— porque, de tenerla, su existencia dependería de la existencia de los seres que componen su estructura interna y, por tanto, no sería un SR. En consecuencia, los SR son solo formas sin contenido, por lo que por sí mismos no pueden dar lugar a sensación.

Dicho de otra manera, el contenido de un SR es el propio SR. Los SR solo tienen estructura externa —forma, algo en lo que Pitágoras y Platón estarían de acuerdo— y si esa forma no se compara con otra forma entonces no hay distinción que les afecte. A partir de un solo SR solo puede afirmarse lo único que él mismo afirma: que es una determinada forma. Que percibamos apariencias de la Realidad solo puede explicarse entonces porque exista más de un SR, de manera que estas apariencias sean consecuencia no de un único SR que no daría lugar a sensación alguna, sino de la existencia de muchos SR distintos —de distintas formas—, capaces de dar lugar a las distinciones de las que traen noticias las sensaciones. Pero ¿cómo es posible que un ser real sea distinto de otro ser real?, ¿cómo es posible que existan realidades distintas?. El que Parménides no tenga razón —que el ser real no sea único— solo puede ocurrir porque exista alguna afirmación que separe estas dos afirmaciones, de manera que no se refieran a lo mismo, o sea, de manera que la realidad de un SR no sea la misma realidad que la de otro SR.

Esa afirmación que necesariamente existe para que sea posible la multiplicidad del ser real, y con ello para que las apariencias sean posibles, es, como ya vimos, el espacio-tiempo real (ETR). Ahora bien, si los seres reales existen y el ETR existe, ¿qué separa de ser lo mismo a los seres reales y el ETR? Obviamente, no puede ser el propio ETR, por tanto, nada los separa, el ETR y los seres reales son la misma cosa.

En definitiva, los seres reales son espacio-tiempo no solo por motivos biológicos —porque lo afirmen nuestros instintos y los de todos los seres vivos—, sino también por motivos lógicos. Los seres reales son espacio-tiempo real, separados unos de otros por el propio espacio-tiempo real que ellos son.

Antes de terminar este punto, quiero resaltar algunas cosas muy importantes para lo que sigue. La primera que a los SR elementales los he denominado átomos de espacio-tiempo (AET) y que la Realidad es el conjunto de todos los AET. Así que, aunque los seres reales no sean únicos, la **Realidad es única**; cosa en la que Parménides ya sí tiene razón.

Dado que todo lo que existe es un conjunto de AET, los AET no pueden estar separados unos de otros por otra cosa que no sea AETs. En caso en que dos AET estén separados solo por ellos mismos sin que intervenga un tercer AET en esa distinción, diré que son contiguos.

Entre dos AET contiguos no hay algo, porque si lo hubiera no serían contiguos, y tampoco hay nada, porque decir que hay nada es un disparate. Así que hablar de lo que hay entre dos AET contiguos es un sinsentido.

A las distintas maneras que tienen los AET de ser contiguos con otros AET las solemos denominar dimensiones del espacio-tiempo. Y como los AET no pueden ser contiguos con nada en ninguna de sus dimensiones, *ningún AET puede ser ni el primero ni el último de ninguna dimensión del espacio-tiempo.* Por tanto, *ninguna dimensión del espacio-tiempo tiene comienzo ni tiene final en ningún AET.*

Los AET no pueden ser la misma extensión de ETR, porque no habría apariencias: lo percibido sería homogéneo y no existirían sensaciones y ni siquiera sentidos. Por tanto, *los AET no son todos del mismo tamaño.* Dado lo homogéneo que es el vacío, es muy probable que la mayoría sean iguales o casi iguales, pero no todos, ya que no todo es vacío.

Es absurdo afirmar que una dimensión tiene un tamaño nulo. Por tanto, *los AET no tienen ninguna dimensión de tamaño nulo,* sino que son puntos gordos que se extienden en las cuatro dimensiones de la Realidad.

El número de AETs no puede ser infinito, porque infinito nada significa; por lo tanto, *el número total de AETs es finito.* En consecuencia, el conjunto total de los AET, el todo, *el espacio-tiempo total, es finito.*

Ahora bien, si el ETR es finito, ¿cómo es posible, entonces, que ningún AET sea contiguo con nada? En el punto siguiente resuelvo este importantísimo problema, que, a su manera, ya planteó Kant; aunque lejos de resolverlo, lo convirtió en antinomia, o sea, en incomprensible.

3.1 Estructura general del espacio-tiempo real

Veamos ahora por qué no existe contradicción entre un ETR total finito y, a la vez, no limitado por otra cosa que no sea ETR. Consideremos un AET cualquiera que llamo AET_1 e investiguemos una cualquiera de sus dimensiones. En uno de los dos sentidos de esta dimensión, solo hay un átomo contiguo a AET_1 que llamo AET_2 y, si continuamos en el mismo sentido, entonces AET_2 solo tiene un átomo contiguo que llamo AET_3, etc. Llamemos n al número necesariamente finito de AETs que existen siguiendo ese sentido de esa dimensión y llamemos GT a ese conjunto, de manera que GT = $\{AET_1, AET_2, AET_3,\ldots, AETn\}$.

Vemos que todos los AET de GT tienen AET contiguos a la derecha y a la izquierda con átomos de esa dimensión, salvo AET_1 y AETn —donde se acaba GT—, a los que parece que les falta una de las dos contigüidades, al primero a la izquierda y al segundo a la derecha.

Ahora bien, AET_1 y AETn no pueden ser contiguos con nada porque nada no es algo y, por tanto, no es algo contiguo a algo. Kant no vio solución a este problema, pero la hay y es muy sencilla: AETn es contiguo a la derecha con AET_1, lo que resuelve ambos problemas a la vez, ya que entonces AET_1 es contiguo a su izquierda con AETn. Con lo que de paso se cumple con la condición de que ningún AET puede ser ni el primero ni el último de ninguna dimensión.

Pero ¿hay alguna otra solución?. ¿Puede AETn ser contiguo a su derecha con un AET que no sea AET_1?. No, ya que este AET tendría que pertenecer a GT, dado que GT es el conjunto completo de AETs que partiendo de AET_1 hay en esta dimensión; y si ese AET pertenece a GT y no es AET_1, entonces sería contiguo a su izquierda con dos átomos de esa dimensión, lo cual es imposible porque una dimensión solo tiene dos sentidos y si fuera así tendría tres en ese AET. Por tanto, AETn es contiguo a su derecha con AET_1, y AET_1 es contiguo a su izquierda con AETn.

Es obvio que las contigüidades no tienen por qué finalizar en algún sitio porque pueden ser circulares, lo que no tiene fin no necesariamente es infinito, no es necesariamente disparatado, también puede ser redondo, lo que resuelve esa famosa antinomia de Kant, cuya solución ya conocía Parménides. Todos los objetos materiales se cierran sobre sí mismos, desde las manzanas hasta los planetas, las estrellas y las galaxias. ¿Por qué no se iba a cerrar sobre sí mismo el todo?, ¿es que hay otra opción?

Dado que el número de átomos de espacio-tiempo, aunque sea mons-truoso, es finito y los AET solo pueden limitar con otros AET en todas las direcciones del espacio-tiempo, la única estructura que hace posible que se cumplan ambas condiciones, tanto en el tiempo como en el espacio, es una que se cierre sobre sí misma. El todo, definido como el conjunto de los seres reales y, por tanto, como el conjunto de los AET, no solo es finito, sino también, y como dijo Parménides, bien redondo. Decir que la realidad es infinita, como hacen algunos científicos y muchos cristianos —de esos que no han leído a santo Tomás— es un disparate. La repercusión que esto tiene sobre las apariencias es asombrosa. La fascinante verdad absoluta de que la estructura del espacio-tiempo es bien redonda tiene una implicación para el devenir de las apariencias que es extraordinaria y quizá inquietante: dado que el mundo material es una construcción humana a partir del mundo real, entonces también el mundo material es finito y se curva sobre sí mismo formando una circunferencia en el espacio y en el tiempo.

Es más, para llegar a esta conclusión en la dimensión del tiempo, no es preciso averiguar la naturaleza circular del mundo real, basta con pensar sobre las apariencias. El número de apariencias del universo —el mundo material en un momento dado— es finito y, como no es posible limitar con nada, las apariencias del universo aparente limitan en el tiempo con otras apariencias del universo aparente, por lo que llega un momento en que esas apariencias se repiten con el tiempo. Un tiempo que solo tiene una dimen-sión, lo que obliga a que el ciclo sea idéntico al ciclo anterior. En conse-cuencia, el devenir de las apariencias es finito y periódico en el tiempo ha-bitual. Así que al final de los tiempos no vendrá el personaje mítico Elías —o el semimítico Jesucristo, que Saulo de Tarso confundió con Elías— a hacerse rey del mundo por los siglos de los siglos, sino que todo volverá a repetirse. Y algo todavía más chusco: todos los tiempos son, a la vez, el final de los tiempos y el comienzo de los tiempos; también ahora mismo y ni rastro de Elías ni de la creación del universo.

Por lo demás, aunque la existencia de los AET, los IET y el todo son verdades absolutas, su estatus de existencia no es el mismo. La existencia de los AET no proviene de otra cosa que de sí mismos y, por tanto, no es posible elegir uno u otro como ser existente, porque todos son seres existen-tes por cuenta propia. Tampoco el todo puede elegirse de una manera u otra, porque es el conjunto de todos los AET y los AET son los que son y son contiguos en la manera en que son contiguos. O sea, la geometría del todo no puede elegirse, es la que es. El todo es un ser real que es como es. La Realidad es como es. Pero, aunque todos los IET complejos existen, pueden ser elegidos seres por el entendimiento de distintas maneras. Y es esta posibilidad de poder definir los IET complejos de una manera u otra, con un criterio u otro, lo que da lugar a la definición de objetos materiales.

Quizá alguien objete que el espacio-tiempo puede que no sea la única realidad que existe debido a un detalle científico: que las teorías de super-cuerdas (TS) contemplan más de cuatro dimensiones. Sin embargo, al seña-lar con el dedo, obviamente señalamos IETs y estos tienen todas las dimen-siones del espacio-tiempo. Además, la TS no afirma más dimensiones de tiempo, sino, como mucho, otras siete —o diecisiete, según el modelo— dimensiones extra de espacio, que, además, se enroscan muy rápido en el tiempo. Aun así, esas dimensiones extra solo son una interpretación que algunos físicos hacen de ciertas variables matemáticas. Una teoría que, ade-más, supone un espacio-tiempo continuo y que, por tanto, es disparatada. Y, por otro lado, las supercuerdas son seres imaginarios, herramientas que utilizan algunos físicos —no todos— para explicar las partículas elementales y las fuerzas fundamentales. No son objetos materiales y lo más probable es que nunca lleguen a serlo, ya que se necesitarían aceleradores de partículas de fábula para poder observarse. Mucho menos son, entonces, reales. Luego veremos que hablar de un espacio con más de tres dimensiones es un dis-parate, pero obsérvese que si el espacio tuviera más de tres dimensiones macroscópicas, digamos N dimensiones, todos los objetos materiales ten-drían N+1 dimensiones y sería imposible que no las percibiéramos porque tanto nosotros como nuestros sentidos tendrían todas las dimensiones existentes. Es más, aunque no la percibiéramos, las rotaciones en el espacio de los objetos materiales supondrían la continua aparición y desaparición en lo que nos parecería la nada, de sus fragmentos constituyentes, cosa que, lejos de verse continuamente, no se observa nunca. Además, ninguna cien-cia y ni siquiera nuestros conocimientos vulgares sobre el entorno serían posibles si estuviéramos ignorando lo que ocurre en toda una dimensión de la Realidad y no digamos en siete de ellas. También hay que tener en cuenta que las supuestas dimensiones extra de las supercuerdas se describen como anillos tan pequeños de espacio-tiempo que solo tienen sentido como pro-piedades internas de las propias supercuerdas. Y, en definitiva, que salvo que se consiga relacionar las dimensiones extra de las supercuerdas con los AET, dejando así de ser dimensiones extra, será imposible promocionar las supercuerdas a objetos materiales.

Si las supercuerdas no se explican mediante estructuras de AETs —o quizá como simples AETs, como se verá luego—, se quedarán para siempre en seres imaginarios por mucho que consigan modelizar la física de partícu-las, o sea, aunque consigan integrar en un solo ser imaginario los resultados de los experimentos de los físicos sobre las partículas elementales y sus inte-racciones.

A las matemáticas les basta con que sus objetos sean consistentes porque así consiguen hacer razonamientos consistentes, pero pensar que por ser consistentes ya son objetos del mundo material es un típico error idealista. Un ejemplo muy ilustrativo es el uso de números complejos, denominados también imaginarios —¡como si los demás no lo fueran!— en teorías matemáticas que son muy útiles para diseñar circuitos electrónicos, aviones, amortiguadores, pantanos, antenas, dispositivos hidráulicos y muchas otras cosas. Pero por mucha utilidad que tengan los números imaginarios no implica que ellos y el plano imaginario en el que existen existan como objetos materiales y mucho menos como seres reales. Ni los matemáticos más idealistas se atreven a afirmar que existe el número i (la raíz cuadrada de -1). Las supercuerdas, al igual que los números complejos, son estructuras matemáticas que, en el mejor de los casos, permitirán simplificar los razonamientos sobre los resultados experimentales de manera consistente, como hacen los números complejos en sus campos de aplicación; pero salvo que sus dimensiones extra sean una apariencia consecuencia de la cuantización del espacio-tiempo, el percibirlas como resultado de algún experimento y, por tanto, como un objeto material es imposible. Las dimensiones extra de la TS quizá lleguen a ser algún día, como lo es ya el plano complejo, artificios matemáticos útiles para describir el comportamiento de las partículas y las interacciones entre ellas; pero siendo así no serían objetos materiales.

Kant estaba muy equivocado al considerar el espacio y el tiempo como solo formas *a priori* de la sensibilidad, o sea, naturaleza de la imaginación, cuando resulta que son cosas conocidas por todos los seres vivos e incluso por aparatos de medida que no tienen el menor rastro de imaginación. Dejar el entorno sin espacio ni tiempo es una idea ciertamente peregrina, psicótica. Sospecho que Kant era consciente de que, si consideraba el espacio y el tiempo como algo empírico, su Idealismo saltaba por los aires.

Enseguida analizaré la estructura cerrada sobre sí misma del espacio-tiempo, la cual explica la apariencia de expansión del universo, la supuesta aceleración de esa expansión y la radiación de fondo de microondas; pero antes explicaré el absurdo del tiempo habitual.

3.2 El absurdo del tiempo habitual

Para entender el mundo material es preciso comenzar por desterrar de nuestro pensamiento un absurdo que cometemos todos, incluida la física. El entender el tiempo de manera absurda. Hablaré ahora del tiempo habitual, nuestra concepción habitual del tiempo.

El ETR resuelve un curioso problema de los objetos materiales. Si afirmamos que un objeto es idéntico a otro (A = B) y, a la vez, afirmamos que no es el mismo objeto (A ≠ B), cometemos una contradicción, porque dos cosas idénticas no se distinguen y, por lo tanto, son la misma cosa. ¿Qué es, pues, lo que hace que a veces dos objetos idénticos no sean la misma cosa? ¿Qué hace que dos objetos idénticos se distingan? Ahora ya está claro, dos objetos idénticos pueden no ser la misma cosa si y solo si no están en la misma posición de, por lo menos, una dimensión del espacio-tiempo.

Entonces surge una cuestión espinosa con la concepción del tiempo como dimensión física real y la concepción habitual, más o menos imaginaria, que existe del tiempo, incluso en la física. Es sorprendente descubrir que, aunque el concepto habitual que tenemos del espacio respeta el principio de identidad, la concepción habitual del tiempo que tenemos no lo hace. Por tanto, aunque la percepción habitual del espacio puede ser una apariencia material de dimensiones realmente existentes, o sea, un isomorfismo con el espacio real, el tiempo habitual no puede serlo, el tiempo habitual no es un isomorfismo con el tiempo real, lo que implica que el tiempo habitual es una apariencia imaginaria absurda. Y esta absurda concepción habitual del tiempo es lo que nos induce las apariencias disparatadas de movimientos, transformaciones, fuerza, trabajo, energía, causas, etc., etc.

El espacio resuelve la contradicción de la percepción de objetos materiales idénticos y, a la vez, diferentes, como cuando observamos a la vez dos bolas de acero que son idénticas e indistinguibles. Cosas que, por un lado, parece que son la misma cosa y, por otro lado, parece que no. Esta contradicción surge de que lo que percibimos que es diferente en ellas no es algo propio de ellas mismas —dado que las percibimos idénticas—, sino su posición en el espacio. La existencia de la dimensión espacio, que las separa de ser la misma cosa, resuelve, pues, la contradicción de que dos cosas idénticas sean, a la vez, cosas distintas.

Sin embargo, con el tiempo habitual, lejos de resolver una contradicción, la creamos. Concebimos el tiempo habitual como algo que hace que las cosas se transformen en otras cosas diferentes. Ahora bien, dos cosas que ya se perciben diferentes no pueden ser la misma cosa. Si decimos que lo son, nos estamos contradiciendo. Es verdad que es biológicamente útil, pero también es absurdo. Dos cosas distintas no pueden ser la misma cosa por mucho que se justifique la contradicción diciendo que con el tiempo —a causa del tiempo— ha ocurrido una transformación. ¿Qué es una transformación con el tiempo, además de una expresión —mágica y disparatada— para justificar la contradicción?: nada. *Transformarse es ser, a la vez, diferente y lo mismo y, por tanto, un absurdo*. Por muy útil que sea esta concepción del tiempo para ordenar el caos de las sensaciones, creando con ella prácticos objetos materiales, da lugar a vulneraciones del axioma de la validez de las teorías y, por tanto, es absurda.

Al ser una dimensión de la Realidad, el tiempo real no unifica cosas distintas en una sola cosa, ni siquiera cuando son idénticas en sí mismas, sino que separa las cosas en distintas cosas incluso cuando son idénticas en sí mismas, al igual que hace el espacio. Por tanto, mientras que el tiempo habitual es una disparatada función ajena a la Realidad que transforma el mundo presente (la realidad) en otro mundo futuro (otra realidad), el tiempo real es una dimensión más de la Realidad. Dimensión en la que se extienden todos esos mundos —pasados, presentes y futuros— que juntos componen la única realidad que existe. La Realidad es el espacio-tiempo y, por tanto, las cosas reales se extienden en el espacio y el tiempo; no es que solo se extiendan por el espacio y luego el tiempo modifique el espacio que son. Si decimos que el espacio es real y, por tanto, siempre idéntico a sí mismo, es absurdo decir que se modifica.

La teoría de Aristóteles de la transformación describe bastante bien cómo se conciben las percepciones que dan lugar al tiempo habitual. Aristóteles divide los objetos materiales en dos partes, una sustancia que no se percibe y que no cambia con el tiempo (habitual) y una forma de esa sustancia que es lo que se percibe y que es lo que cambia. Astutamente, la sustancia no puede percibirse de ninguna manera, ya que solo es posible percibirla bajo una de sus formas. Si en lo anterior se sustituye «manera» por «forma», la contradicción es obvia. Es una buena intuición de cómo construye el entendimiento los objetos materiales, salvo porque Aristóteles le otorga existencia al ser imaginario (la sustancia) en lugar de otorgársela a las formas (el espacio-tiempo) en las que es percibido, que es lo que existe. La física encontró por fin esa ilusoria sustancia y la llamó energía, de la que, como sabemos, solo conoce sus diferentes formas. El problema es que si la sustancia —y con ella la energía— es algo real, ese algo que es no puede ser distinto de lo que es y algo siempre idéntico a pesar del paso del tiempo es imposible que dé lugar a formas (apariencias) distintas con el paso del tiempo. Si fueran algo real, la sustancia y la energía solo darían lugar a una única y eterna apariencia y no podrían tener formas distintas.

Si nos olvidamos de la sustancia y la energía como cosas existentes, ya que vemos que no pueden dar lugar a las apariencias de las transformaciones y atendemos a nuestra intuición habitual del tiempo, se llega al absurdo de que ¡nada existe! Según esta idea, solo existen las cosas presentes, que provienen de una transformación de las cosas pasadas y a las que seguirán otras transformaciones en el futuro. O sea, solo existen las cosas observadas en una coordenada infinitesimal del tiempo, el presente; todo lo situado en el pasado ya no existe y todo lo situado en el futuro tampoco existe. Y, como el presente lo suponemos en un punto sin dimensiones del tiempo, y lo que no tiene dimensiones no existe, resulta que tampoco existe el presente. Luego nada existe, algo que es imposible porque si nada existiera no habría apariencias. Además, la física afirma que nada de lo que observamos está en el presente, sino en el pasado, lo que, según la concepción del tiempo habitual, implica que la física afirma que no percibimos lo que existe, sino algo que no existe. Afirma que la Realidad es imposible de percibir. Paradojas que obligan a pensar que no se está planteando bien el asunto.

En conclusión, aunque el espacio es una aceptable descripción de algunas dimensiones de la Realidad, nuestra idea habitual del tiempo no lo es. Pero, como en todas las apariencias, hay algo real detrás del tiempo habitual, existe algo de lo que el tiempo habitual es apariencia: el tiempo real. El tiempo habitual es una apariencia del tiempo real, pero no es un isomorfismo del tiempo real. El tiempo habitual es un absurdo a partir del cual el entendimiento y los demás sistemas de conocimiento construyen los disparatados fenómenos que creemos que ocurren en el absurdo mundo material. Y si el absurdo del tiempo habitual es tan persistente y está tan generalizado es porque es biológicamente útil. Y si es biológicamente útil solo puede ser porque, como ocurre con los objetos materiales, se relaciona con algo real.

Dos circunstancias pueden amplificar los errores al contar con el tiempo habitual como una apariencia de lo real. Una cuando se esté muy cerca de los AET, como en el estudio de las partículas elementales, y otra es que la probabilidad de error aumenta cuanto más intervenga el tiempo habitual por acumulación del error, como en la cosmología. Tanto que esta llega a afirmar el disparate de que el universo es una transformación de nada, o sea que el universo y nada son distintas formas de la misma cosa. Que el todo es nada. Un nihilismo tan radical, un disparate de tal calibre, solo se le puede ocurrir a un buen idealista o a un buen cristiano. De hecho, se le ocurrió a un sacerdote francés, Georges Lemaître.

3.3 La geometría macroscópica del espacio-tiempo

Que el todo, y por tanto el conjunto del espacio-tiempo, no pueda limitar con algo distinto a espacio-tiempo no significa que sea infinito, cosa que es un sinsentido, sino que es bien redondo, como con razón afirmaba Parménides. Un ejemplo trivial, pero muy visual es que si en vez de las cuatro dimensiones que tiene el ETR tuviera solo una y, por tanto, todas las cosas tuvieran una única dimensión, todas las cosas estarían en una circunferencia, de manera que sería un todo finito, pero sin límites, ya que la circunferencia es una línea finita en donde todos sus puntos son contiguos con puntos de ella misma.

Se me dirá que la circunferencia, en realidad, se extiende en dos dimensiones y que por eso es posible que se curve sobre sí misma. Efectivamente, y lo mismo le pasa al espacio-tiempo, que tiene dos dimensiones, el espacio y el tiempo, y por eso es posible que se curve sobre sí mismo; el ETR no podría existir, la Realidad no existiría si no tuviera como mínimo dos dimensiones. Lo que implica que las coordenadas de los AET están ligadas por una relación de manera que *dos seres separados en el tiempo están necesariamente separados en el espacio; aunque si están separados en el espacio no necesariamente están separados en el tiempo, porque el espacio es una dimensión que se compone,* a su vez, *de tres dimensiones.*

Intentemos visualizar las contigüidades de los AET. Un AET cuya coordenada temporal sea t, e independientemente de sus propias dimensiones de espacio y tiempo, tiene como contiguos AET cuyas coordenadas temporales están situadas en los instantes t−1 y t+1. Lo mismo ocurre en cada dimensión del espacio; así, un AET en la posición espacial {i, j, k} tiene contiguos los AET situados en {i−1, j, k}, {i+1, j, k}, {i, j−1, k}, {i, j+1, k}, {i, j, k−1} y {i, j, k+1}.

Es difícil representar objetos de cuatro dimensiones en dos dimensiones, así que represento las contigüidades anteriores mediante un cubo que conserva el sentido dimensional de esas contigüidades; para lo cual divido sus caras en cuatro zonas imaginarias, de forma que cada dimensión sea contigua consigo misma. El desarrollo queda:

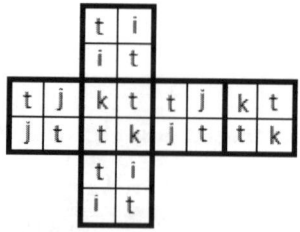

Figura 1

Plegando este desarrollo, represento —parcialmente, por no hacer engorroso el dibujo— las contigüidades espaciotemporales entre AETs:

200											
2											
2	**200**	3	201	202	4	5	203				
1	100	**101**	2	3	102	103	4	5			
100	1	2	**101**	102	3	4	103	6			
100	1	2	**101**	102	3	4	103	113	213		
000	0	1	001	**002**	2	3	003	4	5	223	
0	**000**	001	1	2	**002**	003	3	5	6	7	
0	**000**	001	1	2	**002**	003	3	4	113	123	233
000	0	1	001	**002**	2	3	003	013	123	7	8
010	1	2	**011**	012	3	4	013	023	6	133	
1	010	**011**	2	3	012	013	4	5	7		
2	**020**	021	3	4	022	023	5	6	133		
020	2	3	021	022	4	5	023	033			
030	3	4	031	032	5	6	033				
3	030	031	4	5	032	033	6				

Figura 2

Los números de un dígito representan la posición en el tiempo, así 4 es $t = 4$, y los números de tres dígitos representan la posición en el espacio, así 213 representa $i = 2$, $j = 1$ y $k = 3$.

Se observa que ningún AET comparte con otro su posición en el espacio. Sin embargo, todos los AET, salvo el origen de coordenadas, comparten con otros su posición en el tiempo. Por ejemplo, en la Figura 2 se ve que $\{0, 2, 0\}$, $\{0, 1, 1\}$, $\{0, 0, 2\}$, $\{1, 0, 1\}$ y $\{2, 0, 0\}$ están en el mismo instante $t = 2$. Aunque no esté representado también $\{1, 1, 0\}$, está situado en $t = 2$ y, en general, se ve que los átomos de coordenadas espaciales $\{i, j, k\}$, tal que $i + j + k = t$, están situados en el instante t.

Vemos que puede haber más de un átomo en una misma coordenada temporal, pero no existen dos átomos en la misma coordenada espacial porque, aunque puede haber muchas triplas $\{i, j, k\}$ asociadas a una coordenada t, no hay dos momentos asociados a una única tripla $\{i, j, k\}$ determinada, sino solo uno: $t = i + j + k$. Por tanto, una coordenada espacial determina un solo AET, mientras que una coordenada temporal determina muchos AET.

El que una posición en el espacio señale a un único AET implica que el espacio separa siempre dos AET de ser el mismo AET, mientras que una posición del tiempo puede señalar multitud de AET. Sin embargo, dos AET situados en coordenadas distintas del tiempo están situados necesariamente en distintas coordenadas del espacio. Y dado que el espacio separa siempre dos AET de ser el mismo AET, entonces el tiempo —el paso del tiempo visto desde las apariencias— convierte en distinto todo lo que se percibe, incluso si se percibe idéntico. O sea que, incluso cuando no se perciba ningún cambio en lo observado, el tiempo habitual lo convierte en distinto, dado que el tiempo habitual es una apariencia del tiempo real.

Resulta que la afirmación de Heráclito de Éfeso es una verdad absoluta que va mucho más allá de que con el paso del tiempo se perciba o no alguna diferencia. Aunque no se perciba transformarse a los dioses ni a las almas —los planetas y las estrellas— también fluyen, tampoco permanecen. Ni siquiera los intervalos de espacio vacío permanecen con el tiempo habitual. Así que el tiempo habitual destruye constantemente las identidades que nosotros creamos con solo espacio en un momento dado, porque *no existe algo (ningún AET) que esté en un momento* —en una coordenada temporal— *esté también en otro momento distinto*. Pero no destruye la identidad de lo que existe (los AET), sino que la construye, porque si no existiera el tiempo no existiría ni el espacio ni los AET. *El tiempo no destruye la Realidad porque forma parte de la Realidad*, es más, el tiempo hace posible el espacio y, por tanto, hace posible que inventemos los objetos materiales y sus transformaciones y movimientos.

El haber resuelto esta aparente contradicción entre puntos de vista que han parecido irreconciliables durante milenios —nada cambia versus todo cambia— resulta fascinante para un materialista como yo, porque la filosofía de Platón, y con ella todo el idealismo, se origina, según algunos comentaristas, en el intento —fallido— de Platón de reconciliar a Heráclito con Parménides. ¿Sorprende que tengamos que ser los materialistas quienes resolvamos sus problemas filosóficos a los idealistas? En este caso, nada menos que el problema fundacional del idealismo. El problema responsable de que Platón nos regalara su envenenada solución de la naturaleza de la realidad.

La pésima solución platónica es el origen del más largo e importante error de Occidente. Nada ha traído tanta oscuridad y dolor al mundo. Salvo el cristianismo, que adoptó entusiasmado la parte más absurda y más dañina del cúmulo de sandeces que es el idealismo. El punto final del idealismo no lo puso, pues, Hegel negando el problema de Heráclito, sino yo que, por fin, y negando la solución de Platón, he conseguido alcanzar el objetivo platónico de reconciliar a Heráclito con Parménides: Parménides acierta respecto a la inmovilidad de la Realidad y Heráclito acierta respecto al constante fluir de los objetos materiales. No hay contradicción, dado que Parménides habla de la Realidad y Heráclito de las apariencias de la Realidad.

Si no existiera el espacio, las distinciones no serían posibles y, por tanto, las apariencias serían imposibles. Pero tampoco el espacio existiría si no existiera el tiempo que hace posible que el espacio se curve sobre sí mismo y, por tanto, que sea finito. Así que el tiempo no solo hace posible hasta las más difíciles de las distinciones: aquellas que no se perciben de ninguna manera, sino que sin el tiempo no habría distinciones, ya que ni siquiera habría espacio. En consecuencia, la necesidad más profunda de las apariencias es el tiempo, porque de su existencia depende, en última instancia, que exista el espacio y con él que existan las distinciones. Pretender que podemos burlarle con máquinas del tiempo, agujeros de gusano u otros monstruos materiales o imaginarios es pretender que podemos burlarnos de lo más profundo de la Realidad y del entendimiento (las distinciones), es un pretender reírse del último soporte de nuestras percepciones. *El tiempo es la primera realidad, la parte de la Realidad más simple, profunda y absoluta que existe*. Así que la intuición de Nietzsche que veía la realidad como devenir —una idea que tal vez tomó prestada de Heráclito— no iba desencaminada.

En la Figura 2 ya se ve que, aunque el tiempo real es absoluto, el tiempo observado es relativo. Así, observado desde [0, 0, 0, 0], ocurre que [0, 2, 0, 2] y [2, 0, 0, 2] están en el mismo instante, pero observado desde [0, 2, 0, 2] el AET de [2, 0, 0, 2] está en $t = 4$, o sea, no está en el mismo instante que él. Lo que es simultáneo para uno, no lo es para otro; como dice la teoría especial de la relatividad de Einstein. Pero ya vemos que, *aunque el tiempo aparente sea relativo, el tiempo real es absoluto*.

Dependiendo de t, la ecuación $i + j + k = t$ define un conjunto de átomos u otro; y si t es muy grande, el conjunto de triplas $\{i, j, k\}$ que cumplen esta ecuación será también muy grande. Un instante t define, pues, un conjunto de AETs al que denomino universo real del instante t (URt). Obsérvese que no se trata del mismo universo que el que vemos cuando miramos las estrellas, ya que este se compone de multitud de nuestros universos de distintos instantes. Ahora bien, por muy grande que sea, el número de instantes que existen es necesariamente finito: $t = 0, 1, 2\ldots, \Theta$, donde 0 y Θ son el mismo instante y, por tanto, el todo contiene Θ universos reales, cada uno contiguo con los universos reales de sus instantes contiguos.

Defino la distancia básica entre dos AET como el número mínimo de saltos que hay que dar para ir de un átomo a otro, es decir, como la diferencia de coordenadas temporales que hay entre ellos, que equivale a la distancia de Minkowski de orden 1 (DM¹) entre dos AET. Obviamente, esta distancia no coincide con la distancia temporal entre átomos, porque en esta última intervienen las distintas dimensiones temporales de cada átomo. Pero si todos los AET fueran de idéntico tamaño de tiempo, estas dos distancias serían también idénticas; para ello bastaría con tomar como unidad de medida dicho tamaño. Muy aproximadamente, este es el caso del Universo — con mayúscula—, o sea, del conjunto de los universos reales, del todo, ya que es evidente que la mayor parte de él está compuesta de átomos de vacío, los cuales tienen tamaños tan similares que no los distinguimos unos de otros, de ahí que lo llamemos vacío y que suela considerarse nada.

En la Figura 2, los UR¹ de la métrica de Minkowski son superficies cuánticas de cubos, pero dado que se trata de conjuntos de átomos que distan el mismo tiempo de un átomo dado, en una métrica cartesiana, que es la que utilizamos normalmente, estas superficies se traducen en superficies de una esfera de radio proporcional al tiempo:

$$x^2 + y^2 + z^2 = c_R^2 . T^2(t)$$

donde c_R es una constante de proporcionalidad, que obviamente tiene dimensión de velocidad y que es necesaria para que el segundo miembro de la igualdad tenga la dimensión de espacio al cuadrado que tiene el primer miembro. La función $T(t)$ del segundo miembro no es simplemente $T(t) = t$, porque no olvidemos que $t = \Theta$ y $t = 0$ son el mismo instante, es decir, que el tiempo T no puede considerarse una línea recta $T(t) = t$ que conforme aumenta t se pierde en el infinito, sino una curva que vuelve a su punto de partida después de recorrer todo el tiempo Θ.

Se podría pensar que $T(t)$ no tiene por qué ser una circunferencia, sino que podría ser cualquier función periódica. Pero la sencilla ecuación cuántica de la que proviene: $i + j + k = t$, idéntica en todos los AET, implica que es una circunferencia, ya que la curvatura es la misma en todos sus puntos.

Por lo tanto, $T(t) = (\Theta/2\pi).Sen[(2\pi/\Theta).t]$, donde he ajustado el radio de la circunferencia para que para t muy pequeño respecto a Θ se obtenga lo que se mide, o sea, $T(t) = t$, ya que para t pequeño $Sen[(2\pi/\Theta).t] \approx (2\pi/\Theta).t$ .Con ello, la ecuación anterior queda ahora:

$$x^2 + y^2 + z^2 = c_R^2.(\Theta/2\pi)^2.Sen^2[(2\pi/\Theta).t]$$

Ecuación que llamo **ecuación fundamental de las apariencias (EFA)**.

El todo es bien redondo, como decía Parménides, al menos en términos de las coordenadas de sus átomos. La EFA muestra que, independientemente de la geometría local que tenga —debido a los distintos tamaños que pueden tener los AET—, el espacio-tiempo se curva sobre sí mismo, de manera que, si se sigue el orden del tiempo más allá de su dimensión finita Θ, los universos volverán a repetirse una y otra vez.

Y, por supuesto, no es que ellos mismos se repitan, porque el tiempo real tiene la dimensión que tiene, Θ, sino que ese repetirse es solo una apariencia; los Θ universos reales los repetimos nosotros mismos al percibir el tiempo real como tiempo habitual y, por tanto, al confundir lo que, en la Realidad, es un tiempo absoluto, finito, ilimitado e inmutable, con lo que en las apariencias es un tiempo relativo, infinito y cíclico.

Es decir, *la eterna repetición de las apariencias* es una apariencia que se percibiría en el mundo material si viviéramos el tiempo suficiente para percibirla, es decir, *todo el tiempo Θ*. El mundo real es único, finito e inalterable. Decir que el universo real se repite no tiene sentido, pero el caso es que, como humanos que somos, no percibimos el mundo real, sino el mundo material y en el mundo material todo vuelve a repetirse incansablemente, aunque nadie viva el tiempo suficiente para comprobarlo.

Resulta que hemos llegado a una verdad absoluta sobre el mundo material que es muy parecida a las especulaciones del eterno retorno de los tiempos de los pitagóricos y los estoicos, pero, sobre todo, que parece la misma que la especulación del eterno retorno de lo idéntico, de Nietzsche. La oscura intuición nietzscheana, su pensamiento más profundo; el cual Nietzsche nunca acabó de justificar a su gusto —lo que habla de lo riguroso que era con sus razonamientos— se ha convertido en mis manos en una clarísima y asombrosa verdad absoluta.

La demostración de Nietzsche parte de suponer un tiempo infinito y una concepción del ser real como devenir —o sea, como solo tiempo habitual— que ni siquiera reconocía el espacio como algo real. Nietzsche afirma una verdad absoluta: que el tiempo —en cuanto el conjunto de los instantes— es finito, en lo que llevaba razón, junto con un disparate: que el tiempo en su totalidad es infinito —es decir, confundiendo así el tiempo real con el tiempo habitual—. Si bien negaba que pueda hablarse de la totalidad del tiempo porque eso le parecía, erróneamente, que era salirse del tiempo, algo que, obviamente, es imposible; aunque tiene razón en el sentido de que un tiempo total infinito es imposible.

Pero nótese que, si de este tiempo infinito hubiera dicho que es solo una apariencia del finito tiempo real, prácticamente hubiera coincidido conmigo. Sin embargo, Nietzsche nunca distinguió el tiempo real del tiempo habitual; no distinguió la realidad de las apariencias de la realidad —el mismo error que cometen los físicos con su *Big Bang*—, así que el eterno retorno de lo idéntico de Nietzsche no es exactamente el mío. El suyo fue una genial pero oscura intuición que nunca supo convertir en pensamiento racional; mientras que el mío es lógicamente necesario y diáfano.

Esta jugosa consecuencia de la ecuación fundamental de las apariencias es algo que quizá podríamos haber averiguado ya de una forma mucho más directa, simple y lapidaria, porque, **dado que todo lo que existe es inmutable, también son inmutables sus apariencias.** Aunque como Platón confundió «inmutable» con «eterno», expresado lo anterior en terminología platónica sería: dado que todo lo que existe siempre existe, también existen siempre sus apariencias. Pero, ojo, porque este siempre implica un tiempo del tiempo que no existe. Así que cuidado con la palabra «siempre» de la afirmación platónica, porque hay que quitarle el sentido que solemos darle de ocupar todo el tiempo. Los IET no existen en otros IET, pero existen en su lugar y en su momento; existen en sus coordenadas del ETR y no pueden dejar de ocupar su lugar y su momento en el todo. **Un IET no puede dejar de existir, por mucho que estemos percibiendo otro lugar u otro momento que no sea el suyo.** Es decir, siempre estamos viviendo a la vez todos los instantes de nuestra vida porque todo momento es eterno. Pero ojo también con este a la vez. Por mucho que yo ahora esté en Extremadura y no perciba Oviedo, Oviedo no deja de existir por eso; por mucho que esté en una edad madura y no perciba mi infancia, mi infancia no deja de existir por eso. Al igual que Oviedo está en una posición del espacio distinta de la actual, mi infancia está en una posición del tiempo distinta de la actual; eso es todo. Lo mismo ocurre con el futuro: aunque no perciba mi futuro, también está ocurriendo en su momento.

Pasado, presente y futuro existen solo que en coordenadas del tiempo real distintas. Es decir, con las palabras «siempre» o «a la vez», solo afirmo este no poder dejar de existir de las apariencias en sus respectivos lugares y momentos. Todas las apariencias existen siempre, pero con este siempre no digo que exista un tiempo del tiempo; es solo una forma platónica de decir que las apariencias, al igual que los seres reales de los que provienen, siempre han existido y siempre existirán, porque no pueden dejar de existir, ya que son apariencias de lo que existe y lo que existe no puede no existir. La Realidad, el espacio-tiempo, no puede no afirmar lo que afirma. **Las apariencias son eternas, pero no por durar todo el tiempo, sino por extenderse en un intervalo de tiempo —no importa lo pequeño que sea— y ser el tiempo —y su espacio asociado— algo real**, y, por tanto, inmutable.

Lo que nos desorienta y desorientó a Platón para comprender esta evidencia es que confundimos inmutabilidad con eternidad, exigiendo así demasiado a lo que existe; pretendemos que lo que existe exista en todos los instantes del tiempo —el sentido platónico y usual de eternidad—, cuando lo que ocurre es que las cosas solo existen en unos instantes determinados y no en otros; pero no por eso dejan de existir, ya que sus instantes no dejan de existir. O sea, yo entiendo por eterno el no dejar de existir en la Realidad, en el tiempo real, no el no dejar de existir en las apariencias, en el tiempo habitual, como suele hacerse. En las apariencias, todas las cosas dejan de existir con el tiempo habitual y, por tanto, no son eternas, pero, en la Realidad, nada deja de existir, ni siquiera las apariencias porque estas son consecuencia de la Realidad; por tanto, incluso las apariencias son eternas.

En definitiva, *somos eternos porque formamos parte de lo eterno*. Nos desorienta nuestra idea del tiempo habitual; no comprender que el tiempo habitual es una apariencia que es consecuencia del tiempo real y el tiempo real es una dimensión de lo que existe.

El que todo exista siempre y, por lo tanto, sea eterno es una asombrosa buena noticia para todos esos que se preguntan qué es lo que hay después de la muerte. Pues *lo que hay después de la muerte es la misma vida que se acaba de vivir*. Al menos, desde la subjetividad del que se muere. Igual que nada percibíamos antes de nacer, nada vamos a percibir mientras estemos muertos porque estar muerto es exactamente lo mismo que no haber nacido todavía. *Morirse es volver a no haber nacido todavía*. O también, nacer es lo mismo que resucitar. Algo muy parecido a la antigua rueda de la vida de los matriarcados; la diferencia está en que en los matriarcados se creía que se renacía mucho antes —a la tercera generación— y que la vida a la que se volvía era distinta de la anterior.

La no existencia de los AET que dan lugar a la apariencia de nuestro cerebro, y con él de nuestra conciencia, es imposible. Y si llamamos alma a nuestra conciencia resulta que ¡el alma es eterna! ¡Quién me iba a decir a mí que acabaría dándole la razón a Platón en esto! Aunque no se olvide que mi eternidad es distinta de la suya; Platón se refiere a una eternidad infinita que no existe, mientras que yo me refiero a una eternidad finita que sí que existe. Resulta que *estamos viviendo perennemente nuestra vida actual en todos los instantes de ella; es imposible escapar de nuestra vida porque todo instante real es inmutable y con él sus apariencias*.

3.4 La extensión total del espacio-tiempo

Repetiré aquí la EFA, la ecuación fundamental de las apariencias:

$$x^2 + y^2 + z^2 = c_R^2.(\Theta/2\pi)^2.Sen^2[(2\pi/\Theta).t]$$

Por comodidad, llamo $R^2(t)$ al segundo miembro de esta igualdad, de manera que: $\qquad R^2(t) = c_R^2.(\Theta/2\pi)^2.Sen^2[(2\pi/\Theta).t]$

En esta ecuación, t varía entre 0 y Θ, pero como 0 y Θ son el mismo instante, la cantidad de instantes de tiempo que existen es Θ y, por tanto, la cantidad de universos que existen es Θ. Nótese que el primer universo se corresponde con un único AET, el situado en [0, 0, 0, 0], que es el mismo que el situado en [0, 0, 0, Θ].

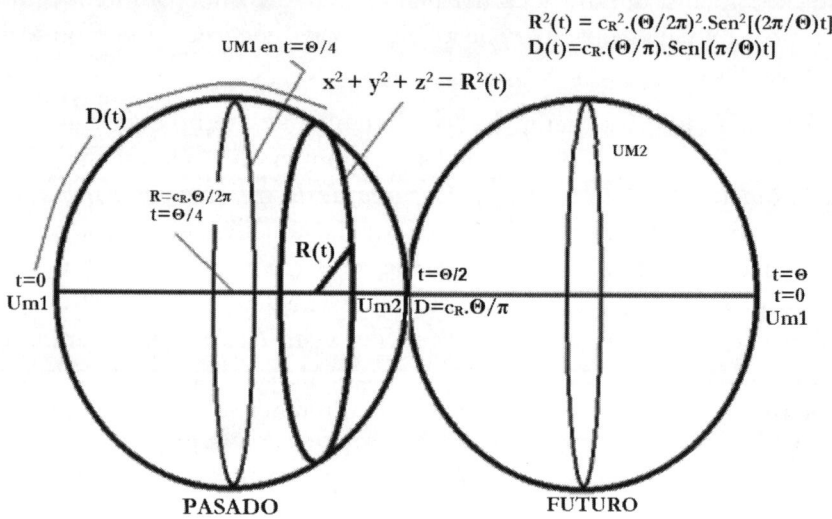

Apariencia del Todo

El universo de un instante, o sea, el lugar de las posiciones espaciales [x, y, z] de los átomos que cumplen que $x^2 + y^2 + z^2 = R^2(t)$ se representa por una circunferencia que, al verse en perspectiva, se ve alargada verticalmente.

El tamaño espacial de cada universo aparente depende del tiempo —y no porque el espacio esté explotando, sino debido a su geometría—, pero desde cualquier átomo en el que se observe, y dada la forma que tiene la función seno(), en el todo existen dos universos del instante t de tamaño espacial máximo y dos universos de tamaño espacial mínimo. A los de tamaño espacial máximo los llamo UM1 y UM2 y a los de tamaño espacial mínimo (un solo AET), Um1 y Um2; en ambos casos por el orden de cercanía a Um1, el AET origen de coordenadas. Um1 y Um2 ocurren cuando el seno se hace cero, o sea, son los correspondientes a $t = 0$ y $t = \Theta/2$ porque en estos instantes se perciben necesariamente universos con radio cero, lo cual es consistente con que un solo AET no puede percibirse. Hablar de universos sin dimensiones es absurdo, pero no olvidemos que la EFA es una ecuación de las apariencias y que las apariencias suelen ser absurdas. No se olvide tampoco que la función Sen(x) se define como continua y como tal es absurda, así que debemos tener en cuenta que esa apariencia de continuidad tiene su origen en variables y funciones reales cuánticas, aunque los cuantos sean tan pequeños que su naturaleza no tenga repercusión en lo percibido, a no ser que observemos magnitudes muy pequeñas, como ocurre en la mecánica cuántica y de las que no voy a hablar aún. En el caso de Um1, ya vimos que la realidad detrás de su apariencia de cero o de nada es el AET en el que hemos tomado el origen de coordenadas, el AET desde el que suponemos que estamos observando el espacio-tiempo; y en el caso de Um2 se trata del átomo más alejado posible de Um1 en el pasado, ¡el supuesto origen del universo!

Los universos de tamaño espacial máximo se dan cuando el seno vale 1, es decir, en $t = \Theta/4$ y $t = (3/4).\Theta$ y son superficies de esferas cuánticas cuyo radio es $R_M = c_R.(\Theta/2\pi)$. De esta igualdad podemos poner ya la constante c_R en función de magnitudes físicas. La más obvia es $c_R = 2\pi R_M/\Theta$, pero como $2\pi R_M = \Lambda$, donde llamo Λ a la longitud de la circunferencia espacial de los dos universos de radio espacial máximo, tenemos que $c_R = \Lambda/\Theta$. Podemos interpretar entonces la constante c_R como la velocidad constante con la que en el tiempo total Θ se recorrería el círculo espacial de longitud Λ, del universo de mayor tamaño espacial de cualquiera de los dos que describe la EFA. Esta velocidad imaginaria, porque en la Realidad no hay movimientos, es, pues, una verdadera constante universal, una inmutable propiedad geométrica del todo real que afecta a las apariencias.

Obsérvese que la distancia del universo de t no es $D(t) = c.t$ como dicen los físicos, sino que tiene una forma algo más complicada: aumenta hasta llegar a $t = \Theta/2$ y luego, ya en el futuro, empieza a disminuir hasta llegar a $D = 0$, en $t = \Theta = 0$; y, por lo tanto:

$$D(t) = c_R.(\Theta/\pi).Sen[(\pi/\Theta).t]$$

Y como para argumentos pequeños de la función seno, el resultado de la función es aproximadamente su argumento, en el caso de considerar universos cercanos se cumple que: $x^2+y^2+z^2 \approx c_R^2.(\Theta/2\pi)^2.(2\pi/\Theta)^2.t^2$, o lo que es lo mismo: $\mathbf{x^2 + y^2 + z^2 \approx c_R^2.t^2}$

Ahora bien, si nuestra constante universal $c_R = \Lambda/\Theta$ fuese la velocidad de la luz en el vacío, que los físicos llaman c, pero que yo llamaré c_f, nos habríamos topado con el espacio-tiempo relativista de Minkowski. Un resultado asombroso con el que me tropecé sin haberlo buscado en absoluto.

Ocurre entonces que lo que el propio Minkowski y la física actual consideran un simple artificio matemático para describir con elegancia geométrica la teoría de la relatividad especial de Einstein (TER), resulta ser una verdad casi absoluta deducible de consideraciones lógicas provenientes del conocimiento de qué es la Realidad y del rechazo de un par de absurdos. En otras palabras, la teoría especial de la relatividad de Einstein es casi una verdad absoluta para regiones cercanas en el tiempo. *La TER resulta ser un caso particular de la EFA, por lo que con ella amplío la teoría de Einstein*. Pero nótese que, *aunque en las apariencias el espacio y el tiempo son relativos, en la Realidad el espacio-tiempo es, obviamente, absoluto. Y precisamente porque es absoluto, la velocidad de la luz que el observador observa es independiente del* disparatado *movimiento del observador, ya que en la Realidad no hay movimientos*. Es sorprendente que la Ciencia, aun habiendo llegado a esta ecuación más por la audacia de Einstein y la inventiva de Minkowski que por razonamiento alguno a partir de verdades incuestionables, haya conseguido con ella aproximarse tanto a una verdad absoluta. La velocidad de la luz c_f es una apariencia que es consecuencia directa de la estructura de la Realidad. Así que Einstein estuvo muy acertado al postular c_f como una constante universal. Y el motivo por el que estuvo tan acertado es que $c_f \approx c_R$. Así que si yo hubiera llegado a tiempo habría predicho los resultados del famoso experimento de Michelson y Morley y, claro está, la teoría especial de la relatividad hubiera sido un corolario de mi teoría presocrática. En lo que sigue y mientras no diga lo contrario, voy a suponer que $c_f = c_R = c$, lo que las distingue es principalmente que c_f no es de verdad constante como c_R.

Ahora se explica que c_f aparente ser independiente del movimiento del observador, pero vemos que eso solo ocurre en las cercanías del observador, o sea, cuando t es suficientemente pequeño para que $\text{Sen}[(\pi/\Theta)t] \approx (\pi/\Theta)t$. *Si t es demasiado grande, ya no pasa exactamente lo que dice la teoría de Einstein e incluso la velocidad de la luz se convierte en relativa*. Relativa a la distancia temporal en la que se observan los fenómenos. Lo cual, aunque no puede manifestarse en la velocidad observada de la luz, que necesariamente tiene que seguir siendo c debido a la cercanía de la luz al aparato que la mide, se manifiesta en la frecuencia observada.

Según la EFA, Einstein comete un error en el segundo miembro de esta ecuación porque pone $R_c^2(t) = c^2 \cdot t^2$, cuando tenía que haber puesto:

$$R^2(t) = c^2.(\Theta/2\pi)^2.\text{Sen}^2[(2\pi/\Theta).t]$$

A este error lo voy a llamar broma de Lucifer (B_L). Y lo expreso mediante el tanto por uno de la diferencia entre la teoría de Einstein y la Realidad, es decir, $B_L = (R_e^2\text{-}R^2)/R^2$. Fórmula que desarrollada y luego simplificada queda:

$$BL(t) = \left(\frac{\left(\frac{2\pi}{\Theta}\right).t}{\text{Sen}\left(\left(\frac{2\pi}{\Theta}\right).t\right)} \right)^2 - 1$$

Para intervalos de tiempo pequeños, en los cuales se cumple que la función seno es aproximadamente igual a su argumento, el error es despreciable, pero cuando aumenta t el error empieza a manifestarse cada vez con más rapidez. Así que mientras para $t = \Theta/40$ solo es del 0.83%, para $t = \Theta/4$ es ya del 146.7% y para $t = \Theta/2$ la broma de Lucifer se hace "infinita". Por lo tanto, este error, este desenfoque del universo, que los físicos toman por algo real sobre la naturaleza del universo, aumenta con t, es decir, con la distancia en el tiempo de los objetos observados. Pronto veremos que este fenómeno es lo que da lugar a que se perciba la no por famosa menos monstruosa explosión del universo en $\Theta/2$ e incluso la radiación de fondo de microondas. Un horror de error cósmico que ha llevado a la hipótesis más disparatada que la Ciencia ha hecho en toda su historia: la de que la Realidad tenga un origen.

Además, la derivada (tasa de cambio) de $B_L(t)$ respecto al tiempo no es cero y ni siquiera constante; $B_L(t)$ es una función que puede derivarse todo lo que se quiera. Ambas tienen una forma muy parecida, con un valor relativamente pequeño y casi constante hasta llegar a los alrededores de $0.375.\Theta$, punto en el que aumentan bruscamente, pues ambas tienen un polo —se hacen "infinitas"— en $\Theta/2$. En consecuencia, el error aumenta de manera acelerada, por eso a los físicos no solo les parece que el universo se expande, sino también que esa expansión se acelera. Incluso la explosión les parece que explota, así que para evitar las sonrisas de quienes los escuchamos, prefieren decir que la expansión del universo se está acelerando. Y se quedan tan tranquilos. Incluso dan una maravillosa explicación mágica de las de antes de Tales de Mileto: el universo está lleno de una misteriosa materia oscura con gravedad negativa, la cual necesita ser mucho más abundante en el universo que la masa de verdad para poder explicar su cuento. Claro que, si fuera tan abundante, la conoceríamos hace mucho tiempo. O, al menos, conoceríamos algunos de sus efectos locales. Sin embargo, una materia oscura no es imposible. Puede haber AET más grandes de los que habitualmente tiene el vacío, rodeados de otros más pequeños, más habituales. Esos AET serían propiamente materia negativa que ocasionaría fenómenos aparentes, como una gravedad negativa, velocidades de la luz superiores a la que tiene en el vacío habitual, y refracciones de la luz, como lentes divergentes en lugar de la usual refracción como lentes convergentes. Ahora bien, quienes afirman la existencia de materia oscura no saben todavía nada de mis hallazgos; solo inventan un inverosímil postulado *ad hoc* para explicar el fenómeno de la supuesta aceleración de la supuesta explosión del universo.

La situación es en extremo pintoresca y lo sería más si las medidas no fueran tan difíciles porque interfieren en ellas los movimientos peculiares de las estrellas —los no debidos a la curvatura del espacio-tiempo— y la dificultad de medir distancias de estrellas muy lejanas. Si la supuesta aceleración de la supuesta explosión se pudiera medir con más precisión, se descubriría que no sigue la pauta que es de esperar de una masa con gravedad negativa, sino la que se deriva de la broma de Lucifer: que la aceleración también se acelera. O sea, tanto la apariencia de la expansión del universo como la apariencia de su aceleración son innecesarias pruebas empíricas del eterno retorno de las apariencias. Ahora veremos que el famoso *Big Bang* y la radiación de fondo de microondas solo son apariencias que predice la broma de Lucifer para los universos cercanos a $t = \Theta/2$.

Casi lo único que hay de cierto en esta fantasía cósmica de los astrónomos es que se observa un desplazamiento hacia el rojo de los espectros de emisión de los átomos de las estrellas. Desplazamiento que aumenta sistemáticamente conforme las estrellas y galaxias están más y más lejanas; lo cual se atribuye, erróneamente, a efecto Doppler, cuando lo cierto es que se debe a la curvatura del espacio-tiempo real.

El corrimiento hacia el rojo de la luz se define como $z = (\lambda o - \lambda e)/\lambda e$, donde λo es la longitud de onda observada y λe es la longitud de onda emitida por un emisor celeste. Como $\lambda = c/f$, también podemos poner z en función de frecuencias en lugar de longitudes de onda:

$$z = (fe - fo)/fo = fe/fo - 1.$$

La longitud de onda emitida se supone que es la misma que la que emiten esos elementos en los laboratorios, lo cual es muy verosímil, y los elementos que hay en las estrellas se reconocen por tener el mismo patrón espectral que el que tienen aquí, lo cual es también muy verosímil. Así que todo esto lo voy a suponer yo también.

Los físicos creen que el segundo miembro de la EFA es $R^2(t) = c^2.t^2$ y que, por tanto, la velocidad de la luz c debe suponerse constante mientras viaja de las estrellas a nosotros, pero, en realidad, esa apariencia es una función c(t), de manera que $R^2(t) = c^2(t).t^2$ y, por lo tanto:

$$c(t) = c.(\Theta/2\pi).Sen[(2\pi/\Theta).t]/t$$

Que representada gráficamente queda:

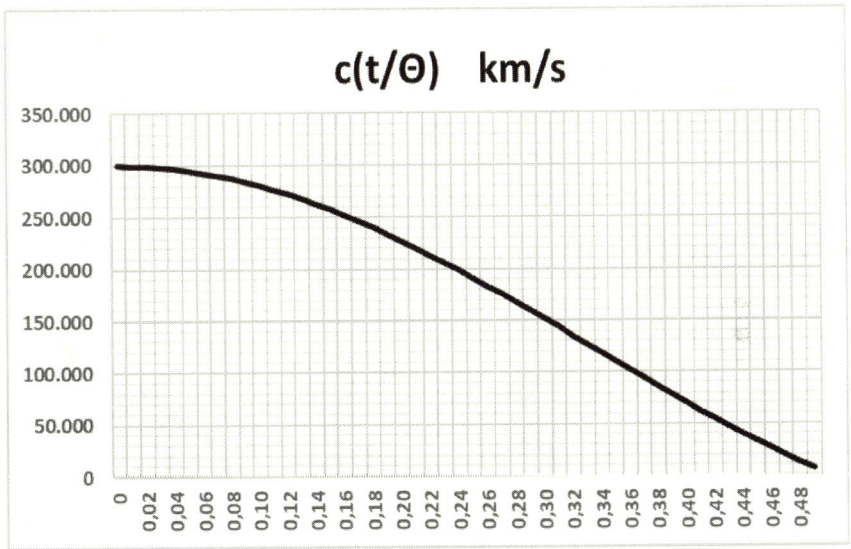

Por tanto, la velocidad de la luz disminuye con t, anulándose en t = $\Theta/2$; por lo que se observa que la energía de la luz ($E = m.c^2$) disminuye con t, por lo que hay un corrimiento hacia el rojo ($f = E/h$) que aumenta con t.

Pero veámoslo más detenidamente. Recordemos que la relación entre la energía de los fotones y su frecuencia es según una famosa ecuación de Einstein $E = h.f$, que igualada a su ecuación más famosa todavía $E = m.c^2$ nos da $f = (m/h).c^2$.

Así que podemos poner:

$$f_e = (m/h).c^2 \quad \text{(frecuencia emitida)}$$

$$f_o = (m/h).c^2(t) \quad \text{(frecuencia observada)}$$

Sustituyendo en $z = f_e/f_o-1$ obtenemos: $z = c^2/c^2(t) - 1$

Y como $c^2(t) = c^2.(\Theta/2\pi)^2 Sen^2[(2\pi/\Theta)t]/t^2$, obtenemos que:

$$z(t) = \left(\frac{\left(\frac{2\pi}{\Theta}\right) \cdot t}{\text{Sen}\left(\left(\frac{2\pi}{\Theta}\right) \cdot t\right)} \right)^2 - 1$$

Donde se ve que *el desplazamiento sistemático hacia el rojo con t no necesita de una explosión para explicarse*. Basta con conocer la forma de la geometría del universo y para calcularlo solo se necesita conocer el parámetro Θ, o sea, el total de tiempo que existe.

En el siguiente gráfico represento esta función:

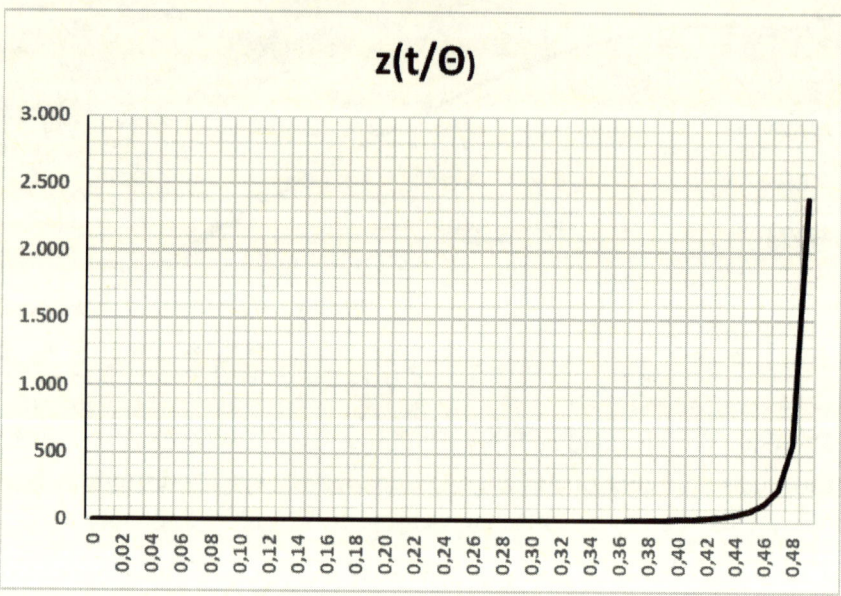

También vemos que $z(t) = B_L(t)$. Resulta que el corrimiento hacia el rojo es la broma de Lucifer. Así que cada vez que un astrónomo mide una z no debida a un movimiento peculiar está midiendo el error de Einstein a esa distancia en su teoría de la relatividad especial.

En conclusión, el desplazamiento hacia el rojo es una apariencia proveniente de la geometría más básica del todo. Una geometría mucho más general que la surgida de las deformaciones locales que introduce en ella la materia según la teoría general de la relatividad. De hecho, ateniéndose solo a estas deformaciones locales del espacio-tiempo que introduce la masa del universo, los físicos encuentran que el universo es esencialmente plano, infinito, lo que a nuestros efectos solo significa que la masa del universo no es un asunto relevante en su geometría; lo mismo que yo digo aquí. No hay suficiente masa para que su efecto tenga importancia en la geometría del universo; solo en los famosos agujeros negros —una hipótesis que veremos que es muy poco verosímil— pudiera tener la materia alguna influencia destacable en esta geometría. Aun así, esa influencia sería muy local.

Vemos que conforme t se acerca a $\Theta/2$, el desplazamiento hacia el rojo se hace mayor, tanto que justo en $t = \Theta/2$ es infinito. Lo que significa que la frecuencia de esa luz se hace cada vez menor hasta que se convierte en microondas y luego en cero; con lo que el error de Einstein se hace infinito y no se percibe radiación alguna. Así que el todo solo es observable hasta la mitad de él. Lo que implica que solo el pasado es observable y que el futuro nunca lo vamos a ver por muy bueno que sea el telescopio.

Entonces es obvio que $\Theta/2$ es la cantidad de tiempo real que la física dice que hay en el pasado, es decir, desde un disparatado origen del tiempo hasta ahora mismo.

Para estimar la edad del universo, los físicos utilizan la errónea ley de Hubble y la supuesta constante de Hubble (Ho), de manera que hoy día les sale que $\Theta/2 \approx 13.772$ Ma (millones de años) y, por lo tanto, $\Theta \approx 27.544$ Ma. Pero conociendo la fórmula anterior de z(t) no hacen falta muchas mediciones para conocer Θ, solo se necesita una única observación precisa que relacione una medición de z con una medición de la distancia temporal a la que está el objeto que emite la radiación. Claro que los científicos suponen que la distancia en millones de años luz (Mal) es la misma cifra que el tiempo en millones de años (Ma), o sea, D = t, pero la relación es:

$$D(t) = (\Theta/\pi).Sen[(\pi/\Theta).t]$$

Despejando t:

$$t = (\Theta/\pi).ArcSen[(\pi.D)/\Theta]$$

Y sustituyendo t en la ecuación anterior de z(t) queda:

$$z = \left(\frac{2.\text{ArcSen}\left(\frac{\pi.D}{\Theta}\right)}{\text{Sen}\left(2.\text{ArcSen}\left(\frac{\pi.D}{\Theta}\right)\right)} \right)^2 - 1$$

Ecuación que llamo **ecuación del corrimiento al rojo de Beatriz**. Si en ella ponemos una pareja [z, D] cualquiera —pero medida con precisión—, obtenemos la cantidad Θ exacta de tiempo real que existe. El cálculo ha de hacerse por un método numérico porque Θ no puede despejarse; pero los resultados que pongo a continuación pueden comprobarse con una simple calculadora de bolsillo que tenga funciones trigonométricas. No se olvide poner la calculadora en modo radianes (RAD), no en modo grados (DEG).

Un problema para conseguir precisión en las medidas es que el corrimiento al rojo puede tener otra fuente, aparte de la geometría del Universo. El motivo es que el movimiento peculiar respecto a la Tierra del objeto observado también genera desviaciones del espectro, unas veces hacia el rojo y otras hacia el violeta, aunque esta vez sí que a consecuencia del efecto Doppler y no de la estructura cerrada del todo. Lógicamente, cuanto más lejano sea el objeto, su movimiento peculiar tiene menos peso en la medida y el error de medida tiende a ser menor; pero hay otro problema, que medir la distancia de estrellas muy lejanas es muy difícil, así que el error también puede aumentar.

Aunque los astrónomos tienen millones de datos al respecto, no parecen muy interesados en divulgarlos —no han hecho ni caso de mi demanda de información—, y como yo soy muy torpe buscándolos solamente he encontrado tres y no tienen pinta de ser muy precisos. Estos datos y sus resultados correspondientes para Θ están en la tabla siguiente:

z	D (Mal)	Θ (Ma)	Dbb=Θ/π (Mal)
0,0036	750	45.414,30	14.455,82
5,47	12.700	45.470,12	14.473,59
6,4	13.000	45.829,19	14.587,88

En donde Ma significa millones de años de tiempo real y Mal significa millones de años luz de espacio aparente. En la tabla he añadido la distancia Dbb al supuesto *Big Bang* —la edad que se supone que tiene el Universo— la cual se deduce de la ecuación de D(t), dado que $\mathbf{Dbb = D(\Theta/2) = \Theta/\pi}$.

Por otro lado, el motivo de que a los físicos les parezca que el Universo se expande es que creen que D = c.t, cuando, en realidad, es

$$D = c.(\Theta/\pi).Sen[(\pi/\Theta).t]$$

con lo que existe una diferencia de:

$$I_D = c.t - c.(\Theta/\pi).Sen[(\pi/\Theta).t]$$

lo que da lugar a una supuesta velocidad de expansión de:

$$V = \partial I_D/\partial t = c.(1-Cos[(\pi/\Theta).t])$$

que en t = $\Theta/2$ resulta ser V = c.

Ahora bien, en t = Θ/2 tenemos que D = Θ/π, por lo que la supuesta constante de Hubble Ho = V/D resulta que en t = Θ/2 —pero no en otro t, por eso Ho no es constante con t— es **Ho = c. π/Θ**.

Y de la ecuación de la supuesta velocidad V = c.(1-Cos[(π/Θ).t]) podemos averiguar fácilmente la supuesta aceleración:

$$A = \partial V/\partial t = c. \, (\pi/\Theta).Sen[(\pi/\Theta).t]$$

que para t = Θ/2 sale **A = c. π/Θ**, es decir, A = Ho, si no se adecúan las unidades.

Con todos estos resultados podemos ampliar la tabla anterior, donde he multiplicado Ho por 3,2616 para adecuarla a las unidades que manejan los físicos de (km/s)/Mpc. En donde 1 Mpc (megaparsec) son 3,2616 Mal. Así que la constante Kp de la tabla siguiente es **Kp** = 3,2616.c = **977 803,08**.

La tabla queda:

z	D (Mal)	Θ (Ma)	Dbb=Θ/π (Mal)	Ho=Kp*π/Θ	A=c*π/Θ (Km/s^2)
0,0036	750	45.414,30	14.455,82	67,64	20,74
5,47	12.700	45.470,12	14.473,59	67,56	20,71
6,4	13.000	45.829,19	14.587,88	67,03	20,55

Dado que, a pesar de que las z sean muy distintas, los tres resultados son muy parecidos, es obvio que la ecuación del corrimiento al rojo de Beatriz es correcta; y aún es más obvio cuando se observa que, en los tres casos, la Ho sale dentro del margen que midió la misión Planck (Ho = 67± 1.2).

En mi libro anterior, *Realidad y Razón,* me decidí por el resultado de z = 0,0036 al pensar que la medida más cercana sería la más precisa; pero, al mirar la gráfica de z(t/Θ), ahora veo que esta curva queda definida mucho mejor con un punto lejano que con uno cercano, así que prefiero z = 6,4, que, además, da Ho = 67,03, casi idéntica a la de la misión Planck (Ho = 67). Y como la misión Planck ha costado mucho esfuerzo y dinero, creo que, muy probablemente, su medida es más precisa que la de la supernova de z = 6,4. Así que escojo justo Ho = 67; con lo que queda:

$$\Theta = Kp*\pi/Ho = 45.848,64 \ \text{Ma}.$$

Con Θ = 45.848,64 y las z anteriores, podemos recalcular toda la tabla:

z	D (Mal)	Θ (Ma)	Dbb=Θ/π (Mal)	Ho=Kp*π/Θ	A=c*π/Θ (Km/s^2)
0,0036	757,17	45.848,64	14.594,08	67,00	20,54
5,47	12.805,72	45.848,64	14.594,08	67,00	20,54
6,4	13.005,52	45.848,64	14.594,08	67,00	20,54

Y, en definitiva:

Realidad: Θ = 45.848,64 Ma

Λ = 45.848,64 Mal

Apariencias: Dbb = 14.594,08 Mal

Ho = 67 (km/s)/Mpc

A = 20,54 km/s^2

Resultados que se completan recordando que *la ecuación z(t/Θ), con un polo* (un infinito) *en t = Θ/2*, o sea, en *D = Dbb explica la radiación de fondo de microondas.*

Sin embargo, podríamos haber calculado Θ y Dbb de manera mucho más elegante y sin tener que extraer raíces de una ecuación trascendente, partiendo de la constante de Hubble y teniendo en cuenta dos cosas: que Ho es la Ho de D = Dbb —ya que Ho no es constante con D— y que los físicos imaginan que z se debe a efecto Doppler.

El efecto Doppler dice que:

$$fo = fe. \frac{1-\frac{v}{c}}{\sqrt{1-(v/c)^2}}$$

Y, por lo tanto, $(f_0/fe)^2 = (1 - v/c)/(1 + v/c)$.

Y como $fe/f_0 = (z + 1)$, sustituyendo en lo anterior queda:

$$(z + 1)^2 = (1 + v/c)/(1 - v/c)$$

despejando v/c de esta ecuación, se obtiene:

$$v/c = ((z + 1)^2 - 1)/((z + 1)^2 + 1)$$

Y como Ho = v/D, entonces v = Ho.D, y llegamos a que:

$$D(z) = c.((z + 1)^2 - 1)/((z + 1)^2 + 1)/Ho$$

Pero como Dbb = D(z = infinito), entonces Dbb = c/Ho; que acomodada Ho a megaparsecs queda **Dbb = Kp/Ho.**

Sabemos que **Dbb = Θ/π,** así que Θ = π. Kp/Ho, lo que da:

Ho= 67 (rad. de fondo): Θ = **45.848,64** Ma   **Dbb = 14.594** Mal

Ho= 71 (supernovas): Θ = **43.265,62** Ma   **Dbb = 13.772** Mal

La Dbb del estudio de supernovas es exactamente la misma que la que me sale a mí; la del estudio de la radiación de fondo no la conozco, pero no creo que difiera mucho de la mía porque sé que es casi 1000 Mal superior a la del estudio de supernovas y a mí me sale 822 Mal mayor. Parece obvio que *la diferencia entre ambos estudios se debe a que miden Ho a distancias distintas y Ho no es constante con la distancia.*

Nótese que mis cálculos están hechos a partir de desviaciones al rojo de supernovas y, sin embargo, me salen los resultados de la misión Planck. Cosa que de la que no me di cuenta en mi primer libro, *Crítica y homenaje del entendimiento,* así que pensé que la coincidencia con los físicos era solo aproximada. Ahora veo que es asombrosamente parecida.

Por tanto, *el resultado correcto es el de la misión Planck* y termina la perplejidad de los astrónomos por una diferencia demasiado grande entre ambos estudios.

Desde la perspectiva científica, y por tanto desde la perspectiva de la verdad corriente, es muy inverosímil que de una ecuación —la ecuación del corrimiento al rojo de Beatriz— y una medida [z, D] cualquiera se llegue al mismo resultado que la misión Planck si la ecuación fuese un error. Por lo tanto, la ecuación fundamental de las apariencias no solo es una verdad absoluta, sino también una verdad corriente científica muy verosímil.

Por otro lado, las medidas de los físicos no solo son una innecesaria prueba empírica de mi teoría de la realidad, también son innecesaria prueba empírica de mi hallazgo de que la realidad es el espacio-tiempo y de las herramientas que he utilizado para llegar a ello: lo disparatado de la idea de infinito y el absurdo de la idea de nada; la inexistencia de la continuidad; la cuantización de todo lo que existe; la realidad del tiempo real, etc.

Obviamente, también constituyen una innecesaria prueba empírica de mi teoría del *eterno retorno de las apariencias* o de lo que, salvo menudencias, es lo mismo: el *eterno retorno de lo idéntico* de F. Nietzsche.

En fin, después de estos resultados, a los físicos les debería parecer que mi teoría de la realidad es verdad. Así que les doy las gracias calurosamente por haber conseguido verificarla. Creo que es justo felicitar a los físicos, los ingenieros y a todos los que los han financiado y apoyado su proyecto, ya que, aunque haya sido tras décadas de trabajo y miles de millones de dólares invertidos, han conseguido, por fin, calcular con razonable precisión la distancia al *Big Bang* y la constante de Hubble. Lo que tiene su mérito, ya que ni el *Big Bang* existe ni existe la constante de Hubble. *No hubo Big Bang, el Universo no se expande y mucho menos se expande aceleradamente.* Tampoco la radiación de fondo de microondas son los restos de una explosión. Todo eso *solo son apariencias que deben percibirse, dada la naturaleza cerrada sobre sí misma de la Realidad.*

La galaxia SPT0418-47 situada a unos 12 000 Mal —relativamente cercana al supuesto *Big Bang*—, la cual tiene una estructura muy similar a nuestra galaxia, confirma que, dado que no ha habido explosión, el universo es similar ahora que al poco de explotar y que, por tanto, es estático; que no hubo *Big Bang*. La estrella HD140283, llamada estrella Matusalén, situada a unos 190,1 años luz de la Tierra —aquí al lado—, a la que se estima una edad de 14.460 ± 800 Ma, o sea, que es tan vieja o más que el *Big Bang*, también indica claramente que no hubo *Big Bang*. Es probable que haya muchos más casos, estos solo son los que yo conozco. Así que *no solo la aparente expansión del universo, la aparente aceleración de esa expansión y la radiación de fondo de microondas encajan en mi teoría del eterno retorno de las apariencias; también encajan misteriosos hallazgos que no encajan en la teoría del universo en expansión*.

Conforme nos acercamos a t = $\Theta/2$, el radio que se observa del Universo es cada vez más pequeño, quedando igual a cero justamente en t = $\Theta/2$ porque entonces estamos observando el universo de un solo átomo que he llamado Um2. Yendo hacia el pasado, el espacio aparenta desaparecer en t = $\Theta/2$ porque su apariencia se concentra en Um2, un solo y diminuto AET que por sí mismo no tiene apariencia. La puerta del futuro se cierra en ese instante de manera inapelable. El universo Um2 es la invisible puerta del futuro, compuesta por un único átomo de espacio-tiempo. Um2 es el horizonte temporal teórico de las ondas electromagnéticas y de los efectos gravitatorios. Lo de teórico es porque en la práctica solo podemos llegar a la radiación de fondo, no a Um2.

Miremos el cielo hacia donde lo miremos, estamos mirando hacia Um2 y, por tanto, al mirar la radiación de fondo vemos el mismo conjunto de universos relativamente cercanos a Um2, el cual tiene aspecto de cuerpo negro a una temperatura de unos 2,7 °K, muy por debajo del punto de fusión del hidrógeno: 14 °K; lo que implica que estamos percibiendo estrellas en estado sólido, como si fueran enormes planetas negros ultracongelados, formando galaxias negras ultracongeladas, donde el tiempo parece haberse detenido, ya que aparentan alejarse a una velocidad cercana a la de la luz (ya que v = c.(1-cos[$(\pi/\Theta).t$]) y si t $\approx$ $\Theta/2$ entonces cos[$(\pi/\Theta).t$] $\approx$ 0).

Una radiación de fondo que no es del todo isótropa porque procede de galaxias que no están distribuidas homogéneamente en el espacio; lo que explica tanto la homogeneidad general de la radiación de fondo como las ocasionales desviaciones de esa homogeneidad, cosa que no explica el *Big Bang*. Aunque, como tantas veces que se ve lo que se quiere ver, los físicos han inventado algunas justificaciones *ad hoc* de esta anisotropía.

Además, ¿por qué nadie explica cómo es que el *Big Bang* se percibe en todas las direcciones?, ¿no debería estar situado en una única dirección? La historia esa que cuentan de que el espacio es como una membrana elástica que se dilata con el tiempo implica que el espacio tiene una imposible cuarta e inobservada dimensión macroscópica. Seamos serios, la fábula del *Big Bang* es un disparate de tamaño astronómico.

Al contrario de lo que piensa la física, el *Big Bang* no es una enorme radiación que contenga todo Universo, sino lo contrario, algo más razonable: la completa ausencia de radiación, un único átomo del universo real. El monstruoso huevo cósmico, el plasma superconcentrado de protones, neutrones y fotones que supuestamente contuvo el universo, es, en realidad, un solo átomo de espacio-tiempo sin contenido alguno. Resulta que el todo de los físicos es —casi— una nada: un solo AET. También la Ciencia en este caso, como Platón, Kant y tantos otros, ha puesto bocabajo la verdad.

El todo solo es observable hasta casi t = $\Theta/2$, es decir, hasta casi su mitad. A ese tiempo le denominamos pasado y, por tanto, la otra mitad del tiempo es lo que llamamos futuro. Aunque de manera cada vez más confusa, podemos observar el pasado casi hasta su final, pero el futuro que mirando hacia el pasado comienza justo allí donde acaba el pasado no puede observarse porque la interacción procedente de él tendría que transmitirse a través de un solo AET, que es incapaz de proporcionar apariencia alguna. No podemos observar el futuro no porque no emita radiación ni gravedad, sino porque la radiación y la gravedad que se emiten a esa distancia no es observable a causa de la curvatura del todo.

Los campos de fuerza del futuro están más allá del horizonte del pasado, pero son completamente inaccesibles. Si se pudiera mirar más allá del horizonte del pasado, se observaría el lejanísimo futuro, el cual, siguiendo la dirección del pasado, comienza en t = $\Theta/2$ y termina en lo que va a ocurrir dentro de un instante, es decir, en t = Θ, que es el mismo instante que t = 0.

La Ciencia, amparándose en un positivismo a ultranza, dice que no tiene sentido intentar averiguar de dónde surgió ese *Big Bang,* pero nosotros estamos en plenas condiciones de responderlo: **en el pasado del Big Bang está el futuro**. Si algún astrónomo extraterrestre está mirando el cielo desde justo detrás de Um2, estará contemplando todo nuestro futuro, que él llamaría pasado, y su *Big Bang* seremos nosotros, a no ser que no haya curas por allí y a nadie se le haya ocurrido la majadería del *Big Bang.*

Nos parece que el futuro cercano, saliendo de la nada, explota e invade el presente y con él el pasado cercano. Lo mismo pasa al otro lado del tiempo, que el lejano pasado parece implotar en la nada, invadiendo así el futuro lejano. La ironía es que el *Big Bang*, lejos de ser una monstruosa explosión del universo, es, más bien, una suave implosión del universo. O, al menos, tan suave como la explosión del futuro que constantemente ocurre ante nuestros ojos; que pronto veremos que no es tan suave, ya que ocurre a la velocidad de la luz. El futuro invade el presente y el pasado invade el futuro y ambas irrupciones ocurren —aparentemente— a la velocidad de la luz. El *Big Bang* es un absurdo por las razones que expondré luego. Lo que dicen de él es una apariencia imposible de la frontera real e infranqueable que existe entre el pasado y el futuro, pero, como todas las apariencias sensoriales, contiene algo de verdad.

El acceso al futuro no solo está guardado por Um2, también por Um1 y, por lo mismo, un solo AET no da lugar a apariencias. Muy cercano o muy lejano, el futuro está cerrado a cal y canto a nuestra percepción, lo cual no quiere decir que no exista, como pretendería el obispo Berkeley. La inaccesibilidad de las observaciones empíricas a la mitad de la Realidad es frustrante. Y es que, en cierto modo, nuestra intuición tiene algo de razón: el futuro es un tiempo fuera del tiempo; fuera del tiempo pasado, claro, que es el único que observamos. Este descubrimiento es asombroso porque la Realidad, por sí misma, no tiene forma de mostrarlo; la mitad de la Realidad está y seguirá estando siempre fuera del alcance de la observación científica. Salvo que la historia de la Ciencia se dilate los 22.924 millones de años que necesita para poder acceder a —casi— todo el futuro actual; es improbable.

4. Nuestra conciencia del futuro

Dado que el tiempo solo tiene una dimensión, es imposible rotar en él, así que todo lo que percibimos está en el mismo sentido del tiempo. Y si a ese sentido lo llamamos pasado, entonces no podemos percibir coordenadas negativas del tiempo que llamamos futuro. No ocurre lo mismo en el espacio porque el espacio tiene tres dimensiones y, por tanto, es posible rotar en cualquiera de ellas, lo que nos permite observar sus dos sentidos opuestos.

Ya vimos que todo lo que percibimos está necesariamente separado un tiempo de nosotros y entonces solo percibimos lo que está en el sentido del tiempo que apunta hacia lo observado; pero lo que está en el sentido del tiempo que apunta hacia el observador no podemos percibirlo porque tendríamos que estar situados donde no estamos situados, es decir, en la situación de los observadores que nos perciben a nosotros en su propio pasado. De ahí el relativismo aparente del tiempo y con él del espacio.

Esto implica la imposibilidad de que puedan venir noticias del futuro a través del universo Um1 de un solo átomo de la EFA. Pero podemos aprovechar esa propiedad de Um1 para ver este asunto desde una perspectiva más biológica. Nuestra conciencia no es un fenómeno puntual, sino que se extiende en un enorme conjunto de relativamente pequeños universos espaciotemporales contiguos en el tiempo que denomino intervalos de conciencia (IC). Como todo, nuestra conciencia es una apariencia necesariamente cuántica. Sin embargo, ningún IC puede percibir su futuro porque el futuro cercano está cerrado a cal y canto por el universo de un solo átomo Um1. Cada IC puede entrar en contacto con el pasado a través de los campos de fuerza —fundamentalmente electromagnéticos—, pero estos campos al igual que no pueden atravesar Um2 tampoco pueden atravesar Um1 para traer noticias del futuro cercano, porque están en el sentido contrario del tiempo.

Desde ninguno de los IC de nuestra conciencia se pueden percibir los IC futuros de ese IC, solo se perciben los del pasado, por mucho que estén tan cercanos a él en el tiempo como lo están los del pasado reciente. Por tanto, es posible percibir y recordar el pasado, pero no es posible percibir ni recordar el futuro. Pero si el futuro es inaccesible, si no hay apariencia alguna del futuro, ¿a qué llamamos futuro? La conciencia de la existencia del futuro solo puede provenir de las conciencias del pasado. Definimos el futuro de una manera retrospectiva. Llamamos futuro — de un pasado— a aquello que es menos pasado que otro pasado. Si siendo tanto A como B pasados, observamos que A es el pasado de B, entonces decimos que B es el futuro de A. Por lo tanto, si estamos en el instante C, inducimos que también existirá un futuro D de C. Es una inducción contra la que arremetía el empirista David Hume, pero hemos visto no solo que es correcta, sino que incluso es una verdad absoluta. Sin embargo, es una inducción tan compleja que solo es posible para un entendimiento. Los sistemas simples de conocimiento no pueden hacerla. Aunque estos sistemas de conocimiento intenten predecir el futuro tanto como el entendimiento, esta es solo una manera de interpretar las cosas del entendimiento.

Pero, ojo, que no exista percepción del futuro no implica que los átomos del presente no sean contiguos con los del futuro, lo que explicaría fenómenos como el de que la luz sepa cómo debe comportarse ante una situación experimental antes de llegar a ella, cosa que hasta ahora era inexplicable. Quizá algunos *déjà vu* no sean errores de memoria, sino resultado de esto.

5. La dinámica del mundo material

Vimos que nuestra conciencia y cualquier otro objeto material perciben el paso del tiempo porque se compone de muchos pequeños universos. Ahora bien, cada uno de esos universos tiene un Um1 distinto y, por tanto, el Um1 de nuestra conciencia, y de cualquier otro objeto, es, en realidad, un conjunto de Um1 distintos que se extiende en el tiempo, al que llamaré Um1c. Obviamente, cada Um1 de Um1c tiene su propio Um2, así que Um1c tiene su correspondiente Um2c. Ningún Um1 ni Um2 se mueve porque se trata de AET, por lo mismo, tampoco se mueven Um1c y Um2c. Pero, como en un momento dado nuestra conciencia es un IC1 que tiene un Um1 concreto y el momento siguiente nuestra conciencia es IC2 que tiene otros Um1 y Um2 distintos, nuestra conciencia aparenta moverse por el tiempo. Ella y todo aquello de lo que tiene conciencia. Pero ni Um1 ni Um2 se están moviendo, sino que somos nosotros quienes estamos llamando Um1 y Um2 a otros IC distintos de los anteriores, o sea, son nuestras definiciones materiales —el tiempo habitual— las que transforman Um1 en Um2, etc. Suponiendo, entonces, que nuestra conciencia durara $\Theta/2$ y, por tanto, que se extendiera hacia el futuro desde Um1 hasta Um2, entonces se extendería por un espacio de $\Lambda/2$, aparentando así moverse a una velocidad de $(\Lambda/2)/(\Theta/2) = \Lambda/\Theta = c_R$. Sin movernos, solo por extendernos en el tiempo real, nos movemos (extendemos) por el espacio; así que lo que estamos redefiniendo constantemente como Um1 se mueve nada menos que a la velocidad de la luz. Nosotros y todos los objetos materiales, salvo la propia luz, nos movemos a la velocidad de la luz hacia Um2. ¡Hacia el *Big Bang*!, solo que en el sentido del futuro y no del pasado; una velocidad peligrosa para ir de espaldas, como vamos. En realidad, todo lo que ocurre en el mundo material ocurre a la velocidad de la luz, por eso el futuro nos invade a la velocidad de la luz y lo mismo ocurre al otro lado del pasado, que el pasado invade el futuro a la velocidad de la luz. Así que nuestro presente se aleja hacia el pasado a la velocidad de la luz, razón por la cual no podemos percibirlo. Por tanto, la luz no se mueve, lo que explica que su velocidad sea independiente del movimiento del observador. La luz no se mueve para ningún observador, lo que implica que su apariencia está muy cerca de la realidad de la que es apariencia. El que percibamos la luz moviéndose hacia nosotros a esa misma velocidad implica que estamos definiendo la luz como algo tan cercano a algo real que tiene una de las propiedades de la Realidad: que no se mueve. La luz —las ondas electromagnéticas en general— es el paisaje real, y por tanto inmóvil, por el que nuestra conciencia se extiende en su aparente veloz carrera hacia Um2 en el sentido del futuro. Es, pues, nuestra conciencia lo que pone el mundo en movimiento. Al final resulta que el primer motor, y por tanto el dios Dios, somos nosotros mismos.

Nada se mueve, pero como la conciencia recuerda el pasado, como tiene conciencia del pasado y el pasado es distinto del presente, eso da lugar a la apariencia del movimiento de todas las cosas. Para quien nada recuerda, para quien no conoce nada pasado, no existe el movimiento; lo que abunda en que el movimiento es una apariencia.

La velocidad de la luz que percibimos es la relación que hay entre el espacio y el tiempo de nuestros intervalos de conciencia —y, en general, de la relación que hay entre el espacio y el tiempo de un AET—. Bueno, no exactamente, porque no somos capaces de percibir a ojo el movimiento de la luz, así que hemos sido demasiado optimistas al suponer IC demasiado finos. Nuestros IC biológicos se extienden demasiado en el tiempo para poder percibir el movimiento de la luz. Aun así, los científicos se las han arreglado para percibirlo.

Ahora comprendemos por qué la velocidad de la luz es la misma, aunque nos movamos a diferentes velocidades. También se entiende así que los físicos necesiten de aceleradores de partículas para percibir objetos cuya apariencia está muy cerca de ser algo real. Cuanto más inmóvil percibamos algo, menos real es, porque la realidad subyacente a cualquier apariencia se mueve —en realidad se extiende— a la velocidad de la luz. El mundo material es un veloz mundo fantasmal creado por nuestra conciencia a partir de noticias de la Realidad, la cual es algo permanentemente quieto, al igual que la realidad subyacente a nuestra conciencia. Queda así explicado el importantísimo postulado de Einstein —dejando así de ser un postulado— de que la velocidad de la luz sea la misma con independencia de la velocidad del observador. Por lo mismo, se explica que la velocidad de la luz sea la máxima velocidad que puede alcanzar un objeto material: porque el espacio y el tiempo real son cosas absolutas y quietas, por lo que estar parado en esa Realidad es lo máximo que algo se puede parar.

Salvo eso que llamamos vacío, la luz, y con ella las ondas electromagnéticas, es el objeto material más parecido a un objeto real que conocemos sin utilizar aceleradores de partículas. Mediante estos aceleradores se consigue percibir objetos materiales que están muy cerca de ser reales, dado que se mueven a velocidades cercanas a la de la luz; así que están casi parados, o sea, que casi son tan reales como la luz y, por tanto, que, fundamentalmente, son ondas como la luz. Pronto veremos por qué son ondas.

6. La geometría microscópica del espacio-tiempo

6.1 Las apariencias de masa, energía y supercuerdas

Intentaré comprender ahora qué cosa real subyace a las apariencias de energía, masa y supercuerda. Antes de empezar, aclararé algo importante: la distinción entre la velocidad de la luz para los físicos c_f de la constante c_R de la EFA. El asunto es que c_R es una relación entre cantidades de átomos, mientras que c_f es una relación entre magnitudes continuas de espacio y tiempo habitual. Las he identificado porque la forma de la ecuación de Minkowski coincide con la forma de la EFA para casos de magnitudes pequeñas de tiempo, pero no son la misma cosa.

Lo que dice la EFA que es constante es $c_R = \Lambda/\Theta$, la relación entre el número total de átomos que hay en cualquiera de las dimensiones espaciales dividido por el número total de átomos que hay en la dimensión del tiempo. Por eso, lo que diría la física que es constante si ampliara el modelo de Minkowski al de la EFA sería la relación entre lo que la luz tardaría en recorrer un universo vacío y homogéneo y el tiempo que tardaría en recorrerlo: $c_f = (\Lambda.ds)/(\Theta.dt)$, o sea, $c_f = (ds/dt).c_R$, donde c_R no tiene unidades y ds y dt son la magnitud de los AET en el espacio y el tiempo. Recuérdese que en la EFA supusimos que ds = 1 y dt = 1 —o sea, tomamos como unidad de medida un AET—. Pero también puede verse de otra forma si, en lugar de considerar ds = dt = 1, consideramos que la velocidad de la luz también es $c_f = (ds/dt)$ en cada AET, donde ahora ds y dt no son 1, sino lo que midan los AET. Todo lo cual hace evidente que mientras que la velocidad de la luz de la física es distinta según el medio en el que se observe —distintos ds y dt— no le ocurre así la velocidad atómica de la luz, que en cualquier medio es c_R, porque no tiene en cuenta las dimensiones de estos. Es decir, que los físicos consideren a c_f una constante proviene de que c_R es una verdadera constante universal, pero no tanto c_f. Aun así, parece haber consistencia entre lo que dice la EFA y lo que dicen los físicos, dado que estos no afirman que la velocidad de la luz sea siempre la misma, sino que es siempre la misma cuando se propaga en el vacío profundo, no cuando se compara con la velocidad de la luz en otros medios o cerca de grandes masas, es decir, cuando hay deformaciones del espacio-tiempo respecto al vacío y, por tanto, cuando ds o dt son distintos a lo largo de su trayectoria, lo que implica que son distintos de los ds y dt de los AET del vacío profundo. La sencilla ecuación $c_f = (ds/dt)$ no solo explica el fenómeno de la refracción habitual, sino también el de la curvatura de la luz cerca de grandes masas; lo cual puede verse como una refracción.

Dado que todo lo que existe es realmente espacio-tiempo, con masa y energía la física se refiere a algunas características del ETR que hacen que podamos distinguir en él unas zonas de otras. Lo que en términos de contigüidad significa que la masa y la energía son apariencias que se derivan de lo mismo que se derivan todos los objetos materiales: de tamaños y contigüidades de tamaños de AET distintos.

La unidad de masa es una unidad básica de medida, así que, de momento, no sé relacionarla con algo real; pero la energía tiene unidades $kg.m^2.sg^{-2}$, así que $E = M.(ns.ds/nt.dt)^2$, donde M es la masa, y que podemos poner:

$$E = M.(ds/dt)^2/(ns/nt)^2$$

Y si consideramos un solo átomo ($ns = 1$ y $nt = 1$) obtenemos la ecuación más famosa de Einstein:

$$\mathbf{E = M.c_f^2} \qquad \text{(I)}$$

Para separar la masa de la energía, echaré mano de una ecuación de Einstein que relaciona la energía de un fotón y su frecuencia: $E = h.f$, donde h es la constante de Planck: $E = h.(nt.ds/dt)$, o sea, $E = h.(ds/dt).nt$. Que en un solo átomo queda:

$$\mathbf{E = h.c_f} \qquad \text{(II)}$$

Y sustituyendo la E de (II) en (I) nos queda:

$$\mathbf{M = h/c_f} \qquad \text{(III)}$$

Esto implica que *todos los AET tienen tanto energía como masa*. Lo que, entre otras cosas, resuelve el problema de si los fotones tienen o no masa. La tienen, porque todo AET tiene masa, y, por tanto, incluso el vacío profundo tiene masa; lo que abunda en que yo sea más materialista que el materialismo. Resulta que *el espacio-tiempo real es material*. Así que *ni en la Realidad ni en las apariencias hay cosas inmateriales*.

También se ve que *sin tiempo (nt = 0) no podría existir ni energía ni masa (nt=0 → E=0 → M=0)*. O sea, *si se considera que el espacio-tiempo es un continuo, entonces la constante de Planck sería h = M.c_f = 0 y nada podría existir*. Lo que implica que la constante de Planck está relacionada con el tamaño de los AET.

Otro asunto interesante es que como el tiempo es $T = nt.dt$ existe un tiempo mínimo «medible». Esto es algo que ocurriría cuando $ns = nt = 1$ —se estuviera midiendo un solo AET—: $T_{MIN} = dt$. Pero tampoco se pueden medir energías menores que las contenidas en un solo AET, o sea, $E_{MIN} = h.(ds/dt)$.

Con lo que solo se puede medir $T > = dt$ y $E > = h.ds/dt$. Multiplicando ambas cantidades tenemos que $E.T > = h.ds$. Lo cual es el principio de incertidumbre de Heisenberg. Una apariencia cuya realidad subyacente es la cuantización del espacio-tiempo.

En estas ecuaciones, he representado la dimensión espacial de los AET con el escalar ds, pero el espacio tiene tres dimensiones y, por tanto, las magnitudes de energía y masa no son escalares, sino vectores de tres dimensiones. Esto significa que lo que la física considera puntos sin dimensiones tanto de la materia como del vacío no son cosas elementales, sino que tienen tres dimensiones de energía, tres de masa y una de tiempo (dt) que son intrínsecas a esos puntos. Esas 7 dimensiones microscópicas sumadas a las 4 dimensiones macroscópicas del espacio-tiempo dan las 11 dimensiones de las supercuerdas. Sospecho, pues, que con sus supercuerdas la física intenta reflejar la realidad de que el espacio-tiempo es cuántico, es decir, que está compuesto por átomos de espacio-tiempo. Para ello se inventan dimensiones espaciales que, si son algo, son solo apariencias de los AET.

Lo primero que se piensa cuando se quiere relacionar la materia y la energía con la geometría del ETR es que la materia, por ejemplo, un electrón, es algo que se extiende muy poco por el espacio aparente (2.8×10^{-13} cm), pero mucho por el tiempo. Se estima que la vida media del electrón es como mínimo la friolera de 4.6×10^{26} años, mucho mayor, 10^{16} veces mayor, que el tiempo total que existe y no digamos la del protón, que es como mínimo 10^{35} años; más de 2.2×10^{25} veces el tiempo total.

La energía, en cambio, por ejemplo, un fotón, es una estructura que puede extenderse mucho no solo por el tiempo —aunque muchísimo menos que las anteriores—, sino también por el espacio aparente. La materia parece estar compuesta por pequeñísimas estructuras de espacio aparente que realmente son enormes estructuras de espacio-tiempo real muy fino en el espacio, que se repiten con algunos pequeños cambios espaciotemporales no esenciales a su definición, ya que se percibe como una misma cosa que se repite en el tiempo con cambios cuánticos y lo suficientemente limitados como para que los físicos no consideren que dejan de ser lo que son, es decir, para que no se desintegren. Pero sea como sea, si un electrón o un protón aislados viven esa inimaginable cantidad de tiempo es porque, sea cual sea la estructura que tengan, esta se repite una y otra vez. Además, como las transformaciones que sufren las distintas copias espaciales del electrón son muy limitadas, es evidente que el número de estados distintos no puede ser muy grande, por lo que se repetirán de verdad a intervalos no demasiado largos en el tiempo. Por tanto, llegamos a la conclusión de que el electrón y la materia, en general, son fenómenos ondulatorios.

Los enormes tiempos de vida media de protones y electrones, muchos órdenes de magnitud mayores que el tiempo total que existe, implica que se extienden, con enorme probabilidad, durante todo el tiempo Θ y, por tanto, que *la inmensa gran mayoría son eternos no solo en la Realidad, sino también en las apariencias.* Resulta que la sucia materia es mucho más eterna que las pulcras ideas de los idealistas.

6.2 Las partículas

Antes de entrar en la geometría microscópica del ETR, a la que llamo topografía del Todo, conviene saber que esta topografía apenas influye en la geometría macroscópica del ETR que hemos visto. Su influencia en ella es solo de detalle, y de detalle muy fino, porque, con muchos grados de precisión, el Todo es básicamente eso que denominamos vacío y, por tanto, es algo casi homogéneo, algo en donde es casi imposible hacer distinciones ni siquiera con buenos aparatos de medida. Si el Todo fuera la superficie de la Tierra, entonces las estrellas gigantes serían mucho más pequeñas que los virus más pequeños, así que sería muy difícil averiguar que hay algo, que el todo no es totalmente liso, que no es solo vacío. La supuesta existencia de agujeros negros no es relevante para la geometría macroscópica del todo. De hecho, podemos hacer una estimación de la densidad del agujero más negro posible dentro de lo razonable: el que estuviera compuesto por neutrones pegados unos a otros, por lo que tendría la misma densidad que un neutrón, es decir, unos 2×10^{17} kg/m^3, una densidad muy notable, pero que dista mucho de ser infinita. Los agujeros negros no son más que una fantasiosa especulación de quienes no saben que la materia es cuántica y, por lo tanto, que no existen neutrones de las dimensiones que uno quiera. Los científicos dicen que las estrellas de neutrones pueden llegar a tener en su núcleo una densidad ligeramente superior a la de un neutrón, pero suponer que los neutrones pueden aplastarse está muy cerca de implicar un absurdo concepto continuo del espacio-tiempo. Es más, son cálculos difíciles, por lo que es probable que esa densidad no llegue a la del neutrón.

La estructura de tres cuarks UUD (Up, Up, Down) de los protones proviene de una solución geométrica de AETs tremendamente estable en el tiempo, lo que seguramente supone un complejo encaje de bolillos de tamaños de AETs, que, aunque no imposible, difícilmente podría darse también con AETs de dimensiones distintas. De hecho, los neutrones, que son estructuras UDD, en las que solo un cuark cambia de tipo (Up por Down), son estructuras inestables en sí mismas, es decir, si no se asocian con protones que les alarguen la vida. De hecho, los neutrones por sí mismos tienen una vida media de menos de quince minutos.

Si en el Universo existen agujeros negros, o sea, materia con densidad mucho mayor que la de un neutrón, es un tipo de materia desconocida, aunque por lo que ahora conocemos sobre la materia no es imposible. Pudiera haber zonas de espacio-tiempo compuestas por AET mucho más pequeños de lo habitual o con contigüidades distintas de lo habitual, aunque más que agujeros serían lentes gravito-electromagnéticas, como todos los cuerpos muy densos; pero es una especulación gratuita.

En cualquier caso, el problema de conocer todo lo existente es conceptualmente muy sencillo, ya que solamente supone conocer las dimensiones de todos los AET y cómo están situados unos respecto a otros. Lo cual, obviamente, es imposible. Pero la Ciencia tampoco aspira a resolver el problema menor de conocer hasta la última de las partículas materiales existentes junto con las historias y trayectorias a lo largo de todo el tiempo de sus existencias. La Ciencia no aspira a conocer punto por punto el plano topográfico de todo el espacio-tiempo, no intenta detallar la Realidad entera. En el mejor de los casos, solo intenta describir las distintas estructuras topográficas (topos) que existen. Dicho de otra manera, si la mecánica cuántica tuviera una concepción geométrica de las partículas y de sus interacciones que partiera de la existencia de los AET, su trabajo consistiría en construir reglas de contigüidad espaciotemporal (RCETs) entre los AET, de las que dichas partículas e interacciones aparentaran ser resultado. Lo que implica que incluso los más básicos conocimientos científicos solo pueden ser imaginaciones del entendimiento, apariencias extraídas de la Realidad. Lo que vuelve quizá a explicar el porqué del Idealismo. Las RCET serían así las primeras apariencias racionales de la Realidad. Si queremos describir el mundo real y sus apariencias materiales sin decir disparates, debemos construir luego todas las demás apariencias sobre esas RCET. Es más, el carácter geométrico de la Realidad se proyecta en las apariencias. Nuestras distinciones son, fundamentalmente, distinciones geométricas, tanto en el espacio (objetos) como en el tiempo (fenómenos). También nuestra tecnología es en buena medida geometría. Todas las cosas están sostenidas en su ser —las definimos— por su particular geometría, desde la identidad de las personas hasta la de las cosas: las montañas, los ríos, los aviones, los edificios, las antenas, los motores, los utensilios, el sexo de la gente..., todo lo definimos mediante una forma geométrica. Lo mismo ocurre con los fenómenos si consideramos el tiempo real y no el habitual.

Intentaré ahora hacerme una idea, aunque sea gruesa, de cómo surgen de los AET las apariencias microscópicas de la Ciencia. Solo voy a exponer algunas hipótesis razonables de qué tipos de estructuras de AET pudieran llevar a las apariencias de las partículas elementales y de sus interacciones. Lo que sí puede afirmarse con certeza es que, si no fuera posible construir

RCETs, solo podría ser porque los AET, fuera cuales fueran sus tamaños, están rodeados de AET con tamaños cualesquiera. Pero eso daría lugar a un Universo caótico en el que sería imposible definir objetos materiales ni fenómenos. Por lo tanto, dado que construimos objetos materiales y fenómenos, entonces es posible definir RCET; dicho a la manera idealista, existen RCET. También puede afirmarse con certeza que las RCET no podrán ser completamente deterministas. Supongamos que lo fueran. Entonces, podrían ocurrir dos casos. El primero, que un AET de tamaño A estuviera rodeado siempre por átomos de tamaños A. Pero entonces todo el Todo estaría compuesto de AET de tamaños A y por lo que sería un todo sin apariencias, completamente vacío. El segundo caso es que un AET de tamaño A estuviera rodeado siempre por átomos de tamaño B. Pero entonces los átomos de tamaño B estarían rodeados de átomos de tamaño A, con lo que el todo estaría compuesto de átomos de solo dos tamaños A y B que resultaría también un Todo homogéneo, sin apariencias y vacío. En conclusión, dado que existen apariencias, existen RCETs y estas no podrán ser completamente deterministas. Es curioso y sorprendente que *para que existan determinaciones macroscópicas sea necesario que existan indeterminaciones microscópicas*. Lo que aplica, obviamente, a las partículas y sus interacciones.

Después trataré los fenómenos indeterministas, pero para entender mejor lo anterior y lo que sigue adelanto algo. Tanto en el espacio como en el tiempo pueden existir topos AB (donde A y B son AET) y no existir topos AX cuando X es distinto de B. En este caso, diremos que existe la regla de contigüidad «si A entonces B», cosa que cuando ocurre en el tiempo solemos describir diciendo que «A causa B». Este tipo de regla de contigüidad diré que es una determinación causal determinista.

Pero también pueden existir familias de topos AX donde X puede ser uno cualquiera de los tamaños de un conjunto finito de tamaños al que denomino campo de determinación de A: $\{B, C\ldots, N\}$, donde cada elemento puede aparecer en el ETR con una probabilidad distinta. En este caso, existe la regla de contigüidad «si A entonces un elemento de $\{B, C\ldots, N\}$» con frecuencias $\{F_B, F_C\ldots, F_N\}$. A este tipo de regla de contigüidad la llamaré determinación causal indeterminista. Nótese que una regla de contigüidad indeterminista no convierte los topos en indeterminados. Puede que lo que viene a continuación de A sea imposible de determinar antes de percibirse, pero eso no significa que sea indeterminado en sí mismo porque existe en el futuro y decir que lo que existe es indeterminado es absurdo. Que nosotros no podamos determinarlo antes del momento en el que está situado no implica que su naturaleza sea indeterminada, solo que es indeterminable antes de tiempo, antes de su tiempo.

Dada la naturaleza indeterminista de las RCET, las leyes científicas no pueden ser completamente deterministas. Sin embargo, el idealismo subyacente al empirismo científico cree que una ley científica no puede ser indeterminista —Dios no juega a los dados—, y, en consecuencia, intenta convertir esas leyes en deterministas a costa de la indeterminación de la Realidad, lo cual lleva a afirmar que la Realidad es la que se contradice y no las leyes, lo que convierte la realidad en absurda y, por tanto, en incognoscible. ¡Un disparate!

Este idealismo residual del empirismo admite, pues, que la realidad viola el axioma de la validez de las teorías —el único axioma que respeta el idealismo; al menos hasta Hegel, después ya no respeta ninguno, lo que la convierte en una ideología demente *cum laude*—, y al violar la Razón desemboca en el hegelismo y hasta hace posible el deísmo.

Y todo esto a pesar de que la Realidad esté completamente determinada... por ella misma. Pero ya vemos que, *aunque el tiempo real es absolutamente determinista, el tiempo habitual es necesariamente indeterminista*. Otra cosa es que en el mundo de los objetos macroscópicos esa indeterminación no se aprecie casi nunca debido a un efecto estadístico: que la media es mucho más estable que las muestras. *La media de muchas indeterminaciones aparenta determinación. Lo macroscópico aparenta regirse por causas, pero conforme miramos la Realidad más de cerca* y, como era de esperar, si se conoce la naturaleza de la Realidad, *esas causas desaparecen. Lo cual solo es asombroso para un idealista que cree que la realidad son leyes inmutables, en lugar de creer que es alguna materia inmutable como debería creer un materialista*. Y como, por cierto, creían los presocráticos.

Los objetos materiales, incluidas las partículas elementales, son estructuras de AETs muy improbables en el todo que provienen de una enorme cantidad de aplicaciones de RCETs indeterministas, que para IETs compuestos por muchos AET es casi imposible que reproduzcan en la coordenada adyacente idénticos tamaños de AETs. De hecho, los objetos materiales elementales (las partículas) desaparecen rápidamente en el espacio aparente y si no lo hacen tan rápido en el tiempo habitual —y, por tanto, en el espacio real— quizá sea porque las reglas que regulan las contigüidades temporales son más deterministas que las que regulan las espaciales.

Dicho de manera más sintética, conocer la topología del todo sería conocer cómo se relacionan los tamaños de las distintas dimensiones de un átomo $\{\Delta x, \Delta y, \Delta z, \Delta t\}$ con los tamaños de sus AET contiguos. La aproximación más sencilla sería de tipo lineal y la podemos expresar mediante una matriz de funciones que predice el tamaño de un átomo a partir del tamaño de un átomo contiguo:

$$\begin{pmatrix} \Delta x_2 \\ \Delta y_2 \\ \Delta z_2 \\ \Delta t_2 \end{pmatrix} = \begin{pmatrix} A(\ ) & B(\ ) & B(\ ) & C(\ ) \\ B(\ ) & A(\ ) & B(\ ) & C(\ ) \\ B(\ ) & B(\ ) & A(\ ) & C(\ ) \\ D(\ ) & D(\ ) & D(\ ) & E(\ ) \end{pmatrix} \begin{pmatrix} \Delta x_1 \\ \Delta y_1 \\ \Delta z_1 \\ \Delta t_1 \end{pmatrix}$$

Así:

$$\Delta x_2 = A(\Delta x_1) *_1 B(\Delta y_1) *_1 B(\Delta z_1) *_2 C(\Delta t_1)$$

$$\Delta y_2 = B(\Delta x_1) *_1 A(\Delta y_1) *_1 B(\Delta z_1) *_2 C(\Delta t_1)$$

$$\Delta z_2 = B(\Delta x_1) *_1 B(\Delta y_1) *_1 A(\Delta z_1) *_2 C(\Delta t_1)$$

$$\Delta t_2 = D(\Delta x_1) *_3 D(\Delta y_1) *_3 D(\Delta z_1) *_4 E(\Delta t_1)$$

Donde desconocemos las funciones $A()$, $B()$, $C()$, $D()$ y $E()$ y los operadores $*_1$, $*_2$, $*_3$ y $*_4$.

El que el número de elementos distintos de la matriz se haya reducido de 16 (4×4) a solo 5 es por las evidentes simetrías existentes —las tres dimensiones del espacio son equivalentes—. La reducción del número de operadores es por lo mismo. Bajo esta hipótesis, construir las RCET consistiría en construir estas nueve incógnitas, todas ellas indeterminantes. A ellas debemos añadir otra importantísima RCET, la RIA (regla de identidad atómica), que es completamente determinante, dado que es una verdad absoluta: un AET solo puede tener un tamaño, su tamaño; lo cual hace que el indeterminismo de las demás RCET esté muy cerca de ser una verdad absoluta.

No hay razón para que estas funciones y operadores sean muy complicados, es probable que sean sencillos y puede que en su mayor parte sean deducibles de especulaciones geométricas. Construir esta matriz de contigüidad (MC) supone construir la topología del Todo, conocer la geometría microscópica del Todo. El problema, claro está, es relacionar las partículas y fenómenos de la física con las RCET.

La relativa sencillez de la MC explica por qué el mundo material es tan sencillo. Explica por qué a través de sus experimentos la física solamente haya encontrado un puñado de partículas elementales distintas y solo cuatro fenómenos diferentes. Tres, si tomamos en consideración la unificación de la fuerza electromagnética con la fuerza débil, la llamada fuerza electrodébil. Una sencillez que ahora vemos que se debe a tres cosas: a que el espacio-tiempo solo tiene cuatro dimensiones, de las cuales tres de ellas son equivalentes en todos los aspectos y, claro está, a que es cuántico y finito. Solo lo complica otra cuarta cosa: que es indeterminante. Aunque es probable que esa indeterminación esté bastante limitada por razones geométricas.

Al conjunto de estas cuatro propiedades fundamentales de las reglas de contigüidad de los AET: operar en solo cuatro dimensiones, ser cuánticas, finitas e indeterminantes, diré que es la fuente de los objetos materiales (FOM), la fuente de las apariencias. El Todo es gigantesco, pero la falta de diversidad que a causa de la FOM adoptan las configuraciones de AET que dan lugar a los objetos materiales no es menos aparatosa. Prácticamente, todo el ETR está compuesto de AET que dan lugar a la apariencia del vacío y casi todo lo demás son pequeñísimas configuraciones de AET que dan lugar a la apariencia de protones, electrones y fotones y, en una proporción todavía menor, configuraciones que dan lugar a neutrones y poco más. Lo mismo puede decirse de los topos que dan lugar a la apariencia de las fuerzas, únicamente dos de ellos tienen trascendencia macroscópica, la gravitatoria y la electromagnética, que, a su vez, están ligadas a las partículas anteriores. Las otras dos fuerzas, la nuclear fuerte y la nuclear débil, más que fuerzas, pronto veremos que parecen ser constructos teóricos para lidiar con las consecuencias de la inconsistencia del concepto del tiempo habitual que todavía tiene la física. Incluso hay razones para pensar que la fuerza magnética es una pseudofuerza; si así fuese, solo tendríamos dos tipos de deformaciones reales de los AET, una que da lugar a la interacción gravitatoria y otra que da lugar a la interacción eléctrica. Todas las demás fuerzas serían lo que los físicos llaman pseudofuerzas, es decir, fuerzas que no existen en sí mismas, pero que en determinadas circunstancias parece que existen; por ejemplo, las bien conocidas pseudofuerzas inerciales de la mecánica clásica, como la fuerza de Coriolis debida a la rotación de la Tierra o la que nos empuja hacia delante cuando frenamos bruscamente el coche.

Las partículas y las fuerzas no están vinculadas propiamente a los AET, sino a sus tamaños y a las configuraciones que adoptan esos tamaños. Los AET solo existen en un cierto lugar (cuántico) y en un cierto instante (cuántico) y, aunque formen parte de un cierto topo del ETR, no forman parte de ningún otro topo del ETR por muy semejante que sea. Por tanto, los objetos materiales no surgen directamente de los AET, no basta con que existan AET para que existan las apariencias, es preciso, además, que las configuraciones de AET que dan lugar a los objetos materiales se repitan muchas veces en el espacio-tiempo. O sea que, aunque las RCET sean indeterminantes, las propias RCET son, en buena medida, determinables; razón por la cual pueden formularse leyes del universo y de que la idea de logos de Heráclito no fuese desencaminada a pesar de ser en sí misma un idealismo sin sentido. A veces suena la flauta por casualidad.

Al descubrir que la realidad es el espacio-tiempo, le he quitado a la realidad su ancestral misterio, pero a cambio le he dado a las apariencias mucho más misterio del que tenían después de aparecer la Ciencia, porque resulta que en la Realidad no hay reglas de inferencia. Así que ahora sabemos que puede haber rincones muy singulares de espacio-tiempo muy improbables en los que no rijan las habituales leyes científicas. Pero, aunque no rigiera ninguna ley científica, esos topos singulares estarían perfectamente determinados y serían perfectamente cognoscibles. Otra cosa es que se llegue a conocerlos, lo que abunda en que el empirismo radical no es una filosofía capaz de abarcar la Realidad y, por tanto, no es capaz de abarcar todas las apariencias. O sea, puede haber IETs en los que existan unas RCET locales distintas a las que rigen en la mayor parte del ETR. Lo que incluye la existencia de conciencias muy distintas a las nuestras. Y nótese lo singulares que son ya nuestras conciencias. Puede ser que la vida inteligente sea menos frecuente en el universo de lo que se piensa; ya es muy escasa en la propia Tierra, incluso dentro de la especie *Homo sapiens*. A partir de ahora el mundo material en mucho más mágico que antes. Aunque no desdeñemos la ley de los grandes números: es improbable que lo improbable dure mucho, ni en el espacio ni en el tiempo. Así que no asombra que nuestra especie esté a punto de desaparecer; ya lo estuvo otra vez en el Paleolítico.

Aunque los AET son lo que son y no están en otro sitio del que están y, por tanto, no se repiten en ningún otro sitio, sus tamaños y las configuraciones en las que se asocian esos tamaños sí que se repiten. De hecho, los tamaños de los AET se repiten con gran frecuencia tanto en el espacio como en el tiempo y se agrupan en todavía muchos menos tipos de configuraciones distintas de contigüidad, tanto en el espacio como en el tiempo, para formar los topos, que la física llama partículas y campos de fuerza.

Observemos la matriz de contigüidad. De que las partículas materiales son muy pequeñas en el espacio deducimos que las funciones A() y B() crecen rápidamente hasta que las dimensiones espaciales de los átomos alcanzan las dimensiones espaciales de los átomos de vacío. Cuando lo hacen, todavía siguen creciendo, pero ya no observamos partículas, sino campos gravitatorios. Aun así, tienen que ser funciones indeterminantes.

Las partículas materiales suelen extenderse por grandes intervalos de tiempo manteniendo su identidad, así que la función C(), a pesar de ser indeterminante, es necesariamente periódica. Las cargas eléctricas también son espacialmente pequeñas y, por tanto, la función D() también crece rápidamente. Cuando se alcanzan las dimensiones temporales de los átomos de vacío, todavía siguen creciendo, pero en lugar de observarse cargas se observan campos eléctricos. El campo electromagnético se extiende también mucho por el tiempo habitual, de donde se deduce que la función $E()$ es, al igual que $C()$, una función periódica. Todo aquello que se extiende por el tiempo lo suficiente para que podamos darle una definición es periódico. Y como si algo se extiende por el tiempo también lo hace por el espacio, *todo lo que se extiende lo suficiente por el tiempo, y, por tanto, toda apariencia, todo objeto material y todo fenómeno tiene forma de onda.*

Al conjunto de las funciones $C()$ y $E()$ que describen cómo los objetos materiales y las ondas electromagnéticas se extienden por el intervalo de tiempo suficiente para que podamos observarlos, lo denomino regla de contigüidad temporal (RCT), cuyo dominio son las dimensiones temporales de los átomos. La RCT es la regla de contigüidad que empuja a todas las cosas a permanecer en su ser, o sea, aquello que hace posible nuestras definiciones de los objetos materiales. Se trata de la primera y más básica ley de inercia que subyace a las apariencias y probablemente se cumple de manera bastante determinada, salvo que viole la RIA en algún AET.

La RIA es la crítica más básica que existe, porque dice «no» a los resultados contradictorios de distintas reglas de contigüidad. Esta regla prohíbe el absurdo a las RCET. Esto implica que dos RCET cualesquiera no pueden ser ambas determinantes si afirman cosas distintas sobre el tamaño de un AET. Podemos describirlo así: la RCT dice «si A en t_1 entonces B en t_2», pero la RIA dice «si RCT_1 y RCT_2 se contradicen en t_2, entonces No(RCT_1 y RCT_2)». La ley de la inercia ya no se cumple, sin embargo, el AET de t_2 sigue siendo contiguo de alguna manera y, por lo tanto, puede que exista —que podamos definir— una nueva RCT_3 para estos casos excepcionales. Obviamente, el ETR no puede decir «no», pero es cómodo expresarlo así.

A la RCT inercial que explica aspectos fundamentales de las partículas la denomino RCTi y a la nueva regla de contigüidad temporal la llamaré RCTf, dado que sería lo que principalmente explica las fuerzas entre las partículas de las que habla la física. Lo de fundamental y principalmente lo digo porque las reglas de contigüidad en el espacio también contribuyen tanto al ser —la definición— de las partículas como a las fuerzas entre ellas.

Los topos habituales del ETR pueden entrar en conflicto entre sí, por tanto, es imposible que la RCTi se cumpla siempre, la RCTi tiene excepciones que he llamado RCTf. Pero a causa de la RIA, ninguna RCET que inventemos puede estar libre de excepciones. La RIA es la responsable de fenómenos como los productos de colisión, las desintegraciones espontáneas, los orbitales de los átomos, o la escasa vida media de algunas partículas; incluso de que los campos de fuerza que crean las funciones de contigüidad $A()$, $B()$ y $D()$ ejerzan fuerzas. Al conjunto de estas tres últimas funciones lo denomino regla de contigüidad espacial (RCE), cuyo dominio son las dimensiones espaciales de los AET. Es obvio que las RCT y la RCE se relacionan la una con la otra porque, aunque sus dominios sean distintos, los codominios de ambas son todas las dimensiones de los AET. Pero su forma es muy diferente porque mientras la RCE es una función indeterminante pero creciente, que enseguida lleva a que las dimensiones del espacio y el tiempo alcancen máximos, la RCTi es una función bastante determinante, pero, aun así, periódica, de manera que lleva a que los tamaños de los AET se repitan tras cierto número —en principio aleatorio, pero no necesariamente— de saltos de contigüidad, salvo por la interacción que pueda haber con la RCE que aumenta el tamaño de los AET. Una interacción que casi desaparece cuando la RCE ha llevado ya a los tamaños atómicos al rango de tamaños de los AET de vacío, transformando los saltos de contigüidad en ondas de tamaños de amplitud constante, aunque, claro está, más o menos aleatoria. Unas ondas que solo se distinguen del vacío mientras sus AET se mantengan pequeños respecto al tamaño de los AET de vacío.

Ya que el Todo no es del todo un caos, es probable que la matriz de contigüidades —ampliada por las excepciones y las excepciones de las excepciones debidas a la RIA— pueda deducirse de consideraciones geométricas y estadísticas. Un problema que dejo con generosidad a físicos y matemáticos. Seguro que lo harán mucho mejor que yo.

La verdad absoluta de que las RCET no son determinantes implica que el Todo es contingente. O sea, el Todo es como es, pero pudiera ser de otra manera; en el sentido de que no hay razones lógicas ni ontológicas que hagan necesario que el Todo sea como efectivamente es. Lo cual desmiente el principio antrópico que pretende que el mundo es necesariamente como es; otra veleidad idealista más, fruto de creer en disparatados mundos trascendentes. Esta falta de determinación lógica y ontológica del Todo implica que las contigüidades realmente existentes no pueden deducirse filosóficamente de consideraciones generales sobre las apariencias; solo pueden determinarse después de observar las apariencias. Solo la Ciencia puede dotar de verosimilitud a las hipótesis de RCET que se nos ocurran. Lo cual es consecuencia de que no es posible dar significado a algo sin algún contacto con la Realidad. Es imposible deducir por completo el Todo de lo absurdo; lo absurdo solo aporta condiciones de contorno, solo dice No() y conocer es decir Sí(). El Todo no puede conocerse sin echarle antes un —profundo— vistazo científico. Así que *el Todo nunca podrá ser descrito totalmente con verdades absolutas, por lo que nunca podremos prescindir de las verdades corrientes de la Ciencia*, nunca podremos prescindir de las hipótesis científicas. Aunque si esas hipótesis están cerca de ser verdades absolutas, eso dejará de tener importancia, por lo menos en la práctica.

De que las RCET son necesariamente indeterminantes también se deduce que la probabilidad de que existan dos objetos o fenómenos macroscópicos idénticos es despreciable. Es más, las inducciones sobre lo que ocurre en lugares lejanos del espacio-tiempo son mucho menos seguras de lo que pensábamos cuando creíamos en leyes del universo. Todo lo que existe en el mundo material macroscópico es tremendamente improbable y misterioso; en consecuencia, el mundo aparente es muy asombroso. El conocimiento de la naturaleza de la Realidad, lejos de haber destruido el misterio del cosmos, nos ha regalado un cosmos intrínsecamente extravagante que, aunque cognoscible, nunca podremos conocer del todo.

6.3 Los campos de fuerza

La determinación causal de la RIA es perfectamente determinista, un AET tiene el tamaño que tiene y no puede tener otro. En contra de su aparente inanidad, la podemos considerar la más importante de las RCET. Una regla que encarna el PVA más íntimo de la Realidad. La RIA es la responsable de la apariencia de la transformación de unas partículas en otras y, aunque no tiene que ver con la existencia de campos de fuerza, es la causante de que los campos de fuerza ejerzan fuerzas, por lo que también es responsable de la apariencia de los cambios de movimiento o, si se prefiere, de las excepciones de la ley de la inercia. Esto no significa que la RIA no intervenga en la topografía de los campos de fuerza, donde su exigencia tiene que respetarse necesariamente. La RIA interviene en la topografía de las partículas y de sus campos porque cuantos más átomos tomamos en consideración, más determinaciones de contigüidad tomamos en consideración y, por tanto, más problemas hay para no violar la RIA. Este es también el motivo principal de que los átomos de la física sean, por lo general, más inestables cuanto mayor es su número atómico (más protones) o de que la inestabilidad dependa de isótopos con más neutrones. De hecho, los últimos elementos de la tabla periódica son muy inestables. El mundo material de las partículas y los campos de la física no solo es cuántico en virtud de la naturaleza cuántica de los ladrillos (AET) con los que están construidos, sino más macroscópicamente a causa de la RIA que convierte estados, configuraciones, posiciones, etc., en incompatibles. Por esto también lo improbable de la existencia de los neutrones aplastados que supuestamente existen en los supuestos agujeros negros. Y, lo que es más difícil, que existan grados de aplastamiento de un neutrón. Aun así, podría haber improbables aplastamientos cuánticos.

Conviene hacer una importante distinción entre la naturaleza de los campos intranucleares de las partículas y sus campos extranucleares. Parece que cuando los físicos hablan de la fuerza fuerte que mantiene la identidad de los nucleones están describiendo una apariencia de la RCT y cuando hablan de la fuerza débil que destruye la identidad de las partículas para convertirlas en otras identidades hablan de una apariencia de la RIA. La física tendrá que afinar esta explicación básica de las fuerzas intranucleares de las que hasta ahora no había explicación. Tratar de describir con exactitud lo que ocurre dentro o muy cerca de las partículas parece complicado y solo quizá la física podrá poner algún día sus cuarks, sus leptones y sus bosones en términos topológicos de espacio-tiempo. Pero voy a especular un poco.

Parece probable que sean las deformaciones del espacio las que dan lugar tanto a las partículas como a los campos gravitatorios y que sean las deformaciones del tiempo las que dan lugar tanto a las cargas eléctricas como a los campos eléctricos. Las determinaciones causales laxas que son las partículas se irían debilitando rápidamente con la distancia en el espacio aparente, pero no tanto con la distancia en el tiempo —y, por tanto, en el espacio real—, porque hay partículas como los electrones y los protones cuya vida media es mucho mayor que la cantidad total que existe de tiempo. Pero que una partícula acabe a partir de una distancia espacial aparente no implica que las determinaciones causales espaciales y temporales terminen en esos puntos espaciales, sino que continúan más allá dando lugar a eso que denominamos campo de fuerza —gravitatorio o eléctrico— de la partícula, que no es otra cosa que determinaciones causales espaciotemporales del tamaño de los átomos de sus alrededores que consideramos vacío.

Y, aunque la RCE esté involucrada en las deformaciones espaciotemporales que son los campos de fuerza, la RCT es la que principalmente hace las determinaciones causales que dan lugar a apariencias de fuerzas. Es de suponer que, dado su gran campo de determinación, la RCE sea compatible con casi cualquier tamaño que proponga la RCT, pero no tiene por qué ocurrir siempre. Un conflicto que también supone la actuación de la RIA y la posible desintegración o reordenación interna espontánea de la partícula. Un ejemplo podría ser el de los cambios espontáneos de colores y sabores de cuarks y neutrinos, que puede que se deban a una reordenación interna provocada por conflicto entre la RCT y la RCE.

Para entender el porqué de las fuerzas, hay que fijarse en que si una partícula está situada dentro del campo de fuerza de otra es porque hay un acuerdo entre los tamaños de los átomos de esa partícula y los tamaños de los átomos que puede tomar el campo de fuerza de la otra. O sea, las dos partículas mantienen ambas su identidad porque los tamaños de sus átomos y de sus campos de fuerza son compatibles gracias al gran campo de determinación causal de la RCE porque en otro caso serían destruidas por la determinación causal de la RIA. Lo que implica la necesidad de una cierta acomodación entre los dos campos. Cuando aparecen fuerzas entre ambas es porque, dadas las determinaciones causales temporales deterministas de la RCT, esa compatibilidad solamente se mantiene en el tiempo cuando las partículas se acercan o se alejan la una de la otra con una velocidad que, dado que los tamaños de los AET son distintos según la distancia a la partícula, se modifica con la distancia entre las partículas, lo que explica la aceleración y la consecuente apariencia de las fuerzas y que esta sea inversamente proporcional al cuadrado de su distancia.

Las partículas no acaban en el espacio aparente en el que consideramos que acaban —que tampoco puede estar muy determinado y que probablemente fluctúa con el tiempo—, sino que se extienden también por el espacio aparente vacío que consideramos su campo de fuerza, lo que las convierte, de hecho, en objetos mucho más macroscópicos de lo que hasta ahora pensábamos. Esto parece justificar la identificación que Einstein hace de la masa —deformación del espacio— con la energía. Quizá pueda entonces identificarse de la misma forma la carga eléctrica, que probablemente consiste en deformaciones fluctuantes del tiempo, aunque algo más complejas que las deformaciones del espacio que dan lugar a la materia. En cualquier caso, el concepto de energía es muy problemático porque en él interviene el tiempo habitual y, sin duda, se trata, sobre todo, de una de las apariencias de la RCT, aunque, naturalmente, también intervenga la RCE. Como consecuencia de la RIA, un mismo AET no puede, por ejemplo, pertenecer a la vez a dos ondas electrón distintas cuando para ser parte de una ha de tener un determinado tamaño y para ser parte de la otra ha de tener otro tamaño distinto y no hay tamaños que pudieran formar parte de ambas ondas y hacerlas compatibles. Esto no puede suceder y si visto desde las apariencias parece que va a suceder —por ejemplo, porque dos partículas se estén acercando la una a la otra—, inevitablemente no sucederá, se repelerán, se aniquilarán entre sí transformándose en energía o formarán juntas unas nuevas partículas, con los arreglos atómicos que sean necesarios para no violar ni la RIA ni otras RCET que también tengan que respetarse y, en consecuencia, ocurrirá que se detectará una interacción entre las dos partículas, diciéndose entonces que ha actuado una fuerza del universo o alguna ley física. Algo de lo que deberíamos ir olvidándonos, porque, como en el salvaje Oeste, en el Todo no hay leyes, sino costumbres.

La RIA explica la existencia de las fugaces partículas que aparecen en los aceleradores de partículas en las que he denominado interacciones catastróficas, ya que la estructura espaciotemporal de la materia resultante es la única solución que en esas condiciones extremas e improbables cumple con la RIA y demás RCET. Quizá estos aceleradores, más que aclarar la naturaleza de las partículas, van a oscurecer a veces su comprensión. Una partícula no está compuesta de las partículas en las que se desintegra cuando es sometida a enormes choques. Lo que aparece posteriormente en el tiempo no tiene una relación de ser parte de lo anterior en él, sino que la relación que hay es la de ser otra cosa contigua en el ETR y, por tanto, consistente con ella en el ETR según las RCET. Lo que descubren los físicos con sus aceleradores de partículas es la manera en que el ETR es consistente antes y después de la colisión. En consecuencia, no queda claro que los protones y neutrones estén compuestos de otras partículas (cuarks).

Los campos gravitatorio y eléctrico disminuyen de manera proporcional al cuadrado de la distancia al origen del campo. Esto se explica porque estas perturbaciones son reglas de contigüidad, ya que la perturbación se propaga de un átomo al átomo contiguo en el espacio y si medimos una disminución con el cuadrado de la distancia se debe únicamente a que nuestra medida es proporcional a la superficie que interceptan nuestros aparatos de medida. Una superficie que es la misma cerca o lejos de la fuente de la perturbación, con lo que el número de átomos que contribuyen a la medida disminuye con el cuadrado de la distancia al foco de la perturbación. No olvidemos que si estamos midiendo a una distancia R la superficie de la esfera alrededor del foco es $4\pi R^2$. La intensidad del campo es proporcional al ángulo sólido que intercepta el aparato de medida: $I_R = (It/4\pi)\Omega_R$, que si tiene una superficie de $Sm = R^2\Omega_R$ es $I_R = (It/4\pi)Sm/R^2$ y, en definitivas cuentas, $I_R = k/R^2$, donde k es una constante que depende de la intensidad del foco de la perturbación. Estrictamente hablando, no es la potencia de la perturbación lo que decae con el cuadrado de la distancia, sino la cantidad de potencia que captan los aparatos de medida. Pero las RCET no son determinantes, así que hay una probable disminución —y a veces aumento— de la intensidad de la perturbación con la distancia y, por tanto, *un probable corrimiento hacia el rojo de la perturbación con la distancia, lo que conlleva que el Universo quizá sea algo mayor de lo calculado antes.*

El que existan partículas es consecuencia no solo de las fuertes determinaciones temporales, sino también de las débiles determinaciones espaciales. Lo que, a su vez, explica que los campos eléctricos sean mucho más fuertes que los gravitatorios y también que la topología de la materia en el espacio esté menos estructurada, sea menos homogénea, que en el tiempo. Por eso podemos predecir mucho más fácilmente lo que ocurrirá en el tiempo que lo que ocurrirá en el espacio. Sin embargo, todo lo que se extiende en el tiempo se extiende también en el espacio y, en consecuencia, la longitud de los objetos que, como los fotones, se extienden mucho por el tiempo, aunque se caractericen principalmente por ser deformaciones del tiempo, está sometida a cierta indeterminación. La RCT pretende hacer eternas a las partículas, donde obviamente están incluidos los fotones, por mucho que cuando tienen gran longitud de onda no parezcan partículas, sino ondas, ya que son partículas enormes y que las partículas ya hemos visto que son ondas. Y el que una partícula pequeñísima en el espacio se convierta en enorme y, por tanto, el que haya un corrimiento hacia el rojo depende de que la indeterminación de la RCE se va sumando conforme hay más espacio involucrado y, por lo tanto, conforme se alejan de su fuente.

Los neutrinos pueden ser un corrimiento al violeta de los fotones, ya que la dispersión de la energía con el tiempo no solo implica un corrimiento hacia el rojo de muchos fotones, también un corrimiento hacia el violeta de algunos de ellos que quizá acaban convirtiéndose en neutrinos. Pero tarde o temprano los neutrinos tienen que desplazarse hacia el rojo y desaparecer como tales neutrinos y tal vez vuelvan a ser fotones.

La fuerza fuerte explica el mantenimiento de la identidad de los nucleones y la fuerza débil explica su pérdida de identidad, su transformación de identidad. Ahora bien, no existe la espontaneidad que se atribuye a la fuerza débil, solo el mundo real es espontáneo, solo los AET no tienen explicación en otra cosa y, por tanto, son las únicas cosas espontáneas que existen, por mucho que puedan descubrirse algunas relaciones entre sus tamaños en determinados sitios.

Por otro lado, la pseudofuerza nuclear débil es la fuerza más fuerte que existe, ya que está provocada por la inconsistencia entre el determinismo causal severo de la RCT y la existencia de AET que hacen imposible esa severidad. Además de la RIA y la RCT, también la contigüidad espacial del campo gravitatorio —y por tanto la RCE— y la contigüidad temporal del campo eléctrico contribuyen a determinar el futuro. Una determinación que es mucho menos aparatosa porque se aprovecha de las determinaciones causales indeterminantes de los campos de fuerza, lográndose así alcanzar la consistencia entre campos de distintas partículas sin necesidad de una destrucción-construcción de identidades.

7. El número de dimensiones del espacio-tiempo

Vimos que los arreglos matemáticos introducidos para definir un objeto imaginario denominado supercuerda incorporan unas variables matemáticas que algunos interpretan como dimensiones extra de espacio, afirmando así que el espacio no tiene tres dimensiones, sino cuatro, diez o veintiséis, según se defina la supercuerda. Esta interpretación nos pide que sustituyamos el espacio que conocemos por algo que, aunque también se lo llame espacio, no es espacio, sino algo desconocido, y, lo que es peor, incognoscible. Y este espacio incognoscible dicen que lo explica todo. Tal interpretación es un disparate. Las incognoscibles dimensiones espaciales extra vulneran el axioma de la validez del conocimiento porque, como sabe cualquiera que haya estudiado suficiente álgebra, una dimensión no puede ponerse en función de otras dimensiones y, en consecuencia, *las dimensiones extra son algo que, por mucho que se les llame espacio, ni son espacio ni pueden ponerse en función de algo conocido, resultando así ser disparates.* Lo cual implica que solo existen las dimensiones que conocemos y, por tanto, que las dimensiones del espacio-tiempo son cuatro, necesariamente.

Pero veámoslo de otra forma. El espacio-tiempo es aquello que permite que existan cosas distintas incluso cuando son idénticas, dado que crea una distancia entre ellas que las convierte en distintas. Pero dependiendo del número de dimensiones del espacio-tiempo, esa distancia puede tener sentido o no tenerlo.

Un AET de n dimensiones $(x_1, x_2, x_3 \ldots, x_n)$ tiene un tamaño D que podemos expresar así:

$$D^2 = x_1^2 + x_2^2 + x_3^2 + \ldots + x_n^2$$

Y como para todo i el tamaño mínimo de x_i es 1, entonces $D_{min}^2 = n$. Ahora bien, la ecuación $D_{min}^2 = n$ no tiene solución para cualquier n, sino solo para n = 1; 4; 9; 16; 25; 36; etc., así que solo son posibles estos números de dimensiones.

Además, vimos que el 1 universal, válido tanto para las dimensiones de los átomos como para la distancia entre ellos, solo tiene sentido si existe el 2 universal y, por lo tanto, un tamaño atómico de 1 solo tiene sentido si existe un tamaño atómico de 2, en cuyo caso se cumple que:

$$x_1^2 + x_2^2 + x_3^2 + \ldots + x_n^2 = 2^2$$

Ahora bien:

1) n = 1 es imposible porque el Todo solo puede ser finito y son necesarias al menos dos dimensiones para que lo sea.

2) Si n = 4, entonces $x_1^2 + x_2^2 + x_3^2 + x_4^2 = 2^2$, que da como solución $x_1 = x_2 = x_3 = x_4 = 1$, que, además, autoriza a decir que el 1 de las dimensiones es el mismo 1 que el 1 del tamaño del átomo, aunque que el tamaño mínimo de un átomo tenga que ser 2.

Esto es muy importante porque permite hablar de la distancia entre AET con las mismas unidades de las dimensiones de los AET.

3) Si n > 4, como x_i es como mínimo 1, entonces no existe solución, ya que entonces $x_1^2 + x_2^2 + x_3^2 + \ldots + x_n^2 > 2^2$.

Así que el espacio-tiempo solo puede tener cuatro dimensiones.

Por otro lado, cabe preguntarse si hay alguna razón para que el espacio tenga más dimensiones que el tiempo. El caso de que el tiempo tuviera tres dimensiones y el espacio una es trivial, dado que solo estaríamos intercambiando los nombres a las dimensiones, así que lo único por lo que tiene sentido preguntarse es si hay alguna razón para que el espacio y el tiempo no tengan cada uno dos dimensiones o si solo es cuestión de hecho. Resulta que si fueran 2 + 2, entonces no existiría 2 ni en el espacio ni en el tiempo, lo cual implicaría que no hay 1 porque el 1 no tiene sentido sin el 2, y, por tanto, implicaría que no hay algos, es decir, que no hay Realidad, lo cual es absurdo. Al ser 3 + 1, tampoco existe el 2 en el espacio —por eso resulta absurdo definir objetos de solo espacio—, pero existe en el tiempo, lo cual permite medir también el espacio. El espacio se curva muy ligeramente en el tiempo —el tiempo no es del todo ortogonal al espacio— y, por tanto, se puede poner en parte como función del tiempo, lo que permite medir el espacio de manera indirecta: midiendo el tiempo. Ahora entendemos que para medir el tiempo no haga falta otra cosa que tiempo —aunque, claro, no puede existir tiempo sin que exista espacio—, pero que no sea posible medir espacio sin utilizar tiempo. Lo que refuerza la tesis de Nietzsche de que el tiempo es la dimensión fundamental de la realidad.

8. Inconsistencias fundamentales de la física

La física utiliza explícita, pero, sobre todo, implícitamente, cuatro conceptos absurdos: la nada, el infinito, la continuidad y la indeterminación. Por otro lado, aunque debería tenerlo en cuenta porque se sabe desde hace más de dos milenios y medio, la física ignora que los objetos materiales son absurdos. Claro que si lo admitiera —como con razón hace el Idealismo— también tendría que admitir que las leyes científicas son sandeces, así que no podía hacerlo... hasta ahora.

Además, la física no comprende el papel fundamental que tienen la indeterminación y la cuantificación en la existencia y la estructura de los objetos y los fenómenos materiales. Y, claro está, no conoce que no existen leyes del universo porque no se ha pensado que esto implica la existencia de un disparatado mundo trascendente idealista. Solamente hay heurísticos.

La física hace oídos sordos al absurdo de afirmar objetos indeterminados en sí mismos, huevos cósmicos surgidos de nada, un espacio-tiempo continuo y hasta explosiones del espacio-tiempo; lo que equivale a decir que la realidad explota, que se crea nueva realidad con el tiempo. Que Cronos es su hijo Zeus, que no descansó el domingo.

La física ignora a veces los axiomas de validez de la Razón. Es asombroso que casi con solo el axioma de la fiabilidad del conocimiento haya llegado tan lejos. Sin embargo, es lo que habitualmente hacen los humanos porque la ciencia, igual que el hombre de la calle, solo busca utilidad. Dicho de otra manera, la Ciencia es —hasta ahora— más tecnología que ciencia.

La fiabilidad genera verdades corrientes, pero estas verdades no son todo verdad, incluso pueden ser falsas verdades por ser absurdos o disparates fiables, como en el caso de los objetos materiales, el *Big Bang,* etc. No podemos extrañarnos de que luego ocurran también otros errores menores, como el de la confusión entre antecedentes y consecuentes. Desde ver la realidad como consecuencia de leyes del universo, cuando lo que ocurre es que las leyes del universo son consecuencia de la Realidad, hasta afirmar que la masa causa la deformación del espacio-tiempo, cuando es la masa —tal como la entiende la física— lo que es consecuencia de la deformación del espacio-tiempo.

La física no puede dar una explicación consistente del mundo material ya que las más importantes de sus ecuaciones son ecuaciones diferenciales y el espacio-tiempo es cuántico, por lo que a veces hace afirmaciones que implican la existencia de IETs más pequeños que los AET, como ocurre en los agujeros negros.

Además, para la física el vacío es una nada en donde se ubican y mueven los objetos materiales. Una nada de la que son predicables cosas como que de ella surge el universo, incluido el espacio-tiempo, una nada que sirve de soporte a los objetos materiales y la energía, una nada que se deforma, y todo lo que quiera predicarse de un absurdo. El vacío comenzó siendo éter, un fluido que se extendía por el espacio para que la luz, concebida como onda mecánica, tuviera soporte material; después de los experimentos de Michelson y Morley fue nada; luego fue la absurda nada con estructura de Einstein; y ahora algunos dicen que es el campo de fuerza de Higgs, que intenta resolver la contradicción.

9. La determinación del futuro

Aunque mucha gente cree que solo existe el presente y que ni el pasado ni el futuro existen, todo el mundo reconoce implícitamente que ambos son algo. Esto es así porque todos intentamos calcular el futuro a partir del pasado y si no reconociéramos que son algo, entonces tendríamos que aceptar que intentamos calcular un disparate a partir de otro disparate, lo que, obviamente, sería una sandez. También reconocemos implícitamente que el futuro no es algo que defina nuestro entendimiento porque, de otra manera, no haría falta calcularlo. O sea, reconocemos que el futuro es algo que se define a sí mismo y que, por tanto, es real. Por otro lado, ningún sentido tendría intentar calcular la realidad a partir de imaginaciones que no fueran sobre la realidad, así que, digamos lo que digamos, también reconocemos que el pasado es real. Así que, *de facto,* el pasado y el futuro nos parecen reales. Con lo que deshago una importante apariencia fantasma y, de paso, demuestro que **todo el mundo conoce que la realidad es el espacio-tiempo**, aunque lo ignore.

El futuro es la mitad de la Realidad y, por tanto, es inmutable; con lo que en ese sentido (sentido 1) está tan determinado como el pasado, o sea, absolutamente determinado. Pero los científicos suelen entender esta determinación de otra manera (sentido 2): que el futuro es una función del pasado. Pero igual que hay poderosas razones lógicas para que la determinación en sentido 1 de la realidad sea una verdad absoluta, no hay razón para afirmar que la realidad esté determinada en el sentido 2. De hecho, vimos que esa función es parcialmente indeterminista, al menos en el ámbito de lo microscópico.

Considerémoslo de otra forma. En el sentido 2, dado que cualquier átomo es contiguo en el tiempo tanto con un átomo pasado como con uno futuro, el pasado determina al futuro tanto como el futuro determina al pasado. Pero en el caso de objetos complejos, y, por tanto, infrecuentes en el Todo el futuro de estos objetos no determina con tanta precisión su pasado cercano —las condiciones de aparición de lo infrecuente son infrecuentes— como el pasado cercano determina su futuro, que casi con toda seguridad será algo más frecuente en el Todo. De ahí que sea posible una Ciencia basada en causas eficientes sin mucha necesidad de causas finales. De ahí también la apariencia de la denominada flecha del tiempo. Si A determina B con una probabilidad, B no tiene por qué determinar A con la misma probabilidad, porque A y B pueden tener distintas frecuencias en el todo. Por eso las situaciones complejas evolucionan con más probabilidad de lo menos probable (lo complejo) a la más probable (lo simple) que viceversa. Una flecha del tiempo local sobre los objetos infrecuentes que contribuye a la apariencia de nuestra conciencia del paso del tiempo desde un pasado hacia un futuro y no al contrario, pero que es absurdo generalizar a los objetos frecuentes y a toda la historia del universo. Son motivos puramente lógicos los que hacen que un objeto infrecuente sea contiguo en el tiempo —tanto hacia el futuro como hacia el pasado— de otro objeto más frecuente. Por eso toda complejidad que nace también se hace vieja, muere y desaparece en cualquiera de los dos sentidos del tiempo, volviendo así al estado más probable. Aunque, dada su larguísima vida media, es seguro que la mayor parte de los protones y los electrones —y, por tanto, la mayor parte de la materia según se entendía hasta ahora— ni han nacido ni morirán. No sabemos si podemos incluir enormes seres espaciotemporales como las galaxias, que es probable que no hayan nacido y, por tanto, que nunca mueran; incluso quizá les ocurra a simples estrellas, como la estrella Matusalén.

Respecto al sentido 1, los AET no han nacido y, por tanto, el todo no ha nacido, con lo que nunca morirá. El futuro está completamente determinado. Los AET, al contrario que los átomos de Demócrito y los átomos de la Ciencia, ni se mueven ni cambian de ninguna manera. Así que nada real cambia ni se mueve en el ETR. Como decía Parménides, el movimiento y el cambio no son reales. Todo el espacio-tiempo es el Todo y no hay un afuera del Todo por donde moverse.

Tampoco es posible que pueda crearse más ETR porque entonces el ETR no sería la Realidad. Ningún AET nuevo puede aparecer porque entonces el espacio-tiempo no sería real, no se afirmaría a sí mismo, sino que sería afirmación de otra cosa.

Aunque no hubiera ninguna causalidad y, por tanto, no hubiera relación aparente entre el pasado, el presente y el futuro, o sea, aunque solo percibiéramos un enorme caos de sensaciones sin conexión entre sí, aunque el futuro estuviera completamente indeterminado en el sentido 2, estaría completamente determinado en el sentido 1.

El pasado y el futuro existen y si acaso lo problemático es la existencia del presente, porque ni es observable —todo observado está en el pasado— ni está bien definido. La separación entre presente, pasado y futuro no tiene sentido respecto a su existencia, solo respecto a su apariencia de existencia. Todo futuro se transformará en pasado, por lo que ambos tienen la misma naturaleza, la naturaleza inmutable del pasado. Lo único que distingue uno de otro es nuestra posición en el tiempo. Basta con esperar un instante para que el futuro y el pasado sean distintos, pero su unión daría el mismo resultado: la Realidad.

El tiempo no es un ser mágico que opere sobre la Realidad y la transforme en otra Realidad, sino una dimensión de la única Realidad que existe. El tiempo forma parte de la Realidad y, por tanto, todo lo que existe en algún momento del tiempo forma parte de la Realidad. Si en las apariencias algo existe, existió o existirá, entonces es que existe como apariencia en algún momento de la Realidad y, por lo tanto, es algo que la Realidad produce en su momento, algo inmutable.

Capítulo VII
Contra el idealismo en la física

1. Contra el Big Bang

Si descontamos al incognoscible, y, por tanto, impresentable dios cristiano, un dios diseñado por el emperador Constantino I con absoluta prepotencia y desprecio por la inteligencia y el sentido común de sus súbditos —comenzando por los propios cristianos—, quizá no haya fantasía más disparatada y de la que más se hable que de la explosión del universo, denominada con sorna *Big Bang* por el astrofísico inglés Fred Hoyle.

Aunque más tarde se ha involucrado a la teoría de la relatividad general en este absurdo, el invento del *Big Bang* surgió como explicación del corrimiento hacia el rojo del espectro de emisión de la luz de las estrellas. Lo único que se le ocurrió y todavía se le ocurre a la comunidad científica para explicar este corrimiento es que es efecto Doppler. Lo que implica que las estrellas lejanas se mueven alejándose de nosotros de manera sistemática, más deprisa cuanto más lejos están. En un rechazo de la humildad muy poco cristiano, un cura decidió que no podría ser que se alejaran precisamente de nosotros, sino que todas las galaxias se alejaban unas de otras. En consecuencia, el universo es resultado, dicen, de una explosión, de la que acabaron afirmando que incluso el espacio y el tiempo forman parte. ¡Un gran bang, ya lo creo! El cura convenció a los científicos de que si todo está separándose es que alguna vez estuvo junto, así que se imaginaron, incluso pusieron en sus ecuaciones, que hubo un momento en que todo el universo, todo el espacio y el tiempo estuvieron condensados en un huevo cósmico más pequeño que el átomo más pequeño y que por alguna circunstancia en la que no querían entrar —mencionando sin mencionar la creación del universo por el chusco dios de Constantino, dado que el oficio de científico está sometido a una mínima compostura racional— ese huevo surgió de nada —y, por tanto, en ningún sitio y en ningún momento— y explotando se convirtió, ayudado por el padre de Dios —Cronos, abuelo de Josué—, en lo que hoy observamos en el cielo. Es más, parece ser que Cronos sigue en el tajo. Nadie explica la orgía de absurdos implicados en que en ningún sitio y en ningún momento nada se transformara en Todo y que, además, ni siquiera el Todo sea el todo.

Es asombroso que este cuento infantil no le parezca una fantasía delirante a casi nadie. Casi nadie parece ser consciente de que tal desmesura, tal *hybris,* ha puesto a la física a la bajura de los mitos cristianos, dando un argumento científico a los pastores de mentecatos para demostrar una imposible creación del Universo. ¿Cómo se puede tomar en serio la teoría del *Big Bang*? Pues ayuda mucho una de las propiedades absurdas de los absurdos conjuntos infinitos, con enormes repercusiones en la concepción del mundo de mucha gente, incluidos científicos. Resulta que, según la disparatada teoría de la continuidad, en la recta real hay exactamente el mismo número de puntos entre 0 y 10^{-N} que entre 0 y 10^N, por grande que sea N; lo que implica que el mismo número de puntos hay en un conjunto de cosas que aparenta ser nada que en el que aparenta ser todo. Y como los seres absolutos son los responsables de las apariencias, resulta que el mismo número de seres absolutos hay en lo inmensamente pequeño que en lo inmensamente grande. En una milmillonésima parte de un neutrino, a estos desmedidos optimistas les cabe el inimaginablemente gigantesco universo entero. Para la física nada y todo es lo mismo. La absurda naturaleza de continuo del espacio-tiempo —el mismo error que el de Parménides— es la razón de que algunos físicos se tomen en serio la idea del *Big Bang;* la ocurrencia más estrafalaria de la historia de la Ciencia: que la realidad tenga un origen. Una desmesura descomunal que, aunque sea muy habitual en el ámbito de las religiones, no lo es en el de la Ciencia.

Ahora bien, si no son las estrellas las que se mueven, sino el mismísimo espacio-tiempo el que se estira y se dilata, eso también rezaría para nosotros mismos, que también estaríamos explotando, estaríamos convirtiéndonos en gigantes a la misma tasa que el universo y, en consecuencia, no observaríamos dilatación alguna. En fin, un mito disparatado, un mito tan dadá que no desmerece de sus predecesores mitos sumerios y babilonios, adoptados luego por judíos, moros y cristianos en una gran fiesta de los despropósitos que dura ya milenios. Expongo ahora brevemente algunas de las contradicciones y disparates en los que habitualmente incurre el mito del *Big Bang.* Hay variantes en las que no voy a entrar.

1) El universo surge de nada (mito caldeo, babilónico, judío, cristiano, etc.). Esto es un disparate porque nada no es algo de lo que pueda surgir algo. La nada ni existe ni pudo existir nunca y, por tanto, nada puede surgir de ella. Con las mismas palabras lo afirmó Parménides hace milenios: «de la nada, nada surge». Los mitos griegos no cayeron en tal sinsentido y no hacen surgir el cosmos de nada, sino de un caos primigenio que puede justificarse por su simple ignorancia, dado que caos significa ignorancia. Decían, pues, una obviedad: antes de comenzar a entenderse, el mundo no se entendía.

2) El espacio y el tiempo tienen un comienzo (mito científico que exagera más el mito de los caldeos, etc.). Sin espacio ni tiempo no puede haber objetos materiales, resulta que las cosas no solo surgen de nada, sino que el creador del universo, fuera Natura o fuera Zeus, ni siquiera podría existir antes de crearlo. Un creador que antes de existir el espacio y el tiempo ni podía estar en ningún sitio ni podía tener tiempo para crear algo.

3) El espacio-tiempo es un continuo y, por tanto, una sandez. Para estos creyentes en lo absurdo todos los volúmenes, grandes o pequeños, contienen el mismo número de cosas. La nada hace posible al infinito y el infinito hace posible la nada, una mano lava la otra.

4) El espacio y el tiempo se expanden. Mito científico que implica que la creación del espacio y el tiempo continúa todavía. Esto no solo lleva al desastre religioso y a la tragedia laboral de que el dios Dios no descansó el domingo, sino que el espacio y el tiempo todavía limitan con la mismísima nada, a la que poco a poco van ganando terreno...

5) La explosión no se percibe en una dirección, sino en todas. Lo que vimos que implica que existe una misteriosa cuarta dimensión de espacio. Ni sé cómo calificar esta chorrada. Lo de disparate cósmico me sabe a poco.

6) La explosión del universo se acelera. Parche que intenta salvar los platos rotos cuando se ha visto que la explosión no es una explosión; el cual propone la existencia de un ser mágico, altamente creativo, que, cada vez más deprisa, crea de la nada más espacio y más tiempo, materia/energía oscura lo llaman. Pero más oscura aún es la motivación del parche.

Por favor, señores científicos, sean serios y dejen de inmiscuir a la Ciencia en las disparatadas fantasías cósmicas de judíos, moros y cristianos.

2. Contra la flecha del tiempo

La flecha del tiempo es un concepto que se asocia al supuesto aumento de la entropía (desorden) en el universo. La inventó el astrónomo Arthur Eddington y con él se refería a que existe una asimetría en el tiempo de manera que los sucesos futuros son más aleatorios que los pasados. Aunque Eddington reconoce que a nivel microscópico los sucesos son en su mayoría simétricos respecto al tiempo, cree que su irreversibilidad no se nota mucho por cuestiones estadísticas, dado que, a nivel macroscópico, cuando opera la ley de los grandes números, los sucesos tienen una clara asimetría.

Claro que no explica cómo es posible que de la media de lo simétrico surja lo asimétrico, cuando, en todo caso, debería ser al contrario. Por eso habla de fenómenos macroscópicos como el de que los platos que se rompen no se recomponen ellos solos; o que la gente evoluciona de bebé a viejo, pero nunca sucede que evolucione de viejo a bebé. Eddington aduce que, si el tiempo fuera simétrico respecto al presente, estos tipos de transiciones entre apariencias se darían con la misma probabilidad en ambas direcciones. Pero lo asombroso sería que fuera simétrico, porque implicaría que la Realidad sigue reglas ajenas a ella misma. Es más, si el espacio-tiempo fuera simétrico para todo presente (todo t), el Universo sería homogéneo y no habría apariencias, sería un Universo vacío.

Pero con una flecha del tiempo, Eddington también implicaba que el Universo tiene como destino su autodestrucción. No es así. La destrucción de los platos, las personas, etc., es una apariencia lógica que se deriva de que los objetos del mundo material no existen en él con la misma probabilidad. La probabilidad de que ocurra A tal que ha ocurrido B no es necesariamente la misma que la probabilidad de que ocurra B tal que ha ocurrido A, debido a simples motivos lógicos que tienen que ver con las probabilidades de que ocurra A y de que ocurra B. La relación entre probabilidades condicionadas no es $P(A/B) = P(B/A)$, sino $P(A/B) = P(B/A).P(A)/P(B)$.

Aplicando esta relación a los sucesos A $\rightarrow$ No(A) y No(A) $\rightarrow$ A, se obtiene: $P(No(A)/A) = P(A/No(A)).P(No(A))/P(A)$, y basta con que la probabilidad de No(A) sea mucho mayor que la probabilidad de A para que la probabilidad de No(A) tal que A sea mucho mayor que la probabilidad de A tal que No(A). Es decir, que sea cual sea la estructura del Universo respecto al tiempo, si un suceso A en él es muy improbable o, lo que es lo mismo, si No(A) es mucho más probable que A, necesariamente ocurre que la probabilidad de que ocurra No(A) tal que ha ocurrido A es mucho mayor que la probabilidad de que ocurra A tal que ha ocurrido No(A). Esto explica que sucesos tan improbables en el Universo como la existencia de platos tengan mucha más probabilidad de dejar de ser platos una vez que lo son que de formarse una vez que dejan de serlo. No ocurre ningún misterioso desorden de las apariencias, ni una misteriosa flecha del tiempo y ni siquiera es un fenómeno del tiempo, sino de cualquier conjunto con elementos de muy distinta probabilidad. Es una apariencia que se deriva lógicamente de la distinta frecuencia con que ocurren las distintas apariencias en el Todo. Así que también existe otra flecha del tiempo que va de lo simple a lo complejo, porque, si no, no existiríamos. Y no se olvide que en el Universo lo simple es mucho más probable que lo complejo. La apariencia de una flecha del tiempo sobre cualquier cosa compleja hacia otra más simple es inevitable. Es más, observar que todo tiende al desorden depende de cómo se escojan los objetos. Si en vez de escoger platos rompiéndose se escogen fabricándose, o si en vez de escoger estrellas echando parte de su materia al vacío se escogen formándose a partir de polvo cósmico, o si en vez de escoger personas muriendo se escoge verlas engendrándose, etc., se encuentra un aumento del orden y una disminución de la entropía por todos sitios que tampoco es real. Las apariencias no solo se desorganizan (desaparecen) con el tiempo, también se organizan (aparecen) con el tiempo, única forma de poder desorganizarse. El aumento de la entropía del universo, la flecha del tiempo, etc., son leyes mágicas que no se derivan de apariencias de menor nivel de apariencias, como usualmente hacen las leyes de la física, sino que, al estilo idealista, son apariencias integrales de objetos materiales y, por tanto, mucho más desconectadas de lo real que los objetos materiales.

Por cierto, si en la ecuación de la probabilidad condicionada ocurre que P(A) = P(B) entonces P(A/B) = P(B/A), por lo que habría apariencias simétricas en el tiempo equiprobables, como las que le gustaban a Eddington. Pero si, además, añadiéramos a esto que estas probabilidades fueran muy grandes —es decir, que fuera un fenómeno determinista o casi determinista— tendríamos que una vez que sucede A sucederá con gran probabilidad B y luego con gran probabilidad A y luego otra vez B, etc., es decir, tendríamos una onda casi determinante. Por tanto, los fenómenos determinantes o casi determinantes, con probabilidad equivalente de antecedente y consecuente, dan lugar a ondas en las que B sucede a A y A sucede a B. No sorprende que, si a nivel microscópico se dan estos fenómenos, el tiempo se vea simétrico ni que todo el universo esté lleno de ondas tanto a nivel microscópico como macroscópico; es cuestión de probabilidades.

3. Contra las causas indeterminadas

Intentemos comprender ahora el punto de vista de los idealistas y algunos científicos. Si llamamos Up al universo espacial presente y Uf al universo espacial futuro contiguo a Up y suponemos que el tiempo es algo que transforma Up en Uf, entonces podemos poner Uf = T(Up). Visto así, puede decirse que el objetivo fundamental de la Ciencia es averiguar la forma de la función T(U). Una función que llamo transformada del tiempo habitual, que transforma el presente en futuro y que, obviamente, es un algo trascendente al Universo, ya que no pertenece ni a Up ni a Uf. Tanto es así que, desde esta perspectiva, el tiempo resulta ser el mismísimo dios cristiano, ya que es aquello que crea el universo futuro y que, por lo tanto, es lo que creó el universo presente.

Ahora bien, si T(U) tuviera una forma determinada, entonces el futuro estaría tan determinado como el presente y, en consecuencia, el dios Dios no elegiría nada y, por tanto, el dios Dios no crearía nada, sino que como cuando era Zeus estaría sometido a las Moiras quizá en la forma de Afrodita Urania. Si fuera así, quien crearía los universos sería la mismísima diosa Lucifer y, en consecuencia, Lucifer gobernaría al dios Dios. Y, lo que es peor, no habría libertad humana, los pecados serían un camelo y los curas serían unos farsantes. Para evitar esta catástrofe, las Iglesias necesitan que el futuro sea indeterminado, es necesario que el futuro no sea algo y, por tanto, tiene que ocurrir que el futuro no exista. Complica un poco las cosas porque convierte el futuro en nada, lo que hace imposible que el dios Dios lo conozca; pero los cristianos están bien entrenados a que no les importen las contradicciones. Por eso la obsesión de algunos por recalcar la naturaleza indeterminada —y, por tanto, disparatada— de T(U). Y es que si T(U) no consigue determinar Uf a partir de Up, entonces ha de existir alguna otra cosa trascendente al universo y distinta de Lucifer que lo determine y, por tanto, que lo cree. O sea, si T(U) no es determinante —si las Moiras en forma de Lucifer no consiguen crear el mundo—, entonces ha de existir otro creador de universos distinto de Lucifer, al que llaman Dios, que sea capaz de determinar, a partir del universo presente, los universos futuros que Lucifer es incapaz de determinar. Y, como nuestro universo es el universo futuro del universo pasado, resulta que ese dios es el creador del universo presente, no solo de los futuros universos. Es la monda que tenga que ser yo el único que consiga demostrar la existencia de un dios creador distinto de Lucifer.

Ya, pero *el futuro no es una función sobre la Realidad que transforme la Realidad en otra realidad distinta —cosa que no tiene sentido—, sino una dimensión de la única e inmutable Realidad que existe.* Por tanto, el futuro está completamente determinado; en consecuencia, no hay necesidad del dios Dios, ni de Lucifer ni de cualquier otra idea fantástica que lo cree. El tiempo no es una función que, ayudada o no por otra cosa, transforme Up en Uf, sino que el tiempo es una dimensión más de lo que existe y, por tanto, el tiempo es algo que forma parte tanto de Up como de Uf. El tiempo no tiene una naturaleza trascendente a Up y a Uf, sino que forma parte de Up y de Uf, *el tiempo no es algo ajeno a la Realidad que destruye una Realidad y crea otra, sino que es algo que forma parte de la Realidad.* No existen objetos ni fenómenos indeterminados en sí mismos porque lo indeterminado no es un ser y lo que no es un ser ni puede existir ni puede ninguna otra cosa. Hablar de lo indeterminado no es hablar de algo y, por tanto, es un disparate.

Y en este punto es muy importante no caer en la trampa en que cae el empirismo radical porque para el empirismo radical la realidad no es aquello que afirma la realidad, sino aquello que los empiristas creen que pueden medir. En consecuencia, si alguno de sus seres materiales es indeterminable —no se puede medir—, entonces es indeterminado, es decir, no es. Lo que significa que está mal definido por los empiristas.

El empirismo científico es un gran avance sobre el idealismo porque trabaja con objetos materiales y no con ideas, por lo general mucho más alejadas de la Realidad que los objetos materiales. El problema es que no cuenta con que los objetos materiales son, en buena medida, ideas; el empirismo convierte lo indeterminable en indeterminado, dando así a sus apariencias el título de realidad —o sea, lo mismo que hacen los idealistas con sus ideas— sin razón que lo justifique. Lo racional es lo contrario: declararlo inexistente, ya que *algo indeterminado no es algo y, por tanto, no puede ser algo real*. Pero buena parte del mundo científico comparte esta absurda doctrina filosófica, condenando al pobre gato de Schrödinger a una existencia tan miserable que nadie sabe bien si es o no es existencia.

Para los idealistas las causas indeterminantes muestran de nuevo la naturaleza engañosa de las apariencias. Por el contrario, para los empiristas lo percibido por nuestros sentidos es la realidad, resultando entonces que es la realidad la que no es autoconsistente. Sin quizá ser conscientes, los empiristas radicales, y con ellos muchos científicos, afirman que la realidad puede ser absurda, lo que los lleva a admitir insensateces del calibre del infinito, la continuidad, el *Big Bang,* etc. Pero la explicación racional de la indeterminación es muy simple: ser indeterminable no es lo mismo que ser indeterminado. Lo segundo es un disparate, lo primero es un accidente resultado de la relación que hay entre nuestros sentidos y la Realidad.

Al contrario de lo que opina la Ciencia, sería asombroso que existieran leyes del Universo porque si existieran también existiría el mundo trascendente de los idealistas, un mundo que no forma parte del mundo y, por tanto, absurdo. La mecánica cuántica ha llegado a observar las apariencias de los seres reales tan de cerca que ha encontrado que sus leyes ya no están del todo claras. Dicen que Einstein dijo al respecto que Dios no jugaba a los dados para mostrar su desagrado con una física probabilística, que ya había dejado de buscar causas estrictas en los fenómenos de las partículas elementales, para conformarse con su tratamiento estadístico. Detrás de esta frase tan extraña para un materialista como fue Einstein —por lo que probablemente no sea suya, sino de alguno de esos meapilas que intentan que creamos que la gente inteligente y famosa comparte sus insensateces— es fácil reconocer una visión idealista del mundo.

Einstein quería decir que la mecánica de partículas es una ciencia y que, por tanto, debía de consistir en un conjunto de leyes del universo porque sin estas leyes no había Ciencia. Pero los físicos de partículas se habían topado con la realidad de la geometría del espacio-tiempo, como poco antes se habían encontrado con la cuantización de la energía, y para avanzar no tenían otra opción que tenerlas en cuenta. Esta flexibilidad intelectual es un rasgo admirable de la Ciencia, que hace que no se quede paralizada ante sus contradicciones. Pero, claro, si se abusa de esa flexibilidad y no se resuelven nunca las contradicciones, sino que esas contradicciones se convierten, a su vez, en leyes de la Ciencia, se comete un exceso que la retrotrae al mundo de la magia. Si las leyes del universo consisten en que no hay leyes del universo, la locura llama a nuestra puerta. Para Einstein los fenómenos naturales no podían ser aleatorios porque eso implica que en el Universo no hay leyes, lo cual es cierto, y de ello se deduciría que la física es una ilusión, lo cual solo es una verdad a medias y, por tanto, falso. Pero para los filósofos idealistas, la no existencia de leyes físicas no hace otra cosa que demostrar lo que siempre defendieron, que el mundo material es una quimera. Sin embargo, lo que de verdad pone de manifiesto la no existencia de leyes físicas es la no existencia de un mundo trascendente idealista en el que estén escritas esas leyes. Según Einstein y los físicos idealistas, no hay razón para que el Universo actúe de una forma en un caso y de otra distinta en otro caso idéntico. Para ellos el Universo solo tiene una única forma de actuar; pero *el Universo no es algo que actúe, sino algo que se limita a existir tal como existe.* El tiempo no es una función trascendente sobre el mundo, sino una dimensión inmanente del mundo. A pesar de vislumbrar una concepción más geométrica de la realidad, Einstein no se desprendió del concepto de tiempo habitual y, por tanto, el tiempo siguió siendo para él algo ajeno a la realidad. Einstein nunca entendió bien el papel del tiempo. Aunque averiguó la naturaleza aparente del espacio y el tiempo que percibimos, sus prejuicios idealistas sobre la Ciencia y sus nociones sobre la materia, el tiempo, la causalidad y la continuidad no le permitieron entender la Realidad.

Al profundizar tanto en las apariencias, era de esperar que estas se simplificaran, pero no ha sido así porque la Realidad no es lo que dicen los físicos que es la realidad. Es más, los físicos están demasiado acostumbrados a tolerar absurdos, así que no sorprende ni su absurda solución al problema de la indeterminación ni su absurda interpretación como *Big Bang* del corrimiento hacia el rojo. Pero sin sus errores la Ciencia no hubiera llegado tan lejos en sus conocimientos. Por ejemplo, nadie se hubiera gastado un dólar en verificar mi teoría del eterno retorno de las apariencias y mucho menos los muchos miles de millones que ha costado verificarla.

4. Contra la existencia fraccional

Por aleatorio se entienden dos cosas. Una, que aquí no voy a criticar, es entenderlo como una expresión de nuestra ignorancia. Como ignoramos cómo conectar el gesto de tirar la bolita de la ruleta y la casilla en que esta caerá, para nosotros el resultado será aleatorio por muy determinado que pueda estar por las fórmulas de la mecánica clásica. La otra definición es la de fenómenos indeterminados, fenómenos cuya naturaleza es no tener determinación y, por tanto, no tener naturaleza, o sea, cuya naturaleza consiste en no ser algo. Así, los procesos aleatorios no serían aquellos de los que desconocemos en gran medida sus resultados y, por tanto, su determinación; no serían aquellos que dan resultados que previamente somos incapaces de determinar, sino aquellos cuyos resultados no están determinados en sí mismos, lo que equivale a decir que no son resultados. Pero las cosas son o no son, ocurren o no ocurren, no pueden ser ni ocurrir en un porcentaje como se nos propone; no existen fantasmales objetos ni sucesos fraccionales.

Después de tirar la bolita de la ruleta y antes de mirar dónde ha caído, es disparatado afirmar que, en realidad, 1/N de bolita está en cada casilla de las N que tiene la ruleta. ¿Dónde está tal realidad?. Con esta idea tan democrática de ser fraccional, se cree formular una ley determinista de lo que no se ha podido determinar, salvándose de esta manera la existencia de supuestas leyes del universo que no son capaces de determinar resultados y que, en consecuencia, no son leyes. Se salva así el empirismo radical de la física a costa de mancillar el mundo material. Tampoco importa, porque el mundo material ya venía mancillado de mucho antes. La física se vio en la obligación de salvar sus leyes idealistas, no los objetos materiales, que hace milenios que se sabe que no tienen salvación. Pero traspasar nuestra ignorancia de los procesos que ocurren en el mundo material a los objetos materiales intervinientes en esos procesos, convirtiéndolos así en objetos materiales indeterminados en sí mismos, es un clamoroso disparate.

Uno de estos fantasmales objetos fraccionales, en parte ser y en parte no ser de los que hablan estos físicos, sería aquel que es X con probabilidad P y, por tanto, que es No(X) con la probabilidad 1-P. Por tanto, la afirmación completa de un objeto fraccional X es que X consiste en ser X y No(X), lo cual es la mismísima afirmación del mentiroso. *Para salvar la categoría de leyes de las afirmaciones científicas, se traspasa el problema de la indeterminación a los objetos materiales,* que como ya son absurdos ¡qué más da!

5. El cuarto principio de la lógica y los AET

El discutido cuarto y último principio de la lógica clásica —el principio de razón suficiente— propone que todo objeto tiene una razón suficiente que lo explica. Pero, aunque este principio es aplicable a las apariencias —los objetos materiales—, no es aplicable a los AET; justo lo contrario de lo que ocurre con los demás principios lógicos. Todos los objetos materiales se explican por ser apariencias de conjuntos de AET; pero los propios AET, los seres reales absolutos, no tienen nada que los explique. Es más, no pueden explicarse, porque si pudieran serlo no serían seres reales, ya que se podrían poner en función de otra cosa. *Preguntar por qué existen los seres reales absolutos es afirmar que los seres reales absolutos no son absolutos; por tanto, es una pregunta capciosa y absurda.*

Y no solo los AET no tienen explicación, tampoco la tiene la totalidad de las cosas, ya que si la tuviera entonces la totalidad de las cosas no sería la totalidad de las cosas. Por tanto, *decir que el mundo —la totalidad de las cosas— tiene explicación es absurdo.* El mundo no ha podido ser creado ni por monstruos fantásticos con tres cabezas ni por causas físicas fantásticas como el *Big Bang.* Si el dios que inventó Constantino fuera alguna cosa, solo sería una cosa más de la totalidad de las cosas; y si fuera el responsable de la existencia de la totalidad de las cosas solo puede ser porque él mismo fuera la totalidad de las cosas, como dicen los panteístas, o sea, Dios tendría que ser un sinónimo de mundo, de Realidad, de espacio-tiempo.

Por otro lado, la exigencia de razones suficientes para las apariencias no implica que todos los epifenómenos sean deterministas, porque las apariencias no solo dependen de la Realidad, sino también de nosotros. Y nuestra peor limitación es no poder percibir el futuro, causa principal de que creamos percibir indeterminaciones. Además, que haya una razón suficiente para explicar algo no implica que esa razón sea la acertada, es decir, que sea también la razón necesaria.

Las apariencias de azar no son consecuencia de objetos o fenómenos indeterminados, sino que las construimos nosotros al construir universales. Por ejemplo, tirar un dado no es una apariencia material, sino un universal que engloba multitud de apariencias de tirar el dado.

Y nótese al respecto que los fenómenos indeterminados de la mecánica cuántica demuestran que el tiempo necesariamente existe como un hecho físico y no solo psicológico; porque si no existiera el tiempo real, que separa toda situación de cualquier otra, habría autocontradicción de la Realidad, cosa que es imposible.

Capítulo VIII
Reflexiones sobre las apariencias

1. Introducción

Ahora voy a hacer algunas reflexiones sobre las apariencias. Muchas son sobre cosas que ya dije, aunque aquí pretendo hacerlas más fáciles de intuir. Uno de los fines de este capítulo es, pues, minimizar el número de lecturas necesarias para comprender lo dicho. Para ello aporto otros puntos de vista y digo algunas cosas nuevas muy interesantes, así que creo que tampoco desde este punto de vista es superfluo.

2. La apariencia del ser absoluto

Las apariencias provienen de cómo se distribuyen los diferentes AET en la Realidad, es decir, de la geometría del Todo. Pero ¿qué nos sugieren las apariencias sobre esta distribución de los AET en el Todo?. Por lo pronto, si nos fijamos en la apariencia de la Realidad que tenemos más a mano, la del universo, lo que observamos es que el universo está casi todo vacío. Esto implica que el universo está compuesto, sobre todo, de AET de dimensiones tan similares que no permiten hacer distinciones ni a nuestros sentidos ni a nuestros aparatos de medida, de manera que es casi imposible distinguir algo en ese vacío cósmico. Y no solo el vacío cósmico, la propia materia está casi vacía porque los átomos químicos están casi vacíos. La mayor parte de lo que sabemos que existe es algo que aparenta no existir. O sea que casi todo lo que es algo aparenta no ser algo. Esto quizá explica el que se tome habitualmente al vacío por nada, dado que es el contraste habitual de todo lo demás; lo que hace que todo lo demás se distinga sobre su fondo. Pero, ojo, *si se distingue el vacío de otra cosa es gracias a que el vacío existe, gracias a que el vacío es algo y no una imposible nada.* Lejos de ser nada, el vacío es un enorme ser real. Tanto que el Todo es casi todo ese vacío. Es una ironía cósmica que justamente eso que denominamos nada resulte que es el ser real más evidente y, salvo el propio Todo, el más grande que existe, y que nuestro error ocurra porque, al ser un ser real compuesto de inmensidad de seres absolutos similares entre sí, conserva una de las características de los seres absolutos individuales: que no tiene apariencia. Lo cual puede interpretarse de otra manera: *¡el vacío es la apariencia del ser absoluto!*. Pero no solo mirando al vacío contemplamos la Realidad, también puede contemplarse en otros casos, al menos aproximadamente. Por ejemplo, el nirvana de Buda Gautama, la mente libre de todo pensamiento y que atiende solo a las sensaciones, parece un estado del entendimiento en el que percibe directamente espacio-tiempo sin intermediación de objetos materiales. Los budistas pueden tener razón al describir a Siddhārtha Gautama como un iluminado que consigue que el entendimiento no perciba el mundo material, sino la Realidad. Estar en el nirvana sería, pues, estar percibiendo el espacio-tiempo, la Realidad, el vacío. Así se explica que el objetivo último de su vida sea morirse y no volver a reencarnarse más, con el fin de no percibir el doloroso mundo material. Una forma distinta a la de Occidente de luchar contra el matriarcado y su eterna rueda de reencarnaciones, en las que el budismo sigue creyendo. En Occidente se niega el hecho, allí se convierte el hecho, la alegría de vivir, en desdicha. Al igual que el cristianismo, el budismo convierte la vida en un valle de lágrimas. Es obvia la diferencia entre el matriarcado: la alegría de vivir, el amor a la diosa del amor, la belleza y la lujuria: Lucifer; y el patriarcado: el amor a Dios, el desprecio por la realidad y la vida; el odio a la jovialidad, al sexo y la razón; el odio a la risa y el amor, el odio a Lucifer.

Aunque parezca lo contrario, algo parecido ocurre en las discotecas, donde el sonido está a tal volumen que es imposible pensar —como las Iglesias, también el capitalismo psicópata está muy interesado en que nadie piense— En ellas el entendimiento detiene sus procesos, solo percibe sensaciones que le invaden violentamente sin que pueda procesarlas. Cualquier discoteca a pleno rendimiento acústico es un perfecto nirvana, un balcón a una de las zonas más escandalosas de la Realidad. La psicoterapia utiliza técnicas de relajación que hacen uso de la contemplación de la Realidad con el fin de detener las rumiaciones del entendimiento. Se llaman técnicas de meditación, un nombre absurdo, porque su objetivo es, precisamente, que el cliente deje de meditar de manera recurrente y sin sentido. También los temperamentos contemplativos consiguen sumergirse de manera natural en la Realidad al contemplar una puesta de sol o escuchar música sinfónica. Las religiones utilizan la contemplación de la Realidad para lograr que la razón no intervenga en la solución de los problemas de sus abducidos de la Razón. Es común el uso de rezos y sermones hipnóticos, o sea, la machacona repetición de frases estereotipadas y monótonas que detienen, o al menos ralentizan, los procesos del entendimiento; rumiaciones vacías, como las que intenta curar la psicoterapia.

3. Las apariencias de movimiento y transformación

No somos ajenos a fenómenos de apariencia de transformación de lo que sabemos que no se transforma. Un buen ejemplo para intuir que lo que se mueve o transforma surja de lo que permanece sin cambio alguno es el de las figuras dibujadas sobre las hojas de un cuaderno, cuando hay entre ellas similitudes espaciales, y lo hojeamos rápidamente; los movimientos que vemos en el cine y la TV también surgen de forma parecida. Entonces percibimos que estas figuras se mueven o se transforman, aunque es obvio que los dibujos ni se mueven ni transforman. Podemos imaginar que somos una figura de los dibujos, percibiendo así el paso del tiempo por nosotros y el movimiento de lo que no se mueve. Lo interesante de este ejemplo es que sugiere tres cosas. Primera, que, aunque las transformaciones parezcan continuas, son cuánticas. Segunda, que para que surja la apariencia de transformación en la superficie por la que se extienden las figuras hace falta otra dimensión, ajena a esa superficie, en la que puedan situarse las distintas superficies de dibujos inmóviles: el tiempo real. Y tercera, que si los dibujos no siguen ciertas reglas de semejanza entre ellos —porque son, por ejemplo, un coche, un pepino, una escalera, un elefante, un tenedor—, entonces no percibimos nada —salvo que se hojee muy lentamente el cuaderno, con lo que quizá se perciban transformaciones del conjunto, pero no movimiento de sus partes—. Por tanto, sin semejanzas, sin reglas de contigüidad entre los dibujos de las diferentes hojas del cuaderno no podemos construir identidades a las que atribuir un movimiento.

Así que el tiempo real es esa dimensión que necesariamente existe en la Realidad —que es idéntica a sí misma— para que pueda haber apariencias de movimiento y transformaciones en nuestro tiempo habitual o tiempo aparente. Pero no basta con el tiempo real para que se perciban objetos materiales, también es necesario que existan reglas de contigüidad en el tiempo de lo que se extiende de distinta manera en el espacio, de forma que exista la semejanza suficiente entre unos dibujos y otros que permita al entendimiento o a los instintos construir movimientos y transformaciones. El tiempo habitual es una apariencia del tiempo real, pero no es un isomorfismo de él, sino una interpretación absurda de él. Convertimos una dimensión de la Realidad en algo que opera sobre la realidad y, por tanto, ajeno a la Realidad, en este caso la mano que hojea el espacio. Si pensamos cada página con su dibujo —que se extiende en el espacio—, el objeto real no es el dibujo de la página inicial que se transforma en el dibujo de otras páginas —una apariencia—, sino el conjunto completo de todos los dibujos que no se transforma en otra cosa.

El objeto real, o bien es el cuaderno entero, o bien es cada hoja por separado, pero no es la primera hoja y sus otras formas posteriores. La trans**forma**-ción de algo real es imposible, dado que ser algo real es, precisamente, ser una determinada forma espaciotemporal. Hablar como si solo el dibujo de la primera página —o de otra cualquiera— definiera el objeto material es una arbitrariedad. Que los demás dibujos estén subordinados al primero por una relación que denominamos transformación es un absurdo. Todos los dibujos tienen el mismo estatus de existencia y son independientes unos de otros, aunque encontremos semejanzas provenientes de las reglas de contigüidad espaciotemporales o, mejor dicho, de las costumbres de contigüidad del ETR. El cuaderno, el dibujo en 3D, tiene estatus de ser porque es algo que es siempre idéntico a sí mismo, cosa que no ocurre con el supuesto de que solo existe un primer dibujo en 2D que se transforma con el tiempo en otros dibujos en 2D y contradiciendo así el principio de identidad.

Por tanto, considerando el conjunto de dibujos como una sola cosa que se extiende en el ETR, salvamos el principio de identidad y con ello ganamos la posibilidad de referirnos a él como un ser, como algo que puede ya existir. Esto es lo que proponía Parménides de Elea. Y también salvamos el principio de identidad si consideramos que cada página es un algo distinto de las demás páginas, que es lo que proponía Heráclito de Éfeso.

4. La Ciencia como profundización en las apariencias

La solución de la Ciencia al problema de Heráclito es olvidarse de él y considerar seres reales a los objetos materiales. Por tanto, la Ciencia se desentiende, en apariencia, del Idealismo. Sin embargo, no lo consigue porque los objetos materiales son, en gran medida, ideas; así que solo en parte logra evitar las telarañas conceptuales de este paradigma pseudofilosófico. Es más, la Ciencia cree que existen leyes del universo y, por tanto, cree que el universo está gobernado por algo ajeno al universo; cree que ciertas ideas gobiernan el mundo material y, en consecuencia, que este es producto de esas ideas. Así que el materialismo científico es, en buena medida, Idealismo.

Meter la cabeza bajo el ala no resuelve el problema y, aunque no parece saberlo, la Ciencia ha acabado topándose con él. El que haya ocurrido al estudiar lo muy pequeño sugiere que en lo muy pequeño es donde los objetos materiales confluyen con la Realidad. Es lógico, porque al estudiar el mundo de las partículas elementales se estudian IETs tan pequeños que están cerca de los AET y, por tanto, están cerca de las constricciones más severas de la Realidad, dado que esos IET ya no pueden ser demasiado arbitrarios. Sin embargo, la física está llevando a la práctica nuestro proceso imaginario de subdivisiones de IETs, así que al final tiene que encontrarse con lo mismo que nosotros: con los AET. Lo que demuestra la potencia del análisis de los objetos materiales para encontrar la Realidad.

¿Qué está ocurriendo, pues? Para comprenderlo, hemos de considerar que las apariencias son funciones defectuosas de los AET, que suponiendo que se construyeran bien serían de la forma $Ap = F_{AP}(aet_1, aet_2..., aet_n)$, donde Ap significa apariencia y aet_k son AET. A esta función la llamo función de apariencia (F_{AP}). La función fundamental que la Ciencia va solucionando poco a poco sin ser consciente de ello. Pero como la Ciencia no sabe nada de AETs y, por tanto, no ha encontrado ninguna F_{AP}, difícilmente algún científico estará de acuerdo con esto. Aun así, la Ciencia ha profundizado de manera asombrosa en el conocimiento de los objetos materiales, consiguiendo reducir notablemente sus contenidos de apariencia, o sea, ha conseguido aproximarse a solucionar las F_{AP}, dado que muchas de sus funciones son de la forma $Ap^M = F_{CI}(Ap^{M-1}_1, Ap^{M-1}_2..., AP^{M-1}_n)$ donde F_{CI} es la función con la que los científicos relacionan una apariencia de orden M con apariencias de orden M-1 y, en general, con apariencias de menor nivel y más cercanas a seres reales, porque contienen menos AET o porque se relacionan más directamente con ellos. Proceso que solo terminará cuando se llegue a M-1 = 0, ya que entonces $Ap^0_k = aet_k$. En donde Ap^1 serían las RCET, las reglas de contigüidad espaciotemporal.

De esta forma, la Ciencia va encontrando funciones que van generando objetos materiales en los que se va eliminando apariencia, de manera que cuando llegue al nivel cero (el nivel de los AET) la F_{CI} será también una F_{AP} y se habrán relacionado las apariencias con los seres reales. Y, claro está, también todas las apariencias auxiliares de los diferentes niveles de apariencias que necesitó para encontrar la F_{AP} se habrán relacionado con los AET. Por lo tanto, la estrategia de análisis de la Ciencia en la búsqueda de sus F_{CI} tiene como producto secundario inevitable el encontrar apariencias cada vez más cercanas a los seres reales. Y dado que los objetos materiales no pueden dividirse infinitamente, los objetos materiales indivisibles, los verdaderos átomos materiales, solo pueden ser AETs. Este es el punto en donde se encuentran el mundo material y el real. En él ambos mundos son una misma cosa. El empecinado análisis de los objetos materiales logra —tanto a nivel práctico como teórico— la síntesis del mundo material y el real en uno solo. Es el mundo que estoy empezando a describir y que otra gente continuará afinando mucho más y mucho mejor.

5. Sobre la eterna repetición de las apariencias

La naturaleza cíclica de las apariencias puede deducirse de las apariencias, sin necesidad de conocer los seres reales. Basta con considerar algo que se sabe desde la Antigüedad: que la nada y el infinito son absurdos y, por tanto, no existen. Nietzsche podría haberlo deducido, pero en su época el infinito ya se había vuelto a resucitar y, como ahora, se seguía sin hacer caso a Parménides y la nada seguía siendo algo.

Esta demostración del eterno retorno de lo idéntico de Nietzsche se basa en la única solución posible al problema que plantean dos verdades absolutas aparentemente contradictorias:

1) Las apariencias no pueden limitar en el tiempo habitual con nada, luego limitan con otras apariencias y, por tanto, el limitar con el tiempo de las apariencias no puede tener fin en el tiempo habitual.

2) El número de apariencias es finito y, por tanto, el limitar con el tiempo habitual de las apariencias debería tener fin.

Consideremos esa apariencia del Todo en un instante concreto que llamamos universo —no confundir con un universo real de la EFA—. El universo de un instante aparente no puede ser seguido en el instante aparente siguiente por nada, dado que nada no es algo y, por tanto, no es algo que pueda seguir a algo. Y, sea lo que sea ese algo, será el universo del instante aparente siguiente. En consecuencia, a un universo aparente necesariamente le sigue en el tiempo habitual otro universo aparente y, por tanto, es un proceso que nunca puede tener fin. Ahora bien, el número de universos aparentes no puede ser infinito por lo que tarde o temprano el universo aparente del instante siguiente tiene que ser un universo que ya ha ocurrido en otro instante anterior, es decir, los universos aparentes tienen que repetirse necesariamente. Puede ocurrir entonces que exista causalidad entre universos contiguos o puede que no. Si la hay, a un universo aparente le sigue siempre otro universo aparente concreto, pero si no, entonces le puede seguir cualquier universo del número finito de universos aparentes que existe, con lo que el devenir sería un caos en donde en todo instante podría ocurrir cualquier cosa. En un instante estaríamos en el Museo del Prado, al siguiente Julio César cruzaría el Rubicón, al siguiente explotaría la bomba de Hiroshima, al siguiente comenzaría la batalla de Maratón, al siguiente aparecería el primer mamífero, etc., etc. Así que no habría apariencias, nada permanecería el tiempo habitual suficiente para poder ser definido y no podría haber objetos materiales. Por tanto, hay causalidad y todo universo aparente es seguido siempre por el mismo universo aparente.

En conclusión, todos los universos se repiten según el orden causal del tiempo. *Lo idéntico tiene necesariamente que retornar.* Aparentamos vivir infinitas vidas, aunque, en realidad, solo vivimos una. Pero ¡qué nos importa a nosotros el mundo real!, lo que nos interesa de verdad es el mundo aparente, en el que con toda seguridad volveremos a nacer después de morir y parecerá que vivimos una y otra vez. En el mundo de las apariencias, el tiempo habitual lo repite todo sin cesar. Podemos tener la absoluta seguridad de que volveremos a vivir exactamente los momentos que hemos vivido y que somos tan eternos en el tiempo habitual como lo somos en el tiempo real. En consecuencia, *la apariencia de estar muerto es exactamente la misma que la apariencia de no haber nacido todavía.* O, si se prefiere, todo nacimiento es una resurrección.

Resulta que somos más eternos que los dioses griegos y romanos y tan eternos como el alma platónica. Incluso el dios Dios sería eterno si fuera algo. Y si la divinidad se define por la inmortalidad como hace nuestra cultura autóctona, entonces todos somos dioses. Claro que todas las cosas son dioses, los animales, las plantas, las piedras y hasta las cucarachas... De lo cual se deduce que la religión verdadera es el panteísmo. Lejos de mí la intención de demostrar la verdad de ninguna religión, pero la conclusión es inevitable. El panteísmo, incluso la divinidad de la diosa Lucifer, han sido supersticiones hasta este momento en que, basándome en el criterio de divinidad de nuestra cultura autóctona —no en el de la cultura bárbara, siniestra y pueril de las religiones del desierto, que, apoyada por las monarquías, parasitó la nuestra hasta casi aniquilarla— he demostrado su divinidad.

Es algo a lo que he llegado sin sospecharlo, pero ya que he llegado, quiero hacer aquí un cariñoso homenaje a Ceferina, mi madre, por su secreto, más bien casi secreto, panteísmo, del que yo de niño tanto me asombraba como ignorante cristianito que era. Un fascinante, luminoso, alegre, dulce y clandestino panteísmo suyo que tanto he tardado en comprender y que es probable que sea una de las causas de que yo la recuerde siempre tan jovial y tan guapa. Le hubiera encantado saber que su primogénito llegaría a demostrar algún día que su sigilosa concepción del mundo era, en lo principal, verdadera.

El eterno retorno de la vida y el panteísmo son opiniones que sostuvieron la mayoría de los presocráticos, entre ellos Heráclito. Opiniones que provienen de los matriarcados del Paleolítico y, por tanto, de las creencias de las brujas; las jóvenes, bellas y alegres adoradoras de la diosa Lucifer (Madre Tierra), como quizá fue mi madre, que la Iglesia torturó y asesinó durante muchos siglos; si la dejaran, las seguiría torturando y asesinando. Ya lo decía Quevedo, donde no hay justicia es peligroso tener razón.

6. La libertad del entendimiento

Desde la óptica ordinaria de las apariencias, las elecciones se hacen respecto a algún criterio dependiente de lo que se quiere —metas racionales o irracionales—, del tipo de situación percibida y de las hipótesis del entendimiento sobre la probable evolución del entorno si se actúa de una manera u otra. Y un criterio no es otra cosa que un conjunto de afirmaciones que predetermina lo que se elegirá según las características concretas de la situación percibida. Ahora bien, una vez que el entendimiento procesa la situación respecto al criterio de decisión y obtiene un resultado, la elección viene determinada por el criterio de decisión, el entorno —externo e interno—, los conocimientos del entendimiento sobre el entorno y la lógica que utiliza el entendimiento. O sea, la elección es un resultado de condiciones anteriores a ella. Desde las apariencias, toda elección es el resultado de un proceso sometido a reglas causales.

Como los procesamientos del entendimiento determinan la elección, es posible decir que el entendimiento elige; pero el entendimiento conoce lo que conoce y lo procesa como lo procesa y, por tanto, su elección no está determinada libremente por él, sino por cómo es él, el estado emocional y fisiológico del organismo, los conocimientos adquiridos, y cómo el entendimiento percibe la situación, que también es algo determinado por cómo es él —sus conocimientos instintivos, emocionales y cognitivos—.

La palabra «libertad» carece de significado en el ámbito del comportamiento. Elegir es un proceso causal, no hay libertad para elegir; *no existe el libre albedrío*. Al entendimiento le parece que tiene opciones, pero no las tiene. Elige lo que elige a través de un proceso que podría determinarse si se conocieran todas las reglas y el valor de las variables implicadas. En consecuencia, el entendimiento elige a través de un proceso determinado, que solo en apariencia es indeterminado, debido al número y la complejidad de los factores que intervienen; como ocurre al lanzar un dado.

Las elecciones del entendimiento no son libres, pero a algunos les interesa mucho hacernos creer que somos libres. Si no fuera así, no podría haber pecado y sin pecado no hay negocio religioso. *Mutatis mutandis,* lo mismo ocurre con el negocio político. Por ejemplo, si nadie elige no hay democracias y ni siquiera tiene sentido que las leyes humanas o divinas castiguen por actuar como necesariamente se actúa. Pero hacer creer en el libre albedrío es muy útil no solo porque hace posible las poderosas herramientas del pecado y el delito, también porque logra que el vengador del pecado resulte ser víctima del pecador.

¡Pobre Yahvé, obligado a castigar los pecados de su pueblo con mil derrotas, trabajos y humillaciones!, ¡pobre Iglesia, obligada durante tantos siglos a asesinar —previa obligada tortura monstruosa— a tanta bruja y tanto hereje! Aunque es leal reconocer que últimamente su brazo secular actual, los fascistas, son más delicados que su brazo secular anterior, los monarcas absolutos manejados desvergonzadamente por la Santa Inquisición. Sus torturas ya no son para tanto, ni siquiera queman a nadie en la hoguera, se conforman con el tiro en la nuca o el garrote vil. Al menos, en la época de Franco, veremos qué pasa ahora cuando vuelvan al poder.

Aunque ya es obvio para mucha gente, creo importante advertir aquí que, hoy día, está en marcha en todos sitios un brutal ataque religioso contra la Ciencia a través del fascismo; cosa sobre la que ya advirtió Ortega y Gasset que podría ser el fin de nuestra civilización. Hay demasiados mentecatos en todo el mundo que ni siquiera creen que la Tierra sea redonda, ni creen en el cambio climático ni creen en las vacunas, etc., etc. Así que no solo han causado ya muchos cientos de miles de muertos durante la pandemia del COVID-19, también amenazan con destruir la poca razón que queda en nuestras sociedades e incluso con destruir la vida del planeta.

Quien esté interesado en una crítica mucho más contundente del cristianismo puede que mi libro *Realidad y Razón* le resulte fascinante. Entre otras muchas cosas, se enterará de la lamentable historia que hay detrás del mito cristiano y de los ríos de sangre que provocó durante dieciséis siglos que el emperador Flavio Teodosio, por motivos de "seguridad nacional", lo impusiera por la fuerza como dios único en todo el Imperio romano, el 27 de febrero del año 380, mediante el Edicto de Tesalónica. Y esta delirante barbarie antinatura, procedente de una cultura cerril, ignorante, enferma y brutal, que no es la nuestra, sino que nos ha sido impuesta por motivos políticos durante 1.600 años, no tiene indicios de haber acabado.

Que esa imposición política continúe aún se debe a los millones de cristianos que consiguió crear la Iglesia, durante tantos siglos de miedo descomunal, torturas monstruosas y sádicos asesinatos de brujas y herejes; que al principio eran toda la población, ya que Dios y la propia Iglesia los había creado el emperador Constantino solo 55 años antes, y las creencias religiosas no cambian, así como así. Y menos las de un pueblo tan religioso como el romano —no incluyo a los patricios—, del que el historiador griego Polibio dijo en el siglo I que era más religioso que los dioses..., la colisión que hubo entre las creencias de la gente y las que impuso la Iglesia a sangre y fuego fue brutal. Nunca ha habido un terrorismo tan monstruoso.

Epílogo

Como se habrá percatado el lector, las conclusiones fundamentales de este libro hunden sus raíces en mi teoría de la verdad: los axiomas de la Razón. En cuanto a los conceptos de Realidad y apariencias, aunque yo los haya extraído de los axiomas de la Razón porque se derivan de manera natural de ellos, son ideas que prefiguraron ya los presocráticos, así que nacieron en el alba de nuestra cultura. Los cuales también plantearon el problema de la metafísica: que las apariencias no son la realidad; cosa que la ciencia moderna no ha mencionado hasta Einstein, cuyas teorías de la relatividad vuelven a hablar de apariencias. Pero ya hemos visto cómo Einstein, aunque acertado, se quedó corto y he ampliado su teoría de la relatividad especial.

La teoría del eterno retorno de las apariencias llega mucho más lejos que la del Big Bang y explica, de manera lógica y sencilla, no solo la teoría de Einstein y la del *Big Bang*, sino también observaciones astronómicas que los científicos justifican de manera floja y titubeante, incluso recurriendo a soluciones *ad hoc;* además de aclarar muchas observaciones que la Ciencia es incapaz de explicar. También he averiguado algo de lo que los físicos ni siquiera se atreven a dar una explicación: de dónde surgió el *Big Bang* o, mejor dicho, he averiguado qué ocurrió en el pasado del *Big Bang.*

Tengo que confesar que me quedé estupefacto cuando por fin comprendí que mis resultados eran idénticos a los de los astrónomos. En mi primer libro, *Crítica y homenaje del entendimiento,* algo inmaduro, ya calculé las dimensiones de la Realidad —de manera mucho más farragosa que ahora, pero con resultado correcto— y solo pensé que la distancia al supuesto *Big Bang* (Dbb) que me salía era algo mayor que la de los científicos y que estos se quedaban algo cortos. Entonces yo solo conocía la Dbb según el estudio de supernovas y, como ahora, desconocía la de la misión Planck; ni siquiera se me había ocurrido pensar en deducir Dbb de Ho, ya que me había percatado desde el principio de que Ho no es constante con la distancia. Pero al escribir *Realidad y Razón,* pensé que la Ho de la que hablan los científicos era la de D=Dbb y, además, me había enterado de que a la misión Planck le salía una Dbb de casi mil millones de años luz mayor que la de supernovas; todo lo cual encajaba perfectamente con mis resultados. También vi que, a pesar de haberla calculado con medidas de supernovas, me salía la misma constante de Hubble que a la misión Planck (Ho = 67) y no la del estudio de supernovas (Ho = 71). Al final resultó que mis cálculos a partir de cualquier pareja de medidas [z D] dan lo mismo que las medidas del estudio de la misión Planck. Por lo tanto, es la misión Planck la que ha llegado a un resultado correcto, pero no tanto el estudio de las supernovas. Incluso he averiguado el porqué de la diferencia entre ambos estudios: porque miden la constante de Hubble a distancias diferentes y resulta que la constante de Hubble no es constante con la distancia. Todavía desconozco las supuestas aceleraciones de la supuesta expansión que les salieron a los astrónomos en ninguno de los dos estudios, pero seguro que no difieren mucho de las mías.

Todo esto puede verse de otra manera: *los resultados de los astrónomos son una innecesaria prueba empírica de mi teoría del eterno retorno de las apariencias*. Y, claro, también son prueba empírica de todas las herramientas con las que he llegado a esta conclusión: lo disparatado de la idea de infinito y el absurdo de la idea de nada; la inexistencia de la continuidad, la cuantización del espacio-tiempo, etc.

En conclusión, el corrimiento hacia el rojo del espectro de la luz de las estrellas con la distancia y la radiación de fondo de microondas son apariencias que necesariamente tienen que percibirse, dada la naturaleza necesariamente cuántica y cerrada sobre sí misma (redonda) de la Realidad. Al igual que les ocurre con los objetos materiales, los físicos no están observando lo que creen observar cuando miran las estrellas. *El universo no se expande, sino que es como es, siempre ha sido como es y siempre será como es, porque el espacio-tiempo es la Realidad* y es imposible que la Realidad deje de ser como es.

Y, como la Realidad es eterna, también son eternas sus apariencias; así que nuestras vidas son eternas en todos los instantes de ellas. También implica que después de morir volveremos a nacer... unos 45.848,64 millones de años después y no para vivir vidas distintas, sino exactamente la misma. Es imposible que ocurra de otra manera. Un largo sueño es la muerte, pero resulta que a nadie le importa un bledo no haber vivido antes de nacer, que es justo lo que nos ocurrirá a todos cuando muramos: volveremos a no haber nacido todavía.

El problema para aceptar el eterno retorno de las apariencias es que es un cambio enorme de paradigma no solo en cosmología, también en mecánica cuántica, matemáticas y lógica. Lo que tendrá un inmenso número de detractores emocionales o con grandes intereses en juego, dado que estos hallazgos se proyectan mucho más allá del ámbito científico y afectan a todo el mundo. Pero nada hay más testarudo que la inmutable Realidad, así que tarde o temprano se aceptará. Y, cuando se acepte, el impetuoso río del tiempo limpiará la mar-océano de podredumbre cognitiva y emocional, acumulada en Occidente durante tantos siglos de sinrazón y barbarie; obra atroz de la más delirante, falaz y sanguinaria de las religiones del desierto.